Joachim M. Köstnick

SUPERTRUCKS

Motor buch Verlag

IMPRESSUM

Einbandgestaltung: Luis dos Santos unter Verwendung von Fotos der Volvo Trucks, Michael Haeder und Navistar.

Bildnachweis: Sofern Bilder nicht gemeinfrei sind, befinden sich die Bildquellen unter den jeweiligen Abbildungen; die Rechte an den Bildern verbleiben bei den Urhebern.

ISBN 978-3-613-03786-1

1. Auflage 2016

Sie finden uns im Internet unter **WWW.MOTORBUCH-VERLAG.DE**

Lektorat: Martin Gollnick/Joachim Köster/Joachim Kuch
Innengestaltung: Luis dos Santos
Projektkoordination DMAX: Rolf Schlipköter
Druck und Bindung: Appel & Klinger, 96277 Schneckenlohe
Printed in Germany

(Foto: © Daimler AG)

INHALT

VORWORT

KEEP ON TRUCKIN'!

Einmal mehr haben wir – das Team und ich – den Versuch unternommen, ein Kapitel Fahrzeuggeschichte zwischen zwei Buchdeckel zu pressen, wohl wissend, dass wir dem Thema damit bestenfalls ansatzweise gerecht werden können. Immerhin dürfte es, über den Daumen gepeilt, seit 1896 Daimler seinen ersten Lastwagen baute, international rund 3500 Lastwagenhersteller gegeben haben, von denen nur die wenigsten bis heute überlebt haben oder zumindest noch bekannt sind. Daher war es von vornherein ein aussichtsloses Unterfangen, eine wie auch immer geartete Vollständigkeit anzustreben. Auch die Entscheidung, welche Marke denn in welchem Umfang berücksichtigt werden sollte, gestaltete sich schwierig. Aber so ist es ja bei solchen Büchern immer: Die Auswahl ist immer subjektiv, und dabei ist doch schon eine richtige Auswahl die halbe Miete. Für unser Buchprojekt bedeutet das: Nicht unbedingt nur Mercedes-Benz und Co., nicht nur Iveco und MAN, nicht nur Mack und Freightliner, nicht nur die üblichen Verdächtigen: Unser Buch sollte sich von anderen, ähnlich gelagerten Büchern dadurch abheben, dass wir, wo immer möglich, nicht nur Geschichte, sondern vielleicht auch ein wenig Unbekannteres erzählen wollen und Zusammenhänge aufzeigen. Es ist uns nicht darum gegangen, ein wissenschaftlich geprägtes Technikbuch zu schreiben, sondern darum, den Leser möglichst zu unterhalten.

Aus dieser Prämisse erklärt sich auch die Bildauswahl: Wir wollten ein lebendiges, ein buntes Buch machen, eines, das etwas mehr bietet als das Übliche »Lastwagen von links« oder »Lastwagen von rechts«, wiewohl der geneigte Leser durchaus eine gewisse Systematik in der Bildauswahl erkennen kann. Die Fahrtrichtung der Hauptmotive wechselt von Doppelseite zu Doppelseite, während die kleinen Einklinker jeweils die entgegengesetzte Richtung aufweisen. (Tolle Idee, danke, Luis!)

Auch haben wir daher weitestgehend auf tiefgreifende modelltechnische Beschreibungen verzichtet. Einerseits, weil ein Leser, der nicht gerade ein ausgewiesener Nutzfahrzeugexperte ist, sich nur schwerlich etwas unter einem Berliet GBC 6x6 »Gazelle« des Jahres 1959 oder einem AEC Mammoth Major 1932 wird vorstellen können, und andererseits, weil nichts ermüdender ist als eine Aneinanderreihung von endlosen technischen Daten und Fakten – auch wenn sich davon noch immer reichlich im Text finden. Dennoch, wir wollten keine Zahlenwüste schaffen, wir wollten auch die Hintergründe und Zusammenhänge in einer Branche andeuten, die von Global Playern geprägt wurde, lange bevor es das Wort überhaupt gab: Kooperationen haben im Lkw-Bau Tradition.

Worüber wir aber gerne sehr viel mehr geschrieben hätten (sofern es der Seitenumfang gestattet hätte), ist der Einfluss der staatlichen Bestimmungen auf den Lkw-Bau in den jeweiligen Ländern. Es gibt eine Menge zu sagen über die Rivalität von Straßen- und Schienenverkehr, denn die Eisenbahn war die Konjunkturlokomotive der gesamten Industrialisierung und galt als die eigentliche Schlüsselindustrie. Man könnte viel schreiben über Kurzsichtigkeit und ideologische Verbohrtheit, die über Jahrzehnte hinweg die Lastwagenentwicklung selten förderte, aber meist hemmte. Ausführlich berichten könnte man auch über den Einfluss des Militärs auf die Lkw-Entwicklung in den einzelnen Ländern, und noch mehr ließe sich zum Spannungsfeld von Ökonomie und Ökologie schreiben. Wir haben versucht, den einen oder anderen Aspekt innerhalb der einzelnen Markengeschichten anzureißen, wohl wissend, dass dies Stückwerk bleiben musste.

So stellt dieses Buch letztendlich eine Gratwanderung dar und präsentiert eine breite, aber eben dennoch subjektive Auswahl von Marken und Modellen aus einem Jahrhundert Lastwagengeschichte. Nicht mehr, aber auch nicht weniger. Autor, DMAX und Verlag freuen sich jederzeit über Anregungen, Verbesserungen und Ergänzungen, die in einer der nächsten Auflagen berücksichtigt werden können: Basecap auf, Truckerweste an, hoch auf den Bock, den Diesel angeworfen und – Keep on Truckin'!

JOACHIM M. KÖSTNICK

DEUTSCHLAND

Im ersten halben Jahrhundert Nutzfahrzeuggeschichte spielte der Lastwagen auch in der deutschen Verkehrsgeschichte nur eine untergeordnete Rolle, obwohl der erste funktionstüchtige Motorlastwagen schon 1896 bei Daimler in Cannstatt entstand (übrigens in Auftrag gegeben von der Firma British Motor Syndicate): Bis zum Zweiten Weltkrieg war die Eisenbahn das wichtigste Verkehrsmittel. Noch nicht einmal zehn Prozent der Verkehrsleistung hierzulande wurde über den Fernverkehr auf der Straße abgewickelt. Der Krieg zerstörte die Eisenbahn-Infrastruktur, und weil Straßen leichter wieder auszubessern waren, erhielten die Nutzfahrzeugproduzenten eine zweite Chance. Das Wirtschaftswunderjahrzehnt war für die Lkw-Hersteller nicht nur rosig, denn auch wenn der Markt boomte, hemmten staatliche Restriktionen und umstrittene Vorschriften den technischen Fortschritt und erzwangen vielfach die Produktion von unterschiedlichen Fahrzeugen für den heimischen und den ausländischen Markt. Mit der europaweiten Vereinheitlichung der Bestimmungen erstarkten die deutschen Hersteller. Es folgte eine Reihe von Unternehmenskonzentrationen, Verflechtungen und Zusammenschlüssen mit in- und ausländischen Herstellern, die zu der heutigen Stärke geführt haben.

Dieser MAN-Laster kam beim Spain Truck GP 2013 zum Einsatz. Am Steuer saß Norbert Kiss.

BORGWARD

Die erstaunliche Automobil-Karriere des Carl F. W. Borgward begann 1924, als er die bisherige Bremer Reifenfirma, in die er 1919 als Teilhaber eingetreten war, auf die Produktion von Kühler und Kotflügel umrüstete. Um die Kühler und Kotflügel nun schnell und einfach zu den Hansa-Lloyd-Werken transportieren zu können, entwarf Borgward mit dem »Blitzkarren« ein dreirädriges, motorisiertes Transportgefährt mit 2,2 PS und einer Nutzlast von 240 kg. Dieses Vehikel weckte auch bei anderen Interesse, z. B. bei der Deutschen Reichspost – der Einstieg in die eigene Fahrzeugproduktion war getan. Mit dem zum »Goliath« weiterentwickelten Dreirad-Fahrzeug verdienten Borgward und sein 1925 dazugestoßener Teilhaber Tecklenborg so viel Geld, dass sie 1930 bei ihrem bisherigen Kunden, den Hansa-Lloyd-Werken, die Aktienmehrheit erwerben konnten. Diese verschmolzen sie sofort mit ihrer seit 1928 als »Goliath Werke Borgward & Co.« bezeichneten Firma zur »Hansa Lloyd und Goliath, Borgward und Tecklenborg OHG«. Mit diesem Schritt waren endgültig die Weichen für Borgward gestellt, der Betrieb wurde zum ernsthaften Fahrzeughersteller. Was Borgward in diesen Jahren am Leben hielt, waren nicht seine schönen Automobile, sondern seine Nutzfahrzeuge. Neben den von Hansa Lloyd übernommenen Elektrofahrzeugen erschien in den 30er Jahren eine ganze Palette von leichten und schwereren Lastwagen, denen Namen von Passagierschiffen der Reederei Lloyd Glanz verliehen. So gab es im unteren Leistungsbereich unter dem Markennamen Hansa Lloyd den »Columbus« mit 1,5 Tonnen Nutzlast, in der Klasse darüber den 2-Tonner »Bremen«, gefolgt von »Europa« (3,5 Tonnen), »Merkur« (4,0 Tonnen) und dem 100 PS starken 5-Tonner »Roland« in der obersten Leistungsklasse. 1938 wurden diese Typen von den Modellen »Express«, »L 2000« (1,5 Tonnen) sowie »Europa V« mit 2,5 Tonnen Nutzlast abgelöst. Auf den Motorkühlern stand entsprechend dem aktuellen Firmennamen nur noch der Name Borgward. Das Unternehmen war in die Liga der großen deutschen Lastwagenproduzenten aufgestiegen. Doch der Zweite Weltkrieg warf bereits seine Schatten voraus. Borgward bezahlte seinen Teilhaber Tecklenborg aus, damit war er nun alleiniger Herr im Haus, und baute ein zweites Automobil-Werk – das damals modernste in Europa. Gleichzeitig trat er in die NS-DAP ein! Während des Zweiten Weltkrieges versorgte Borgward die Wehrmacht neben anderen Militärfahrzeugen mit seinem 3-Tonner-Lkw Typ B 3000. Dadurch wurden seine Werkshallen zum bevorzugten Angriffsziel für alliierte Bomber und trugen bis zum Ende des Krieges erhebliche Schäden davon. Dennoch überlebte Borgwards Maschinenpark, sodass das Bremer Unternehmen in der Lage war, bereits ab Sommer 1945 die Produktion des Wehrmachts-Lkw B 3000 – nun für zivile Zwecke – fortzusetzen. Carl Borgward selber erging es zunächst schlechter, denn seine Parteizugehörigkeit trug ihm drei Jahre Gefängnis und ein Entnazifizierungsverfahren ein, bevor er sein Unternehmen wieder leiten durfte. Sofort machte er sich an eine Umstrukturierung des Betriebs: es entstanden die Teile Borgward Automobile, Goliath Werke und die Lloyd-Maschinenfabrik. In den kommenden Jahren baute Borgward seine Modellpalette der B-Lasterreihe aus: 1950 erschien der 4-Tonner B 4000 mit anfangs 85, später 95 PS. Diese obere Nutzlastklasse bauten die Modelle B 4500 mit 4,5 Tonnen und sein Nachfolger aus dem Jahr 1957 mit 5 Tonnen aus. In den unteren Leistungsklassen bewegten sich seit 1947 der Eintonner B 1000 mit 30 PS, das Modell B 1500 mit 42 PS und 1,5 Tonnen (ab 1957 als Frontlenker), der B 2000 von 1951 mit 2 Tonnen Nutzlast und der 2,5-Tonner B 2500 von 1954 mit 60 PS Leistung. Den Letzteren ersetzte ab 1957 eine Frontlenkervariante. In der Version B 2000 A ging ein allradgetriebener Borgward-Lkw zudem an die eben erst gegründete Bundeswehr. Carl Borgward war leider als Kaufmann nicht so gut wie als Autobauer. Er hatte zu viele Modelle im Programm, von denen er sich nicht trennen wollte, und arbeitete zu unrationell. 1960 wurde bekannt, dass das Land Bremen Borgward mit Millionenkrediten unter die Arme griff. Diese Meldung – öffentlich gemacht – reichte aus, um die Kreditwürdigkeit Borgwards zu untergraben – Ende 1960 willigte er in ein Konkursverfahren ein. Carl F. W. Borgward selber überlebte den Untergang seines Unternehmens nur um zwei Jahre.

Der Frontlenker Borgward B 655 war 1959 eine Neuentwicklung und basierte nicht auf einem Vorgängermodell. Dennoch kam er als Ersatz für ein bestehendes Modell auf den Markt, und zwar für die Frontlenkerversion des B 4500 von 1957. Gemeinsam war beiden ihr 110-PS-Dieselmotor.
(Foto: © Ralf Weinreich)

Der Borgward B 2500 wurde von 1954 bis 1957 gebaut. Es gab ihn sowohl als Pritschenwagen wie auch als Sattelzugmaschine. Sein Wirbelkammer-Diesel leistete 60 PS.
(Foto: © janericloebe, GFDL))

Ein Borgward B 555 A-LKW im Einsatz beim Technischen Hilfswerk. Ab 1959 ersetzte der B 555 A das Modell 4500 A.
(Foto: © Norbert Schnitzler, GFDL)

Ein Borgward B 4500 Lastzug vor zeitgenössischer Kulisse.   (Foto: © Ralf Weinreich)

Büssings erstes Test-Modell, der 3-Tonnen-Motorlastwagen aus dem Jahr 1903 mit 9 PS starkem Zweizylinder-Motor.   (Foto: © Ralf Weinreich)

Büssing Typ III GL mit Luftreifen und unterschiedlichen Motorversionen von 42 bis 72 PS, 1924–1931.   (Foto: © Büssing Archiv)

1928 wurde dieser Büssing VI GL an die Firma E. Robert Seidel in Dresden ausgeliefert. Er war bis 1974 im Einsatz!   (Foto: © Ralf Weinreich)

Unter dem Namen Büssing-NAG 5000 S erlebte der 5-Tonner aus dem Krieg ab 1945 seine Wiedergeburt. 105 PS leistete sein Sechszylinder-Diesel. (Foto: © Ralf Weinreich)

Der Büssing LU 11 ersetzte den 7500 U und wurde von 1956 bis 1963 gebaut. Der Laster besaß einen Sechszylinder-Unterflurmotor mit 170 PS. (Foto: © Ralf Weinreich)

Büssing BS16 Pritschenwagen von 1969. (Foto: © Ralf Weinreich)

Büssing BS22 mit Wechselbrückenaufbau. (Foto: © Ralf Weinreich)

Nach dem Kauf eines Daimler Motorwagens beschloss Heinrich Büssing, der schon drei Firmen besessen hatte, in den Nutzfahrzeugbau einzusteigen. Im Alter von 60 Jahren gründete er 1902 in Braunschweig die »Heinrich Büssing Spezialfabrik für Motorwagen und Motoromnibusse«. Bereits ein Jahr später konnte er ein 2,5-Tonnen-Testfahrzeug mit einem 9-PS-Vergasermotor vorstellen. Diesem folgte ein 3-Tonnen-Motorwagen mit einer Motorleistung von 20 PS. Das Fahrzeug verkaufte sich sowohl im Inland wie im Ausland gut und wurde z. B. häufig als Brauereiwagen eingesetzt. Neben Lastwagen baute Büssing auch Omnibusse und eigene Vier- bis Sechszylindermotoren.

Ab 1907 entwickelte Büssing eine neue Serie von Lastern. Die Typen I bis VII, deckten dabei bis 1914 alle Nutzlastklassen von 2 bis 6 Tonnen ab. Zu diesem Zeitpunkt war auch das Militär auf den innovativen Lkw-Hersteller aufmerksam geworden. Die als Subventionslastwagen klassifizierten und mit Vollgummireifen versehenen Typen IV und V mit 35 bis 40 PS kamen im Ersten Weltkrieg zum Einsatz. Büssing setzte Maßstäbe und stieg deshalb schon vor dem Krieg zum wichtigsten deutschen Nutzfahrzeughersteller auf.

Die wirtschaftlich schwierigen Jahre nach dem Krieg setzten Büssing zu. Trotzdem bot er ab 1919 die alten Modelle II (2,5-Tonner), III (3,6-Tonner) und IV (4-Tonner) in überarbeiteter Form erneut an. Die erste echte Neukonstruktion war der Typ III GL von 1924, ein 3–3,5-Tonner mit Luftbereifung und 50 PS Leistung. Für Aufsehen und die entscheidende Wende zum Positiven aber sorgte der im selben Jahr vorgestellte Typ VI GL. Bei diesem handelte es sich um den ersten deutschen Dreiachs-Lkw für schwere Lasten. Dieser 6-Tonner besaß luftgefüllte Reifen, einen patentierten Büssing-Antrieb mit 60 bis 66 PS Motorleistung und avancierte im In- und Ausland zum Verkaufsschlager.

Die Wiederaufrüstung der Reichswehr bzw. Wehrmacht in den Dreißigern sorgte auch bei Büssing-NAG (Mehrheitsbeteiligung bei NAG seit 1931) für entsprechende Staatsaufträge. Seit 1931 speziell fürs Militär gebaut wurden der geländegängige 1,5-Tonner Büssing-NAG Typ 31 G in 6x4-Bauart sowie der Typ III GL 6, der mit 90 PS eine höhere Motorleistung besaß und in der 3-Tonnen-Klasse angesiedelt war. 1937 arbeitete Büssing-NAG gemeinsam mit der Firmen Henschel, Borgward, Magirus, Krupp, Faun und MAN an einem 2,5-Tonnen-Einheitsdiesel, der später zu den besten Wehrmachts-Lkw zählte. Ein weiterer Militärlaster war der 5-Tonner 4500 S. Nach 1945 konnte Büssings Stammwerk in Braunschweig die Produktion von Lastern wieder aufnehmen, zunächst für die britischen Besatzer. Weil zur gleichen Zeit aber Büssings Mitbewerber sich modernere Werkshallen aufbauen mussten gerieten die Braunschweiger schließlich diesen gegenüber in einen Wettbewerbsnachteil.

Als erstes Modell brachte Büssing 1945 unter der Bezeichnung 5000 S den 5-Tonner aus dem Krieg wieder heraus. Der Name NAG wurde bald fallengelassen, nachdem die Firmenanteile von NAG vollends aufgekauft waren. 1948 erschien als zweites Modell der 7-Tonner 7000 S, dessen Sechszylinder-GD6-Motor 150 PS leistete. Zwei Jahre später löste diesen der Büssing 8000 ab, der über eine Nutzlast von 8 Tonnen verfügte.

Für Staunen und Bewunderung sorgte 1951 der Unterflurmotor des Modells 12000 U. Dieses zukünftige Markenzeichen von Büssing war zwischen den Fahrzeugachsen befestigt und ließ die Kabine so geräumiger und leiser werden, die Fahrzeuge flacher. Negativ dagegen waren der hohe Aufwand und die Kosten. Genau dieser letzte Umstand wurde dem 12000 U zum Verhängnis. Geänderte Gewichts- und Längenbestimmungen ließen den Laster unwirtschaftlich und damit zum Ladenhüter werden. Auch wenn Büssing im Modell 7500 U den idealen Träger seines Unterflurmotors noch fand, blieb die Technik zu teuer. Die Laster der »Commodore«-Reihe in den 60er Jahren verkauften sich zwar noch sehr gut, doch der finanzielle Druck war zu groß. Als Retter in der Not erschien MAN, der die Mehrheit bei Büssing übernahm und für eine gewisse Zeit noch MAN-Büssing-Lkw, teilweise sogar mit Unterflurmotor, auf den Markt brachte. Dann jedoch verschwand die Marke Büssing vom Markt.

FAUN

1910 erweiterte sich die »Nürnberger Wagenbau & Radfabrik Karl Schmidt« durch Zukauf der »Justus Christian Braun-Premier-Werke« zur »Nürnberger Feuerlöschgeräte und Fahrzeugfabrik« und erfuhr während des Ersten Weltkrieges einen Boom bei ihrer Fahrzeugfertigung. Sie hatte das deutsche Heer mit einem Regeldreitonner beliefert. 1919 fusionierte der Betrieb mit der »Fahrzeugfarbrik Ansbach« zur neuen Firma »Faun«. Die Faun-Werke legten in der für sie schwierigen Nachkriegszeit den Regeldreitonner wieder auf, bevor sie mit einer neuen Fahrzeugreihe mit Nutzlasten von 2,5 bis 5 Tonnen und Leistungen zwischen 30 und 55 PS aufwarten konnten. Ergänzend hinzu kamen Müllwagen, Omnibusse, Feuerwehr- und Sonderfahrzeuge. Obwohl Faun 1925 zahlungsunfähig wurde, konnte Karl Schmidt bereits ein Jahr später mit der »Faun Kommunalfahrzeuge und Lastkraftwagen GmbH« einen neuen Betrieb gründen. In seiner zweiten Nachkriegsbaureihe erschien für den Fernverkehr der 8,5-Tonner Faun L600 D87 mit 170 PS, gefolgt vom 5-Tonner L5 mit 100 PS und ergänzt um weitere 3- und 4-Tonnen-Laster. In der dritten Modellreihe ab 1933 präsentierte Faun den Kleinlaster M2 »Mammut« mit 2 Tonnen Nutzlast. Weitere Lastertypen bedienten die Nutzlasten im Bereich von 2,5 bis 6 Tonnen. Zu diesem Zeitpunkt kamen Dieselmotoren von MWM und Deutz zum Einbau. Seit Mitte der 30er Jahre wurde außerdem mit Holzgasantrieb experimentiert.

1937 entstand der leistungsstärkste Faun-Fernverkehrslaster, der Dreiachser L900 mit 9 Tonnen Nutzlast und 200 PS. Für die Wehrmacht, Hauptauftraggeber für Faun ab den späten 30er Jahren, bekam der L900 einen Holzgasantrieb. Ein Jahr später stellte Faun den überschweren Vierachser L1500 D587 fertig (15 Tonnen Nutzlast). Faun setzte in den kommenden Jahren auf schwere Laster und schaffte in diesem Bereich bis Mitte der 50er Jahre einen Marktanteil von 52 Prozent. 1953 stellten die Nürnberger den 13-Tonnen-Laster L900 vor, der neun Jahre lang produziert wurde. Ebenfalls ein Verkaufserfolg war der 130 PS starke F 60 »Sepp« von 1950, der Nutzlasten bis zu 6,2 Tonnen beförderte, sein Nachfolger F 66 »Sepp« sogar 7,5 Tonnen. Im Mittelklassebereich kamen die Modelle F54, F56 und F64 zum Verkauf, die Nutzlasten ab 4,5 Tonnen boten. Neue Frontlenker-Lkw hörten auf die Namen F68/53 V »Franz« und F56/34 V »Emil«.

Ab 1956 statteten die Nürnberger die neu gegründete Bundeswehr mit schweren Lastern und Transportern aus, darunter z. B. der Faun L908, der von 1957 bis 1971 hergestellt wurde, und der 300 PS starke L912 aus dem selben Zeitraum. Ende der 50er Jahre stellte Faun seine neue Schwerlasterserie mit neuentwickeltem Frontlenkerfahrerhaus vor, darunter den Allradlaster L106/39 KVA, den Dreiachser F836, die Sattelzugmaschine L148 und den vierachsigen 20-Tonner L1400, der aufgrund seines Gewichtes nur vom Militär genutzt werden durfte oder ins Ausland verkauft werden konnte.

Die Herstellung von NATO-Militärfahrzeugen machte bei Faun auch noch zu Beginn der 60er Jahre einen Großteil des Programms aus. Im Zivilbereich wurde die Absatzsituation bei Lastern im Laufe des neuen Jahrzehnts hingegen immer schwieriger. Von 1962 bis 1966 entstand der F687 mit 200-PS-Deutzdiesel und 9 Tonnen Nutzlast, den es als Pritschenwagen, als Kipper und als Sattelzugmaschine gab. Von 1967 bis zum Ende der Lkw-Produktion bei Faun lief das Modell F6083 (210 PS, 11,4 Tonnen) vom Band, weitere Lastwagentypen, die zu dieser Zeit erschienen, waren die schweren Frontlenker F610 (250 PS, 8,2 Tonnen, noch mal ein Erfolgsmodell), F6103 und F6104 (12 Tonnen, 250–300 PS).

Faun hatte seinen Produktionsschwerpunkt im Laufe der Jahre immer stärker hin zu Kommunal-, Bau- und Sonderfahrzeugen verlagert. Bis Mitte der 60er Jahre bestand das Produktportfolio deshalb aus den Bereichen Lastwagen und Zugmaschinen, schwere Muldenkipper, Eilfrachter, Kommunalfahrzeuge, Hüttentransporter und Kranfahrzeuge. Dazu kamen Spezialfahrgestelle für Löschfahrzeuge und schließlich noch Spezialkrangestelle, welche die bisher dafür verwendeten Laster ablösten. Ende der 60er Jahre verabschiedete sich Faun dann endgültig von seinen Lastwagen und stellte deren unrentabel gewordene Produktion ein.

Güterzug der Landstraße: Fernfahrer, die solche 6-achsigen Lastzüge wie diesen Faun L 900 D über die Fernverkehrsstraßen chauffierten, galten damals als ganze Kerle.

(Foto: © Ralf Weinreich)

Der schwere Haubenlaster L8 wurde erstmals 1951 vorgestellt und geriet zu einem großen Verkaufserfolg. (Foto: © Ralf Weinreich)

Faun-Großtanklöschfahrzeuge FlKfz 8000 der Bundeswehr (Foto: © Ralf Weinreich)

Diese schwere Faun Zugmaschine brachte 450 PS auf die Straße. (Foto: © Ralf Weinreich)

Fords AA-Lieferwagen als Service-Wagen für den Einsatz in jenen Gebieten, in denen der Ford-Import von Deutschland aus gesteuert wurde.

(Foto: © Ford-Werke Deutschland AG)

Im Dienste der Stadtreinigung: Der V8-Dreitonner V 3000 S in der ab 1942 gebauten Form. 1948 lief er als Typ »Rhein« wieder vom Band, dann aber mit größeren Scheinwerfern, farbig abgesetzten Kotflügeln und Chrom am Kühlergrill.

(Foto: © Ford-Werke Deutschland AG)

Unter der Haube saß ein ventilloser Zweitakt-Dieselmotor mit Gebläse-Umkehrspülung. Gerade in der 120-PS-Version bot der V6-Zweitakter vorzügliche Leistungswerte, die Höchstgeschwindigkeit von 80 km/h war ebenso bemerkenswert wie die Beschleunigung, die auch mit voller Last »ausgezeichnet« genannt wurde. Leider aber war die Neukonstruktion von Prof. List nicht standfest. Und der auf Wunsch weiterhin lieferbare V8-Benziner war auch keine echte Alternative, so dass Ford die Lastwagenfertigung 1961 einstellte.

(Foto: © Ralf Weinreich)

FORD

Keine überzeugende Leistung: Die »Nato-Ziege«, Fords Allrad-Dreitonner mit V8-Motor, bewährte sich nicht im Bundeswehr-Alltag. (Foto: © Ford-Werke Deutschland AG)

Fords deutsche LKW-Geschichte beginnt mit dem Lastwagen auf Ford T- und A-Basis und setzt sich dann mit der BB-Reihe fort. Mit ihr legte Ford 1932 eine Baureihe auf Band, die mit den Nachfolgemodellen über 20 Jahre im Programm blieb. Am Anfang dieses bunten Reigens der Modell- und Motorvarianten stand der auch beim Personenwagen Modell B eingesetzte 3,2-Liter-Motor mit 50 PS. Während es aber vom B-Modell immerhin sechs Ausführungen gab, beschränkte sich Fords Doppel-B-Angebot auf eine Standard-Ausführung mit 2,5 Tonnen Nutzlast und eine aufgelastete Variante mit knapp drei Tonnen Nutzlast, die als »Fordson« vermarktet wurde. In Details weiter-entwickelt – so kam 1939 die längst überfällige Hydraulik-Bremsanlage statt der unbefriedigenden Gestängebremse sowie Halbelliptikfedern statt Querblattfederung vorn – gehörte der BB zu den Standard-Lastwagen der Wehrmacht. Mit praktisch identischer Karosserie erschien 1935 eine leistungsstärkere V8-Ausführung mit dem berühmten 3,6-Liter-V8, der maximal 90 PS erzeugte. Diese ›Einheitslastwagen‹ hatten nach 1939 das Fahrerhaus der amerikanischen Modelle, anders als diese aber mit einteiliger Frontscheibe. 1948 erschienen diese Lastwagen – Ford hatte als erstes Lkw-Werk schon 1945 wieder die Produktion aufnehmen dürfen und stellte die Kriegstypen – die ersten Modelle erhielten das Einheits-Holzfahrerhaus sowie einfache Kotflügel, erst 1947 konnte das Ganzstahlfahrerhaus wieder aufgesetzt werden – weiter her – wieder in solider »Friedens-« Ausstattung. Der nunmehrige Ford »Ruhr« trug sogar Chrom auf der Haube, darunter aber immer noch den alten 3,2-Liter-Vierzylinder; die V8-Variante hieß »Rhein« und war abgesehen vom Schriftzug, nicht von den Vierzylindern zu unterscheiden. 1951 gingen die noch einmal aufpolierten Veteranen in ihre letzte Runde, hießen jetzt FK und deckten die Nutzlastklasse von zwei bis 4,5 Tonnen ab. Die optischen Ford-Schritte bescherten dem Einheits-Lastwagen (noch immer waren Vier- und Achtzylinder, abgesehen vom Motor, weit gehend baugleich und von außen höchstens an der Nutzlast-Angabe zu unterscheiden) eine neue Haube im Stil des US-Typs »F«, ohne dass sich am Fahrerhaus selbst etwas geändert hätte. Die Geschichte dieser Lastwagen-Generation endete zum Modelljahr 1955, zur IAA stellte Ford seine weiter entwickelte Lkw-Serie vor, die ausschließlich mit Zweitakt-Dieselmotor betrieben wurde. Dass die durstigen Vier- und Achtzylinder-Motoren längst abgelöst werden mussten, war klar, und dass als einzig wirtschaftliche Alternative ein Diesel in Frage kam, war ebenso deutlich. Eine Eigenentwicklung kam nicht in Frage, statt dessen entschieden sich die Kölner (oder eher: die Konzernherren), zusätzlich zu den Vier- und Achtzylindern 1951 den amerikanischen Hercules-Diesel (»Dix-6-D«) zu übernehmen, der auch die schweren Ford-Lkw in den USA auf Touren brachte. Außerdem baute ihn die französischen Firma Hispano-Suiza für die französischen Drei- und Fünftonner des Hauses. Die deutschen Ford verwendeten zunächst diese Hispano-Suiza-Sechszylinder, dann aber Lizenz-Diesel, die bei der Südbremse AG in München produziert wurden. Der kurzhubig ausgelegte Hercules-Wirbelkammer-Diesel litt aber unter zahlreichen Kinderkrankheiten. Ein seitlicher Schriftzug an der Motorhaube war die einzige Möglichkeit, den Selbstzünder von den Benzinern zu unterscheiden, nach 1954 erhielt der Diesel-Viertonner ein neues Fahrerhaus im US-Style mit großem Lüftungsgitter, das die Verwandtschaft zum neuen FK 1000, der Ford-Konkurrenz zum VW Transporter, unterstrich. Die IAA im September 1955 nutzte Ford zu einer letzten großen Überarbeitung seines Lkw-Programms, Kennzeichen war das neue Einheitsfahrerhaus mit Panoramascheibe, voll versenkbaren Seitenscheiben sowie ausstellbaren Dreiecksfenstern. Hinter dem chromfletschenden Kühlergrill saßen neue Vier- und Sechszylinder-Aggregate, ein 80 PS starker Vierzylinder für den 2,5-Tonner FK 2500 und ein 120 PS starker Sechszylinder für die FK 3500/4500-Typen. Diese kompakten Diesel-V-Motoren ersetzten die wenig überzeugenden Hercules-Aggregate, allerdings waren auch diese Zweitaktmaschinen mit Roots-Gebläse nicht standfest und beschleunigter letztlich den Ausstieg von Ford Deutschland aus der Truck-Fertigung 1961. Zwischen 1973 und 1988 importierten die Kölner britische Ford-Lastwagen, die A-, N- und Cargo-Serien. Bei der noch angebotenen Transit-Reihe liegt die Nutzlast bei maximal 2,1 Tonnen.

HANOMAG

Zu den größten Anbietern von Lokomotiven in Deutschland hatte im 19. Jahrhundert die »Eisengießerei und Maschinenfabrik Georg Egestorff« aus Hannover gehört. Ab 1912 begann sie als »Hanomag« zuerst mit der Herstellung von Landmaschinen, dann von Personenwagen. Für eine Lokomotivfabrik lag es nahe, sich an Dampfkraftwagen zu versuchen. Mit einem solchen Lastzug waren Nutzlasten von bis zu sechs Tonnen zu bewältigen, außerdem konnte noch ein Anhänger mit zwei bis vier Tonnen geschleppt werden. 1931 stellte Hanomag den Bau von Lokomotiven ein und widmete sich erfolgreich dem Bau von Schleppern. Weniger gut lief es im Lastwagenbau, mit der HL-Reihe hatten die Hannoveraner 1933 einen neuen Anlauf unternommen. Dieser Frontlenker mit Unterflur-Dieselmotor war außerordentlich modern, und der 5,2-Liter-Vorkammerdiesel hatte mit 60 PS auch genügend Leistung. Auf dem Markt aber spielte der Hanomag trotzdem praktisch keine Rolle und verschwand nach einem Jahr vom Markt. 1941 wurde die Serienfertigung von Personenwagen ein- und ganz auf Rüstungsproduktion umgestellt.

Nach dem Krieg, 1949, stellte Hanomag neben der Kleinen Zugmaschine ST 20 die Neuauflage des Wehrmachtschleppers als Straßen-Zugmaschine ST 100 vor. Die Fertigung der Straßenschlepper endete 1951, Hanomag konzentrierte sich nun ganz auf die Produktion des neuen Lastwagens in der 1,5-Tonnen-Klasse. Das Unternehmen stellte den Haubenlastwagen mit Ganzstahl-Fahrerhaus Ende Februar 1949 vor. Von Anfang an setzte Hanomag auf Diesel-Motoren, in diesem Falle auf einen 45 PS starken 2,8-Liter-Vorkammer-Diesel in Gummilagern. Dieser Schnelllastwagen – spätere Bezeichnung L 28 – war der größte Wurf von Chefkonstrukteur Pollich. In den Folgejahren konzentrierten sich die Hannoveraner ganz auf den Bau von Nutzfahrzeugen mit dem L 28 als Hauptprodukt. In den Jahren bis 1955 erschienen weitere Varianten mit bis zu drei Tonnen Nutzlast und mit 2,8-Liter-Diesel. Dieser Wagen war ursprünglich für die Ausrüstung der im Aufbau befindlichen Bundeswehr konzipiert gewesen, hatte sich aber dem Unimog geschlagen geben müssen und ging daraufhin an Polizei, Grenzschutz und THW. Während der L 28 1960 auslief, wurde der allradgetriebene AL 28 noch bis 1971 weitergebaut.

Als Nachfolger des L 28-Haubers erschien der noch von Pollich entworfene Zweitonner »Kurier« vom November 1958, gefolgt vom 2,6-Tonner »Garant« von 1959, sowie, im Herbst 1960, vom Dreitonner »Markant«. Die modern gestalteten Frontlenker-Konstruktionen wiesen eine vorbildliche Rundumsicht auf, für Vortrieb sorgte der Einheits-Diesel mit 2,8 Litern Hubraum. Die Motorleistung beim Kurier lag bei 50 (später 60) PS, bei den darüber angesiedelten Typen mit Kompressor dann 65 beziehungsweise 70 PS. Das Spitzenmodell Markant mit bis zu 3,5 Tonnen Nutzlast kam anfangs auf 70, ab Ende 1962 dann auf 80 PS. Ihre Nachfolge trat die F-Reihe an, welche die Typen F45, F55, F65, F75 und F76 umfasste, später kam noch der F86 hinzu. In jedem Fall wurden die rauen Vorkammer-Diesel des Hauses mit bis zu 115 PS verbaut.

1969 wurde auf der Front der neue Schriftzug »HANOMAG-HENSCHEL« eingeführt. Das Unternehmen nämlich war 1952 in der neu gegründeten Rheinstahl-Union aufgegangen, nach einer Reihe von Umfirmierungen war die Rheinstahl-Hanomag AG noch bis 1971 im Schlepperbau tätig, während das Transport-Programm mit Mercedes-Benz-Derivaten bestückt wurde. Denn nach diversen Transaktionen und Gemeinschaftsentwicklungen hatte der Mutterkonzern Rheinstahl 1970 seine Nutzfahrzeugsparte mitsamt Henschel an Daimler-Benz abgegeben. Die Stuttgarter begannen danach mit der Lieferung von Mercedes-Motoren an die neue Tochtergesellschaft, die damit ihre Nahverkehrslastwagen bestückte. Anfang 1971 wurden dann die Mercedes-Kastenwagen als Hanomag-Henschel verkauft; die modifizierten mittleren LKW-Baureihen LP 1313 und LP 1517 wurden als F 130 und F 150 übernommen. Allerdings hatten diese Typen nichts mehr mit der traditionsreichen Firma zu tun. Hanomag war Ende 1989 vom zweitgrößten Baumaschinen-Hersteller der Welt übernommen worden, der Komatsu Ltd. aus Tokio. In Hannover entstehen heute Radlader, aber eben nicht mehr unter dem Namen Hanomag.

Hanomag Kleinlaster von 1925. (Foto: © Schrader)

Hanomag Garant S mit gut 2,5 Tonnen Nutzlast. (Foto: © Ralf Weinreich)

Parade der Hanomag Henschel F-Baureihe. (Foto: © Ralf Weinreich)

Der geländegängige AL 28 war zunächst für Bundeswehr, Katastrophenschutz und THW gedacht. Aber auch im zivilen Bereich waren die Hanomag anzutreffen. (Foto: © Ralf Weinreich)

Museumsstück: Henschel »Rex« aus dem Baujahr 1926.   (Foto: © Ralf Weinreich)

Der in Lizenz gebaute Schweizer 5-Tonner FBW war 1925 Henschels Einstieg in die Welt der Lastkraftwagen. Sein Vierzylinder-Vergasermotor leistete 50 PS und ermöglichte eine Höchstgeschwindigkeit von 30 km/h.   (Foto: © Henschel / Sammlung Gebhardt)

Mit einem ungewöhnlichen Aufbau präsentiert sich dieser Henschel-Laster von 1956 in den Niederlanden.   (Foto: © SDK16420, CC-BY-SA-4.0)

Sorgte mit seinem 250 PS starken Doppeltriebwerk im Jahr 1931 für Aufsehen: der Henschel 36 H 3, den es zusätzlich in der Version 36 F 3 mit nur einem Motor als 120-PS-Variante gab.
(Foto: © Henschel / Sammlung Gebhardt)

Der Henschel 5 D 1 von 1928 bot erstmals 100 PS Leistung an. Die Variante D 2 verfügte statt des Sechszylinder-Vergaser-Motors über einen Imbert-Holzgasgenerator, die Version D 3 begnügte sich mit 70 PS.
(Foto: © Henschel / Sammlung Gebhardt)

Ein weiterer geländegängiger Dreiachser: Henschel 33 G 1 von 1937, den die Wehrmacht aber nur zu Testzwecken einsetzte.
(Foto: © Henschel / Sammlung Gebhardt)

Henschel, Klöckner-Humboldt-Deutz, MAN, Büssing-NAG, Borgward, Magirus, Krupp und Faun entwickelten diesen 4,5-Tonner »Merkur« 4500 S mit 125 PS Leistung nach Vorgaben des Schell-Plans. Zum Einsatz kam er in geringen Stückzahlen von 1940 bis 1942.
(Foto: © Henschel / Sammlung Gebhardt)

Die von Georg C. Henschel im 19. Jahrhundert als Gießerei gegründete Firma baute 1848 ihre erste Lokomotive und erklomm zu Beginn des 20. Jahrhunderts den Spitzenplatz unter den europäischen Eisenbahnherstellern. Nach dem Ersten Weltkrieg stiegen die Kasseler krisenbedingt mit ihrer Tochterfirma »Henschel Antriebstechnik« in den Bau von Straßenbaumaschinen und Lastkraftwagen ein. Henschel debütierte 1925 mit dem unter Lizenz hergestellten Schweizer 5-Tonner der Firma FBW mit 50-PS-Vergaser-Motor. Bald versah Henschel seine Lastwagen aber mit eigenen Motoren und Triebwerken. 1931 erschien der Henschel 36 H 3. Dieser Dreiachser brillierte vor allem mit seinem 250 PS starken Doppeltriebwerk, das ihn zum damals stärksten europäischen Lastwagen machte. Die Variante 36 J 3 war mit einem Diesel- anstelle des Vergasermotors ausgerüstet. 1934 produzierte Henschel einen ähnlichen, mit 10–12 Tonnen Nutzlast noch schwereren Dreiachser auf Basis zweier Dampfmotoren. Der Typ 36 W 3 von 1935 besaß einen 175 PS starken Achtzylinder-Motor, eine Nutzlast von 18,5 Tonnen und erstmals eine Lenkhydraulik.

Ergänzt wurde diese schwere Reihe durch weitere, kleinere Fahrzeuge, darunter die Modelle 25 O 1 von 1934 mit 2,5 Tonnen Nutzlast und 60 PS Leistung, der 3,5-Tonner 38 S 1 von 1936 und der 4,5-Tonner 40 S 1 von 1937, beide jeweils mit 95-PS-Motoren. Früh begann das Kasseler Unternehmen damit, Fahrzeuge auch für das Militär zu bauen. Ende der 20er Jahre erschien der 33 B 1 »Querfeldeinwagen«, ein Geländewagen mit 100 PS. Ihm folgten die Sechszylinder-Modelle 33 D 1 (ab 1934) und 33 G 1 (ab 1937), alle mit 100-PS-Motoren versehen. 1935 arbeitete Henschel gemeinsam mit den Firmen Klöckner-Humboldt-Deutz, MAN, Büssing-NAG an einem 2,5-Tonnen-Einheitsdiesel-Lastwagen für die Wehrmacht. 1938 konnten sie eine Dreiachser-Ausführung vorstellen. Während des Zweiten Weltkrieges war nur noch die Produktion des 4,5-Tonners »Merkur« 4500 S erlaubt. Danach wurden die Henschel-Werkstätten auf Panzer- und Flugzeugproduktion umgestellt und in der Folge zu 80 % durch alliierte Bomber zerstört.

Ab 1949 durfte Henschel wieder Laster bauen und entwickelte ein neues Lkw-Programm mit dem HS 6 als erstem Modell. Dieser 6-Tonner besaß einen Sechszylinder-Luftspeicherdiesel mit 140 PS Leistung. 1951 sorgte die Sattelzugmaschine HS 190 S »Bimot« für Aufsehen, denn sie besaß zwei Motoren mit jeweils 95 PS. Die spezielle Einbaukonstruktion seiner Motoren bewährte sich aber nicht. In hoher Stückzahl konnte hingegen der HS 100 mit seinen 4,8–5,6 Tonnen Nutzlast und seinem 100 PS starken Sechszylinder-Diesel ab 1951 produziert werden. Typen wie der HS 170 von 1953 mit 8,7 Tonnen und 170 PS oder der HS 165 T von 1956 mit 9,25 Tonnen deckten künftig die oberen Klassen ab. Henschel schaffte es, sich mit seinen Frontlenkern und Haubenfahrzeugen Mitte der 50er Jahre wieder auf dem deutschen Nutzfahrzeugmarkt zu etablieren.

Just zu diesem Zeitpunkt brachte ein Verkehrsgesetz gegen schwere Lastwagen das Unternehmen in ernste Schwierigkeiten. Denn Henschel musste von da an zwei Lkw-

HENSCHEL

Serien stemmen: schwere Laster für das Ausland und leichtere für das Inland. Weil unglücklicherweise zur selben Zeit der Lokomotivenabsatz des Konzerns ebenfalls einbrach, bekam Henschel bald Zahlungsprobleme. Obwohl ein Konkurs der Kasseler abgewendet werden konnte, schied die Familie Henschel 1957 aus dem Unternehmen aus. Mit Beginn der 60er Jahre brachte Henschel eine neue Lkw-Generation auf den Markt, die sich mit ihrer kantigen Linie von den Vorgängern abhob. So erschienen 1961 die Modelle HS 14 HK und HS 16 HK mit 14 bzw. 16 Tonnen Nutzlast und 180 bzw. 192 PS Leistung. Mit 38-Tonnen zugelassen waren die Dreiachser HS 22 und HS 26 von 1963, ihre Motorleistungen betrugen bis 235 und 210 PS. Die damals über 25 Jahre angelegte Partnerschaft mit der französischen Renault-Tochter Saviem hielt lediglich zwei Jahre. Aus einer weiteren nur kurz andauernden Kooperation stammten die Modelle Henschel-Commer HC 5 und HC 7 im Jahr 1963 mit 2 bis 5 Tonnen Nutzlastklassen.

1964 wurde zu einem Wendejahr in der Geschichte der Henschel-Werke AG. Denn die Rheinstahl AG, die bereits im Besitz von Hanomag war, erwarb eine Aktienmehrheit an Henschel, geriet aber bald selber in Schwierigkeiten. Noch vor der Fusion von Henschel mit Hanomag unter dem Dach der Rheinstahl AG erschienen neue Lkw-Modelle. 1967 wurden die beiden 160-PS-Modelle F 122 mit 6,7 Tonnen sowie F 140 mit 8,8 Tonnen Nutzlast vorgestellt. Dazu gesellte sich der Haubenlaster H 221 AK mit 230 PS und 12,5 Tonnen.

Weil die Rheinstahl AG nicht gesundete, übernahm 1969 Daimler-Benz 49 % der Hanomag-Henschel-Aktien. Hanomag-Henschel war nun der erste deutsche Lkw-Bauer mit einem vollen Programm an leichten bis schweren Fahrzeugen. Zu den neuen Modellen gehörten der F 223 LN mit 9 Tonnen Nutzlast, der F 203 S-2 mit 12,25 Tonnen sowie der F 163 L mit 8,3 Tonnen, alle jeweils mit 320-PS-Motoren. Der Henschel-Stern an der Kühlerhaube war bei ihnen mittlerweile Geschichte. Nach der endgültigen Übernahme durch Daimler stellten die Stuttgarter sukzessive die schweren Laster auf Mercedes-Technik um und ließen 1974 die Marke Hanomag-Henschel auslaufen.

Mit seinen 9 Tonnen Nutzlast ebenfalls zu schwer für deutsche Straßen: HS 165 T wurde ab 1958 nur noch ins Ausland verkauft. (Foto: © Ralf Weinreich)

Hanomag-Henschel F 223 LN mit 9 Tonnen Nutzlast und Daimler-Benz-Zehnzylinder-Diesel mit 320 PS Leistung. (Foto: © Henschel / Sammlung Gebhardt)

Von 1961 bis 1965 gebaut wurde der HS 16 HK, ausgerüstet zuerst mit einem 192-, dann mit einem 210-PS-Diesel.   (Foto: © Henschel / Sammlung Gebhardt)

Über 11 Tonnen Nutzlast und drei Achsen kennzeichneten den Hauben-Kipper HS 26 HAK von 1964.   (Foto: © Henschel / Sammlung Gebhardt)

Der schwere Allrad-Kipper F 261 AK auf dieser Abbildung trägt bereits den »Hanomag-Henschel«-Schriftzug auf dem Kühler, Produktionsstart dieser Modellreihe war allerdings bereits 1967.
(Foto: © Ralf Weinreich)

KAELBLE

Angefangen hatte alles mit einer Reparaturwerkstatt für Gerberei- und Dampfmaschinen in der ehemaligen Oberamtsstadt Cannstatt – heute ein Stadtbezirk von Stuttgart –, die Gottfried Kaelble 1884 gegründet hatte. Reparaturarbeiten alleine genügten den Kaelbles aber bald nicht mehr. Deshalb baute Carl Kaelble, der Sohn, 1907 seinen ersten Lastwagen – gedacht allerdings nur für Transportaufgaben auf dem firmeneigenen Werksgelände. Während des Ersten Weltkrieges fertigte Kaelble für das deutsche Heer motorisierte Zugmaschinen, die dort gebraucht wurden, um schwere Artillerie zu bewegen. Zugmaschinen sollten auch in der Zukunft eine besondere Rolle in der Produktpalette der Schwaben spielen. Im Jahr 1927 stieg Kaelble serienmäßig in die Fertigung von (schweren) Lastkraftwagen ein. Unter diesen befand sich z. B. der 6,5-Tonner Kaelble Typ 6,5 L aus dem Jahr 1936, der von einem 130 PS starken Dieselmotor angetrieben wurde. Ein Jahr zuvor hatte Kaelble bereits Sattelzugfahrzeuge der Öffentlichkeit präsentiert. Gleichzeitig entstanden in diesen Zwischenkriegsjahren schwere Zugmaschinen mit Motorleistungen zwischen 100 und 200 PS, die selbst entwickelte Dieselmotoren erzeugten. Abnehmer für diese Schwergewichte war neben der Privatindustrie vor allem die Deutsche Reichsbahn, die diese Schlepper für den Straßentransport ihrer Eisenbahnwagen benötigte. Der Zweite Weltkrieg beschränkte den Hersteller aus Backnang auf die Produktion von schweren Zugmaschinen für die Wehrmacht. Nach dem Ende des Zweiten Weltkrieges nahm Kaelble die Herstellung seiner schweren Zugmaschinen und Raupenschlepper wieder auf. Zu Beginn der 50er Jahre gesellten sich vor allem schwere Lastwagen dazu, wie z. B. der 150 PS starke 8-Tonner K 631 L oder der K 832 L mit 19,1-Liter-8-Zylinder-Diesel und 200 PS Leistung, beide ausgelegt für 8 Tonnen Nutzlast, oder der Fernlastzug K 612 LL mit 120 bis 125 PS und 6,5 Tonnen Nutzlast. Zwei- bis dreiachsige Muldenkipper und große Radlader erweiterten zu dieser Zeit das Fahrzeugangebot von Kaelble. Bereits 1949 hatte das Unternehmen mit dem Modell K 630 LF einen 150 PS starken Frontlenker im Programm, der in den folgenden Jahren um die Typen K 631 LF, K 645 LF (145 PS, 8,2-Tonnen) und K 650 LF (150 PS, 6,4 Tonnen) erweitert wurde. Nachteilig für Kaelble war jedoch, dass von all diesen Lastern nur kleine Stückzahlen produziert werden konnten. Auf Dauer war es dem Betrieb nicht möglich, seine Typenvielfalt gegenüber den größeren Mitbewerbern aufrecht zu erhalten. Dazu kam ein weiteres Problem. Kaelble hatte bei all seinen Fahrzeugen auf Schwergewichte gesetzt. Das wurde nun den Lastwagen zum Verhängnis, nachdem das Seebohmsche Gesetz von 1953 den Längen und den Gewichten von Lastkraftwagen in Deutschland Beschränkungen auferlegte und Kaelble, der keine leichten Lkw anbieten konnte, so seine Marktnische verlor. Dennoch versuchte Kaelble zu Beginn der 60er Jahre noch einmal, mit einem Frontlenker Fuß auf dem Lkw-Markt zu fassen. Der Pritschenwagen K 652 LF wartete mit einem 192 PS starken Dieselmotor auf und war für eine Nutzlast von 8,7 bis 9,2 Tonnen ausgelegt. Erfolgreich war dieser Laster jedoch leider nicht mehr, weshalb für Kaelble 1963 Schluss war mit der Lasterproduktion. Weiterhin gebaut wurden dagegen u. a. Zugmaschinen und Muldenkipper, auf die Kaelble fortan seinen Schwerpunkt setzte, Zugmaschinen allerdings nur bis 1986. Seit 2010 befindet sich Kaelble unter dem Dach der »Atlas Maschinenbau GmbH« und produziert dort seine Bau- und Spezialmaschinen.

Kaelble hatte sich seit den Anfängen im Jahr 1927 auf die Produktion von schweren Lastwagen spezialisiert. (Foto: © Ralf Weinreich)

Straßenroller: Schon von Beginn der Zugmaschinenproduktion war ihr Haupteinsatzzweck das Schleppen von Tiefladern zum Transport von Güterwagen für den Haus-zu Haus-Verkehr der DRG, später DB bzw. DR. Im Bild ein Kaelble K 632 ZB/15. (Foto: © Ralf Weinreich)

Eine Spezialtät aus Backnang waren schwere Muldenkipper wie dieser Kaelble KD 680 E.
(Foto: © Ralf Weinreich)

Die Kaelble Zugmaschinen wurden auch noch nach Einstellung der Laster weiter produziert.
(Foto: © Ralf Weinreich)

300 PS stark war der Kaelble KDV 22 Z8 T aus dem Jahr 1962.

(Foto: © Ralf Weinreich)

Krupp 5-Tonner von 1922 als Brauereiwagen.(Foto: © Severus Tremonia, CC-BY-SA-3.0)

Der NSU Prinz II wurde von 1957 bis 1960 gebaut. Der Kleinwagen besaß einen Viertakt-
motor, die Prinz-Reihe wurde recht erfolgreich. (Foto: © Audi AG)

König der Landstraße: Die 210 PS des Krupp Titan galten in den 50er Jahren als absolute Oberklasse. (Foto: © Ralf Weinreich)

Der Krupp LD 2 H 42, gebaut in den Jahren 1933–1935, hatte einen 50 PS starken Diesel-Boxermotor mit Gebläsekühlung eingebaut, der ihm eine Höchstgeschwindigkeit von 60 km/h ermöglichte.
(Foto: © Ralf Weinreich)

Vor dem Ersten Weltkrieg produzierte die in Essen ansässige Friedrich Krupp AG Stahlprodukte wie Maschinen, Eisenbahnreifen und Geschütze. Doch schon im Jahr 1905 fand ein erster Einstieg in den Bau von Lastwagen statt, als Krupp in Lizenz einen Dampf-Lkw fertigte, der letztlich als Schlepper auf der betriebseigenen Germania-Werft in Kiel eingesetzt wurde. Das nächste selbstfahrende Gerät war bereits motorisiert und entstand zu Beginn des Krieges in Zusammenarbeit mit der Daimler Motoren Gesellschaft DMG. Es war ein 80 PS starker Plattformwagen für das Militär, auf dem ein Geschütz montiert werden konnte. 1917/18 stellten Krupp und Daimler schließlich noch eine allradgetriebene Artillerie-Zugmaschine her mit einem 100-PS-Daimler-Motor. Weil nach dem Ersten Weltkrieg die Rüstungsaufträge durch das Militär entfielen, musste sich das Unternehmen nach Ersatz umschauen. Krupp beschloss, die brachliegenden Werkshallen, in denen bislang Geschütze produziert wurden, mit dem Bau von Lastkraftwagen auszufüllen. Dafür wurde eigens eine Abteilung gegründet mit Namen »Friedrich Krupp Motor- und Kraftwagen«, kurz »Krawa«. Für den ersten eigenen Lastwagen, den Krupp 1920 vorstellte, griff das Unternehmen auf eine Kriegskonstruktion zurück, den 5-Tonner Krupp L 5. Dieser besaß einen 45–60 PS starken Vierzylinder-Vergasermotor und war mit verschiedenen Aufbauten erhältlich. Danach entwickelte Krupp in wenigen Jahren ein vollständiges Lkw-Programm. 1924 erschien das Modell L 1,5, ein 40–50 PS starker Lkw mit 2 Tonnen Nutzlast. Wegen seiner relativ hohen Geschwindigkeit von 50 km/h, die er auch seiner Luftbereifung zu verdanken hatte, wurde er damals als Schnell-Lastwagen geführt. 1926 brachten die Essener den Krupp L 3 heraus. Dieser erklomm erstmals die 3-Tonnen-Nutzlast-Marke und war als Regeldreitonner für die Reichswehr vorgesehen. Die Reichswehr setzte den L 3 vor allem in seinen geländegängigen Versionen ab 1929 bzw. 1935 in unterschiedlicher Weise ein, z. B. als Nachrichtenwagen (L 3 H 163) oder Zugmittel für Flak-Scheinwerfer (L 3 H 63). Beiden Versionen gemein war ihre 6x4-Technik. In der 5-Tonnen-Nutzlastklasse ersetzten ab den späten 20er Jahren die Modelle L 5 N, L 5 N 62, L 5 N 162 sowie L 8 N ihre Vorgänger. Das letzte Fahrzeug erschien 1931 in einer zweiten Ausführung als 7-Tonner und Dreiachser mit einer Motorleistung von 150–165 PS und in Frontlenkerausführung unter der Bezeichnung L 8N 63. Ein Verkaufserfolg wurde dieses Modell indes nicht. In den 30er Jahren deckte Krupp mit den Modellen L 2 H und seinen Abwandlungen die 2-Tonnen-Nutzlastklasse ab. Diese Modelle kamen ebenfalls beim Militär zum Einsatz, und zwar die geländegängigen, dreiachsigen L 2 H 43 und L 2 H 143 »Protze« in 6x4-Technik von 1932 bzw. 1934. Von besonderer Bedeutung war der 1934 vorgestellte LD 6,5 N. Dieser 6,5-Tonner mit Schnellganggetriebe und 110 PS starkem Sechszylinder-Vergasermotor wurde nicht nur im zivilen Fernverkehr verwendet, sondern fand zudem Eingang in das Schell-Typenvereinheitlichungsprogramm. Zusammen mit Büssing, Faun und MAN wurde dieser Laster, versehen mit Allrad- und Hinterradantrieb, während des Zweiten Weltkrieges für die Wehrmacht produziert. Mit dem dreiachsigen 8-Tonner L 8 N rundete Krupp in den 30er Jahren sein Modellprogramm nach oben ab und konnte so vor Kriegsbeginn ein richtiges Vollprogramm an Lastwagen mit allen Nutzklassen vorweisen. Ab 1940 durfte Krupp aber keine zivilen Laster mehr herstellen. Krupp hatte seine Produktionsstätten wegen den Bombardierungen während der Kriegsjahre mehrfach verlagert und war so 1944 auch nach Kulmbach in Bayern gekommen. Weil die Alliierten dem Unternehmen das Benutzen des Firmennamens Krupp untersagten, begann es 1946 mit der Herstellung seines ersten Nachkriegslasters unter der Bezeichnung »Südwerke«. Den Südwerken wurde es erlaubt, einen 4,5-Tonner zu bauen und diesen mit einem Holzgasmotor auszustatten. Dieser wurde von Krupp aber bald durch einen Sechszylinder-Vergasermotor aus den frühen 30er Jahren ersetzt, der 110 PS leistete. Bis zum ersten großen Meilenstein der Südwerke 1950 folgten dem L 45 noch die Modelle L 50 / LD 50 sowie L 60 / LD 60 nach mit Nutzlasten von 5–6 Tonnen. Dann erschien der »Titan«, der den Wiederaufstieg von Krupp symbolisierte. Denn dieser 8-Tonner mit seinen zehn Metern Länge war ein Koloss und gleichzeitig der bis dahin leistungsstärkste deutsche Lastwagen. Dazu machte ihn der von den

KRUPP

Südwerken selbst noch in den Vorkriegsjahren entwickelte Zweitakt-Diesel. Um das Herstellungsverbot der Alliierten von Motoren über 100 PS zu umgehen, koppelte das Kulmbacher Werk zwei Dreizylinder-Zweitakt-Motoren und erhielt dadurch eine Leistung von 210 PS. Im Jahr 1951 zog die »Südwerke Motoren- und Kraftwagenfabrik« zurück nach Essen und versah ihre Lkw wieder mit den drei Krupp-Ringen am Kühler. Im selben Jahr erschien mit dem SW L 60 »Mustang« ein weiteres Schwergewicht von 6,5 bis 7 Tonnen unterhalb des Titan. Sein Vierzylinder-Zweitakt-Diesel war als Baukastenmotor konzipiert und leistete 145 PS. Mit einer verkürzten Rundhaube und 110 PS präsentierte sich der 5-Tonner SW L 50 »Büffel«. Weniger gut hingegen lief der »Titan Super« von 1953 wegen seines unausgereiften 2x3-Zylindermotors. Als Ersatz für den mittlerweile höherklassigen Büffel brachte der Lkw-Hersteller 1954 den 5-Tonner »Widder« auf den Markt. An die Bundeswehr ging der allradgetriebene »Drache«, ein 7,7-Tonner mit 145-PS-Motor. Noch im Jahr 1954 nannten sich die Südwerke um in »Krupp Motoren- und Lastwagenfabriken«. Im Schwerlastbereich war Krupp gut aufgestellt, die Fahrzeuge waren im In- und Ausland stark gefragt. 1953/54 folgte dem Titan der »Tiger« nach. Sein Fünfzylinder-Zweitakt-Diesel bescherte dem 8,5-Tonner eine Leistung von 185 PS. Die veränderten gesetzlichen Gewichtsbestimmungen in Deutschland machten bald allen Krupp-Lastern zu schaffen. Denn der Betrieb hatte ausschließlich auf schwere Laster gesetzt. Im Jahr darauf brachen dann die Absatzzahlen für Lkw bei Krupp drastisch ein und sollten sich nicht mehr wirklich erholen. Krupp konstruierte die Laster für den heimischen Markt um, verkaufte sie aber für den ausländischen Markt unverändert. Dieses Vorgehen war unwirtschaftlich. Ende der 50er Jahre versuchte Krupp noch einmal, mit einem neuen Lastwagenprogramm die Wende zu schaffen. Die mit neuen Hauben versehenen Modelle bekamen wiederum Zweitakt-Motoren verpasst, die allerdings unzuverlässig waren. Der Absatz ging zurück. Der Lizenznachbau eines Cummins-Viertakt-Diesels sollte helfen. Weil seine Herstellung aber Zeit benötigte, importierte Krupp unterdessen Motoren aus den USA, die jedoch ebenfalls nicht überzeugten und den Abwärtstrend befeuerten. Beispiele für die Modelle der 60er Jahre sind der 8,7-Tonner Krupp K 960 mit 200-PS-Krupp-Cummins-Viertakter, der im Export erfolgreiche L 1060 von 1963, ausgestattet mit einem 200-PS-V6-Krupp-Cummins-Motor, und dem ab 1965 für den Export gefertigten Frontlenker LF 1080 mit 250 PS und einer Nutzlast von 9,4 Tonnen. Seine 16-Tonnen-Inlands-Version nannte sich LF 980. Da der Lastwagenbau im Gesamtunternehmen Krupp keinen überlebenswichtigen Stellenwert hatte, wurde im Jahr 1968, als die Verkaufszahlen unter die Stückzahlmarke von 1000 gefallen waren, die Reißleine gezogen und die Lkw-Produktion eingestellt.

Der Krupp »Elch« wurde von 1956 bis Anfang der 60er Jahre gebaut. Die erste Baureihe besaß eine Nutzlast von 5,5 Tonnen, bei der zweiten erhöhte sich diese auf 6,5 Tonnen. Im Bild das Modell L 70 E 3 von 1960.

Krupp S806 mit Cummins-Diesel aus dem Jahr 1967.

(Foto: © Ralf Weinreich)

Der S8 M4 »Mustang« wurde von 1954 bis 1960 hergestellt.

(Foto: © Ralf Weinreich)

Der erste Magirus-Lkw auf der Erprobungsfernfahrt von Ulm nach Berlin.

(Foto: © Sammlung Schrader))

Diese Große Drehleiter (GLD) wurde auf einen Magirus FS 145 aufgebaut. Die Steighöhe betrug 30 Meter.

(Foto: © Ralf Weinreich)

MAGIRUS-DEUTZ

Der ehemalige Militärlaster 4K-V110 kam auch nach dem Krieg zum Einsatz. Das »K« in der Modellbezeichnung stand für Ketten-Antrieb, die »4« bezog sich auf seine Nutzlast von 4 Tonnen.
(Foto: © Archiv Iveco-Magirus)

Im Jahr 1864 gründete der Ulmer Feuerwehrkommandant Conrad Dietrich Magirus eine Fabrik zur Herstellung von Feuerwehrbedarfsartikeln. Neben Feuerlöschgeräten konzentrierte sich Magirus vor allem auf den Bau von ausziehbaren Leitern. Für diese Leitersysteme interessierten sich auch die Militärs. Nachdem die Verbindung zu diesen erst einmal hergestellt war, bestellte das Heer im Jahr 1916 einen 3-Tonnen-Lastwagen. Damit stieg die Ulmer Firma in den Bau von Lkw ein. Später folgten Omnibusse und Feuerwehrfahrzeuge. Der Bedarf nach Lastkraftwagen war allerdings direkt nach dem Ersten Weltkrieg recht zurückhaltend, sodass Magirus eine Zeit lang Anhänger und Güterwagen herstellen musste. Magirus weitete seine Lastwagenpalette auf verschiedene Nutzlastklassen aus, ergänzte sie um Kommunalfahrzeuge und überarbeitete die Lkw-Modelle Ende der 20er Jahre. Die ab 1924 zugelassene Auslands-Konkurrenz übte gewaltigen Druck auf Magirus aus. Um gegen sie bestehen zu können, schufen die Ulmer ab 1927 ihre zweite Lastwagen-Serie. Der Mangel an modernen, schnellen Sechszylinder-Motoren brachte Magirus in Bedrängnis. Versuche mit einem in Lizenz gebauten Maybach-Motor überzeugten nicht. Der US-amerikanische Continental-Sechszylinder-Benzinmotor 16C bewährte sich schließlich im Modell M1. Diese zweite Lkw-Generation bestand aus den Modellen MM3/4, ML-V100 (1927), M2 und M1(1928/29), MLA und MLO (1929). Sie bekamen Luftbereifung. Im Jahr 1933 führte Magirus erstmals einen selbstkonstruierten Sechszylinder-Dieselmotor ein. Die beginnende Weltwirtschaftskrise verschärfte jedoch die Lage des Ulmer Unternehmens. Mittlerweile waren die Banken zu keinen weiteren Krediten an Magirus mehr bereit. Nach dem Regierungswechsel 1933 allerdings folgte für die deutsche Wirtschaft eine Aufschwungphase – ebenso für Magirus. Die Ulmer begannen, ihr drittes Lastwagenprogramm zu entwickeln. Es entstanden u. a. die Modelle M10, M20, M37, M40, M 45, M50 und M65 mit Nutzlasten zwischen 1 und 8,2 Tonnen sowie mit eigenen Dieselmotoren. Zusätzlich produzierte Magirus von 1934 bis 1937 für Reichswehr und Wehrmacht den leichten Dreiachser M 206. Dann geschah das zweite folgenreiche Ereignis. Der Kölner Motorenbauer Deutz fand in Magirus den geeigneten Fahrzeugbauer für seine Motoren und übernahm 1936 die Ulmer Firma. Zwei Jahre darauf firmierte das fusionierte Unternehmen als »Klöckner-Humboldt-Deutz« (KHD). Von nun an wurden alle Magirus-Fahrzeuge mit Deutzmotoren ausgestattet. KHD investierte in neue Maschinen und in ein modernisiertes Lkw-Werk. Die Magirus-Lkw fanden nicht nur im Inland Absatz, sondern wurden weltweit exportiert. Ab der zweiten Hälfte der 30er Jahre war dann die Wehrmacht ein Hauptabnehmer der Ulmer Lastwagen. Auch die Produktion der Feuerwehrfahrzeuge profitierte von den staatlichen Aufträgen. Magirus wurde zu Europas größtem Hersteller von Feuerwehrfahrzeugen. Neue Modelle mit Deutz-Dieselmotoren ersetzten nun die alten, so kam der L240 für den M40, der L145 für den M45, der L150 für den M50 und der L165 ersetzte den M65. Ab 1937 entwickelte Magirus im Rahmen des Schellplans zusammen mit anderen Firmen einen 2,5-Tonnen-Einheitsdiesel, dazu gesellte sich der Magirus-eigene 3-Tonner S330, ergänzt um einen 4,5-Tonner, für den ebenfalls Magirus zuständig war. Mit Ausnahme der Feuerwehrfahrzeuge bekamen die Laster ab 1940 bis zum Kriegsende ein neues Kühleremblem mit der Aufschrift »Klöckner Deutz«. Im Krieg wurde der S330 sowie seine allradgetriebene Variante A330 umbenannt in S3000 bzw. A3000. Das 4,5-Tonnen-Modell wurde ab 1941 produziert und trug die Bezeichnung S4500 sowie A4500. Ab 1943 durfte KHD nur noch Halb- und Vollkettenfahrzeuge für die Wehrmacht herstellen, außerdem weitere Rüstungsgüter. Zusätzlich entwickelte KHD in dieser Zeit einen luftgekühlten Motor, der vor allem für die Lastwagenproduktion nach dem Krieg bedeutsam wurde. Trotz seiner Werksbeschädigungen konnte das Unternehmen nach 1945 vor der Zerschlagung gerettet werden und unter schwierigen Bedingungen Reparaturen für Fahrzeuge der US-Armee durchführen. Bald entstanden in Ulm wieder ganze Fahrzeuge vom Typ S3000 und A3000. Ab 1948 erschien der S3000 erstmals mit einem luftgekühlten Deutz-Diesel. Dieser Motortyp erwies sich damals den wassergekühlten als weit überlegen und ersetzte diese nun im Programm von Magirus-Deutz – so die neue

MAGIRUS-DEUTZ

Markenbezeichnung. Nach der Währungsreform 1948 gingen die Absatz- und Produktionszahlen kontinuierlich nach oben. Bis 1954 erschien mit den Modellen S3000, A3000, S3500 und A3500 die erste Nachkriegs-Eckhauber-Generation. Erhältlich waren sie als Kipper, Sattelschlepper und Feuerwehrfahrzeuge mit Nutzlasten zwischen 3 und 3,5 Tonnen. Das neue Fahrerhaus-Design zu Beginn der 50er Jahre – die Rundhaube – unterschied Magirus-Deutz deutlich von allen Mitbewerbern. Der erste Rundhauber war der S3500, ihm folgten bald die Modelle S4500, S5500, S6500 und S7500 nach mit Nutzlasten zwischen 3,5 und 6,5 Tonnen. Passend zu seinen Planetengetrieben erschienen ab 1954 die Magirus-Deutz-Laster mit Planetennamen. Sie hießen nun »Mercur«, »Saturn«, »Jupiter«, »Uranus« oder »Pluto«. Ihre PS-Leistung lag zwischen 85 und 170 PS. Leider bewährte sich das auffallende und formschöne Rundhauben-Design in der Geländepraxis nicht und lief gegen Ende der 60er Jahre wieder aus. Die Allradversionen ab 1953 wurden deshalb als zweite, überarbeitete Eckhauber-Serie gestartet. Diese umfasste die Allradtypen A4500, A6500 und A7500. Der stärkste deutsche Laster der damaligen Zeit war mit 250 PS der A12000 Uranus mit seinem V12-Motor, der wegen seines Gewichts meist ins Ausland verkauft wurde. Ende der 50er Jahre brachte Magirus-Deutz erstmals eine Frontlenker-Serie auf den Markt. Die Fahrzeuge erhielten wieder die bekannten Planetennamen, deckten die Nutzlastklassen zwischen 4,8 und 11,45 Tonnen ab und leisteten zwischen 85 und 200 PS. Nach den zu Beginn der 60er Jahre wieder erlaubten schwereren Lastern erweiterte Magirus-Deutz sein Angebot an solchen und erfuhr einen erfreulichen wirtschaftlichen Aufwärtstrend. In den 60er Jahren wurden die Fahrerhäuser optisch modernisiert und kippbar gestaltet. Damit einhergehend erfuhren auch die Planetennamen ihre Ablösung. Es entstand die D-Serie, mit der vor allem die neuen Frontlenker gemeint waren. Die Laster hatten Motorleistungen von 90 bis 340 PS und Zuladungen zwischen 3,5 und 26 Tonnen. 1967 erwarb Magirus-Deutz ein zehnjähriges Nachbaurecht des Eicher-Lkw. Dieser wurde modifiziert und bediente die untere Nutzlastklasse bis 8 Tonnen. Zu Beginn der Siebziger erneuerten die Ulmer ihre in die Jahre gekommenen eckigen Langhauber, doch begann sich die Lage allmählich zu verschlechtern. Die Ölkrise von 1973 trug mit dazu bei, zusätzlich gewann im Bereich der Allradfahrzeuge Mercedes-Benz an Boden. Um die Eicher-Laster zu ersetzen, ging Magirus-Deutz eine Kooperation mit den Firmen Volvo, DAF und Saviem ein – der sogenannte »Vierer-Club« entstand. Gemeinsam entwickelte dieser ein neues Frontlenkerfahrerhaus, daneben hielt Magirus-Deutz an seinen mittlerweile veralteten luftgekühlten Motoren fest. Die Muttergesellschaft KHD separierte schließlich ihren Fahrzeugbereich und gründete 1975 die Magirus-Deutz AG. In diesen Krisenzeiten schlossen sich Fiat/Lancia, der italienische Lkw-Hersteller OM, der französische Lastwagenbauer Unic sowie mit einem Anteil von 20 Prozent KHD mit ihrer Tochter Magirus-Deutz zum neuen Nutzfahrzeughersteller IVECO zusammen. Magirus-Deutz war für die schweren Lastwagen zuständig. Zu Beginn der 80er Jahre zog sich KHD ganz vom Fahrzeugbau zurück. Die Magirus-Deutz AG wurde zur IVECO Magirus AG. Bald verschwand der Name Magirus vollständig von den Motorhauben der IVECO-Laster mit Ausnahme der Feuerwehrfahrzeuge. Der Ulmer Standort von IVECO hat die Lastwagenfertigung seit 2012 eingestellt, wurde jedoch zum »Kompetenzzentrum für Brandschutz« inklusive Entwicklungsabteilung umgebaut.

Rundhauber-Feuerwehrfahrzeug von Magirus-Deutz. (Foto: © Ralf Weinreich)

Die MK-Reihe löste die betagten Eicher-Lkw ab. Entstanden war sie aus der Kooperation von Nutzfahrzeugherstellern, dem sogenannten »Vierer-Club«. (Foto: © Ralf Weinreich)

Der Saturn 145 FS leistete bis zu 145 PS und wurde von 1959 bis 1961 gebaut

(Foto: © Archiv Iveco-Magirus)

Magirus Deutz 170 D15 in einer Allradausführung.

(Foto: © Ralf Weinreich)

Der Sirius 90L wurde ab 1958 gebaut. Er war baugleich mit dem Modell S3500.

(Foto: © Ralf Weinreich)

MAN Saurer. Die ersten LKW von MAN wurden in mehreren Nutzklassen von 2,0 bis 5,0 Tonnen angeboten. (Foto: © Sammlung Westerwelle)

Der MAN S1 H6 war der stärkste Lastwagen der Welt, er leistete 150 PS. 1926–1933. (Foto: © Sammlung Westerwelle)

Schwerer Muldenkipper MAN 22.230. (Foto: © Ralf Weinreich)

MAN

Der MAN E1 Schnelllastwagen mit Vierzylinder-Diesel und 65 PS blieb nur zwei Jahre, 1935–1937, im Programm. (Foto: © Sammlung Westerwelle)

Erstes MAN-Nachkriegsmodell war der 5-Tonner MK mit 120 PS. (Foto: © Ralf Weinreich)

Ein MAN 735 Tanksattelschlepper. (Foto: © Ralf Weinreich)

Der MAN 16.186 FN, der Dreiachser, mit einem Aufbau zur Lieferung von Heizöl. Die Leistung lag, wie aus der Typenbezeichnung ersichtlich, bei 186 PS. Gebaut wurde er zwischen 1967 und 1973. (Foto: © Sammlung Westerwelle)

Die 1840 in Augsburg gegründete Maschinenbaufabrik fusionierte 1898 mit der Maschinenbau AG in Nürnberg. Beide legten den Hauptsitz nach Augsburg und nannten sich ab 1908 »Maschinenfabrik Augsburg-Nürnberg AG«, kurz M.A.N. 1903 begann der Konzern mit dem Bau von großen Dieselmotoren für Schiffe und Industrie, mit kleineren Dieseln für den Einsatz in Fahrzeugen hatte man noch Probleme. Autos rückten daher erst 1915 ins Programm, nachdem mit der Schweizer Firma Saurer das gemeinsame Nürnberger Unternehmen »MAN-Saurer Lastwagen GmbH« gegründet wurde. Nach den Lizenzen des Spezialisten Adolphe Saurer begann MAN nun mit der Fertigung von einfachen, aber robusten Lastwagen. Die ersten Fahrzeuge mit Nutzlasten von 2,0 t, 3,5 t, 4,0 t und 5,0 t liefen unter der Marke MAN-Saurer. Der 2-Tonner hatte einen 30-PS-Motor, der des 3,5-Tonners leistete 36 PS, während die größeren Fahrzeuge einen 45-PS-Motor eingebaut bekamen. Die MAN-Saurer galten als ausgesprochen betriebssicher. Im Jahre 1918 musste Saurer auf Veranlassung der Obersten Heeresleitung aus der Gesellschaft ausscheiden. Die Bemühungen, den Diesel-Motor kleiner und handlicher zu machen, führten in Berlin im Dezember 1924 zur Vorstellung der ersten drei MAN Diesel-Lastwagen, der die Serienproduktion der neuen Dieselmotor-Baureihe D 1580 folgte. Die ausgedehnten Versuchsreihen mündeten in einen 3,5-Tonner mit zunächst 40/45, später 55 PS. Trotz der Wirtschaftlichkeit des Motors griffen die Kunden eher zögerlich zur neuen Technik, vom 1925 vorgestellten KVB, dem ersten MAN-Lkw der Nach-Saurer-Ära, wurden 1200 Exemplare gebaut, darunter viele mit Benzin-Motoren. 1926 wurde als großer MAN-Diesel der 80 PS starker Dreiachser S1 N6 vorgestellt, der mit Hochrahmen als S1 H6 bezeichnet wurde. Die Weltwirtschaftskrise von 1929 führte allerdings zu gravierenden Absatzeinbrüchen, MAN stellte zeitweise den Bau von Diesel-Lkw zugunsten von ausschließlich Dieselmotoren ganz ein. Ab 1933 verbesserte sich die Wirtschaftslage zusehends, MAN-Laster erreichter Rekordabsatzzahlen Das Unternehmen hatte 1932 mit dem S1 H6 den damals stärksten Diesellastwagen der Welt (Leistung: 150 PS) vorgestellt. 1937 präsentierte MAN ein komplettes Programm im neuen Design mit leicht nach hinten geneigtem Kühlergrill. Die Angebotspalette begann beim E 2 mit 65 PS und einer Nutzlast von 2,75 Tonnen, gefolgt vom Z 2 (80 PS, 3,33 t), D 1 (90 PS, 4,0 t), M 1 (120 PS, 5,0 t) sowie dem Flaggschiff F 4 mit 150 PS und einer Nutzlast von 6,5 Tonnen. Das Typenreduzierungsprogramm (Schell-Plan) wies 1939 MAN für die Kriegsjahre den Bau von Fahrzeugen in der Klasse 4,5 und sechs Tonnen zu. Im oberen Segment war MAN bislang mit dem F 4/F 5 vertreten. Darunter angesiedelt, wurde ein mittelschwerer Typ unter der Bezeichnung SML mit 110 PS entwickelt. Dieser Viereinhalbtonner wurde dann, als ML 4500 typisiert, von der Wehrmacht übernommen, die Fahrzeuge mit Allradantrieb bekamen die Bezeichnung ML 4500 A. Daneben blieb der nicht-Schell-Plan-konforme 3,5-Tonner E 3000 in der Produktion, als Nachschublaster und als Wehrmachtsbus. Vor dem Hintergrund des enormen Bedarfs blieben aber die Lkw-Produktionszahlen stets bescheiden. Die Montagebänder von MAN in Deutschland hatten schwerpunktmäßig auf den Panzerbau (»Panther«) ausgerichtet werden müssen. Die Lkw-Fertigung lief mehr oder weniger nebenher. Auch bei MAN stand man zum Kriegsende vor schier unlösbaren Problemen. US-Truppen besetzten am 16. April 1945 die Nürnberger Produktionsanlagen. Bereits zuvor hatten wiederholte Luftangriffe die Anlagen und Maschinen zu rund 80 Prozent zerstört. Im Herbst 1945 bekam MAN dann die Genehmigung zur Fertigung eines ersten Nachkriegslastwagens, der eigentlich ein Vorkriegslaster war. Es handelte sich dabei um den Viereinhalbtonner MK (= Bezeichnung für Kurzhaube), der im Krieg als ML 4500S vom Band gelaufen war und an Weihnachten 1945 fertig gestellt wurde. 1949 hatte in den Nürnberger Werkshallen bereits wieder die Serienproduktion begonnen, obwohl es noch keine neuen Typen gab. Das änderte sich jedoch bereits ein Jahr später mit der Vorstellung des neuen 5-Tonners MK 25 und mit dem 6,5-Tonner MK 26. Die bis 1954 hergestellten Typen gab es ab 1952 mit Allradantrieb als MK 25A und MK 26A. 1950 konzentrierte MAN sich auf die mittleren und schweren Lastwagentypen und errichtete in Brasilien ein Montagewerk.

MAN

Zur ersten großen Nachkriegs-IAA 1951 brachte MAN aber nicht nur die nahezu baugleichen Lkw MK 25 und MK 26 in der Nutzlastklasse zwischen fünf und 6,5 Tonnen, sondern auch den brandneuen Achttonner Typ F8. Während die MK-Modelle mit 120- und 130-PS-Reihen-Sechszylindermotoren bestückt wurden, erhielt das neue Flaggschiff der Nürnberger einen 180 PS starken V8-Dieselmotor. Als wahre Sensation galt der ab 1953 verbaute V8-M-Motor. Mit 180 PS ebenso kräftig wie der Vorgänger, arbeitete dieser Motor nach dem »Mittenkugel-Brennverfahren«. Diese M-Diesel waren leiser, sparsamer und elastischer als alle Diesel zuvor. Eine weitere große Innovation war der Turbolader für den Motortyp D 1246 M2, (neue Bezeichnung D 1246 M2 T1) mit einer Leistungssteigerung von 25 PS. MAN hatte damit das Tor zur Zukunft aufgestoßen. Zur IAA 1953 erfolgte die Ablösung des MK 26 durch den neuen 630 L1 mit Nutzlasten von 6,3 und 6,8 Tonnen. Seit 1954 baute MAN nur noch Fahrzeugmotoren nach dem »M-Verfahren«. 1957 begann die Produktion des 630 L2 A, des kantigen Allrad-Haubers für die Bundeswehr. Der Fünftonner mit dem 130 PS starken Vielstoffmotor basierte noch auf dem Weltkriegs-Typ ML 4500. Die zivilen Haubenlastwagen aber bestimmten das MAN-Lastwagenprogramm in den Fünfzigern, der kleinste der klassischen MAN-Hauber war der MK-25-Nachfolger 515 L1 von 1954, darunter rangierte der Hauber 400 L1. Dieser Pontonhauber mit 100-PS-M-Motor und einer Tragkraft von 4,8 Tonnen entsprach den neuesten Gewichtsbestimmungen des Verkehrsministeriums. Obwohl erfolgreich, wurde der Pontonhauber bereits 1958 durch den »415 L mit 115 PS verdrängt. Seit 1957 bot MAN auch Frontlenkertypen an. In den Typenbezeichnungen stand nun »H« für Haubenwagen und »F« für Frontlenker. 1965 wurde das alte Fahrerhaus noch kurzfristig kippbar gestaltet. 1962 stellte MAN die Serienversionen der ersten »richtigen« Dreiachser der Nachkriegsgeneration vor. Auf der Basis des M-Motors wurde ein Vielstoffmotor entwickelt, der dann sogleich in die ab 1958 anlaufende Großserie der neuen Bundeswehr-Lkw des Typs 630 L 2 A / L 2 AE eingebaut wurde. Zwischen 1960 und 1967 stand mit dem MAN 10.210 von 1960 mit 210 PS wieder ein Sechszylinder mit Abgas-Turbolader im Programm. 1963 stellte MAN die neue HM-Motorengeneration vor. 1965 erweiterte MAN sein Angebot von zehn auf 15 Grundmodelle; Flaggschiff war die schwere Dreiachs-Sattelzugmaschine 14.230 mit Großraum-Fahrerhaus. Ab 1967 intensivierte sich dann eine bereits bestehende Zusammenarbeit mit der Renault-Tochter Saviem. Der französische Hersteller hatte 1965 Lizenzen zum Nachbau des M-Motors erworben. MAN, mittlerweile hinter Daimler-Benz zweitgrößter deutscher Lkw-Produzent, wollte zu diesem Zeitpunkt sein Programm um leichte Lkw und Lieferwagen erweitern und schloss mit Saviem entsprechende Verträge, die bis 1977 Bestand hatten. 1967 stellten MAN und Saviem ein neues, für beide Marken entwickeltes, geradliniges Lkw-Fahrerhaus vor. Dieses neue F8-Fahrerhaus der schweren Fahrzeuge blieb rund zwanzig Jahre lang in der Produktion. Bei den MAN-Haubenwagen konnte ab 1969 die gesamte Motorhaube, einschließlich der Kotflügel, zur Wartung nach oben geklappt werden. Im September 1970 wurde zwischen MAN und der Daimler-Benz AG ein Kooperationsvertrag in Bezug auf die Motoren- und Achsenfertigung geschlossen. Dies führte 1972/73 zur Entwicklung des Komponentenmotors D 25 bei MAN, der nach dem M-Verfahren arbeitete. Daimler-Benz brachte parallel den Diesel-Direkteinspritzer OM 400 heraus. Hier steckte wieder das Bundesverteidigungsministerium dahinter, das seit 1962 die Kfz-Folgegeneration der Bundeswehr plante. 1964 gründeten daher MAN, Klöckner-Humboldt-Deutz, Büssing, Krupp und Henschel ein »Gemeinschaftsbüro«. Ab 1968 liefen erste Versuche mit Prototypen und im Dezember 1975 übernahm MAN für das Gemeinschaftsbüro den Bau der neuen geländegängigen Fahrzeuge in den Nutzlastklassen 5 t (Zweiachser, 4x4), 7 t (Dreiachser, 6x6) und 10 t (Vierachser, 8x8). Die Motoren stammten von KHD, die Rahmen kamen von Rheinstahl. Die 1970 begonnene Kooperation mit Mercedes führte zu einer Vereinheitlichung wichtiger Baugruppen bei den Fünf- und Sechszylinder-Reihenmotoren sowie Acht- und Zehnzylindern in V-Anordnung. Im Jahre 1971 übernahm MAN die traditionsreichen Büssing-Werke und führte unter

Der MAN 19.372 FLL-U aus der F 90-Reihe. (Foto: © Ralf Weinreich)

Der MAN TGA 18.320 als Flugfeldtanker. (Foto: © Ralf Weinreich)

MAN 18.480 Euro 6-ProfiDrive. (Foto: © MAN Truck & Bus AG)

MAN 32.422 8x8 mit Faltfestbrücke. (Foto: © Ralf Weinreich)

Sattelzugmaschine MAN 33.464 (F 90). (Foto: © Ralf Weinreich)

Der MAN TGM 18.340 mit Euro 6 und Doppelkabine. (Foto: © MAN Truck & Bus AG)

MAN

der Bezeichnung MAN-Büssing in erster Linie das Unterflurprogramm weiter. Die Baustellenfahrzeuge mit stehenden Motoren wurden eingestellt. Ab 1972 zierte das Emblem des Welfenherzogs Heinrich der Löwe nun auch den Kühlergrill der MAN-Fahrzeuge. Die Unterflurfahrzeuge behielten den Namenszusatz Büssing bis 1979 bei, während die Fahrzeuge aus Münchener Produktion die Aufschrift »MAN-Diesel« trugen. Bereits 1971 hatte MAN den österreichischen Hersteller Gräf & Stift (ÖAF) erworben. In der zweiten Hälfte der 1970er Jahre schlossen MAN und das Volkswagenwerk eine Vereinbarung zur Entwicklung leichter Nutzfahrzeuge oberhalb der LT-Reihe. Die vier gebauten Typen in der Nutzlastklasse von sechs bis neun Tonnen blieben aber im Verkauf weit hinter den Erwartungen zurück. Der Kooperationsvertrag wurde 1993 nicht verlängert. 1990 kam die Steyr Nutzfahrzeuge AG (Österreich) unter das Dach von MAN, 2000/2001 folgten Star Trucks (Polen), ERF (Großbritannien) und der Bushersteller Gottlob Auwärter (»Neoplan«). Die ersten echten »Mittelklässler« gab es von MAN ab dem Frühjahr 1983 in der Klasse von zwölf bis 16 Tonnen. Im Jahre 1986 wurde mit dem Typ F 90 die nächste Schwerlastwagen-Baureihe mit ihrer völlig neuen Kabine (»Fahrerhaus 90«) vorgestellt. Als Standardmotor kam der 11,9-Liter-Saugmotor mit 290 PS, in der Turboladerversion bis 360 PS, zum Einbau. Im Herbst 1987 erschien mit dem 19.462 FLS der stärkste Fernverkehrs-Lastzug in Europa. 1988 stellte MAN die neue Mittelklasse M 90 vor. Die letzten Unterflurmotoren und Haubenfahrzeuge verschwanden mit dem Modell F 2000 vom Markt. Überarbeitete Motoren aus der bisherigen D 28-Reihe gab es nun in den Leistungsstufen 340, 400 und 460 PS. Der V10-Diesel aus der F-90-Baureihe war nun 600 PS stark. Die neue Baureihe war durch eine »3« am Ende des Typenkürzels erkennbar (z. B. 19.403 oder 26.343). 1998 erschien der Typ F 2000 Evolution mit der neuen Computertechnik für die zukünftige Baureihe TGA. Die mittelschwere Reihe M 90 wurde ab 1996 durch die neue Baureihe M 2000 abgelöst. Mit dem neuen Jahrtausend präsentierte MAN eine ganz neue Lkw-Generation unter dem Schlagwort »Trucknology«. Erster Vertreter dieser neuen Baureihe war der TGA (= schwere Gewichtsklasse) mit der XXL-Kabine und 310 bis 510 PS. 2001 folgte der V10-Diesel in Common Rail-Technik für Schwerlasteinsätze mit 700 PS. Bei den Baureihen TGX (Fernverkehr, drei Fahrerhäuser) und TGS (Verteilerverkehr, drei kompaktere Kabinen) setzte MAN im Hinblick auf eine höhere Nutzlast ebenso konsequent auf Leichtbau wie bei den mittelschweren TGM (Gesamtgewichte von 13 bis 26 Tonnen) sowie den leichteren TGL in der Klasse von sieben bis zwölf Tonnen für den Stadt- und Verteilerverkehr. Die Baureihe CLA zielt auf Absatzmärkte mit besonderen Einsatzstrukturen. Die Typen der Cargo Line A besitzen 220- bis 280-PS-Motoren. Eingesetzt werden diese robusten und extrem belastbaren Fahrzeuge hauptsächlich in Asien und Afrika. Nach der Jahrtausendwende sah MAN im Volkswagenkonzern den logischen Kooperationspartner. Die Wolfsburger hielten zu der Zeit 18,7 Prozent der Scania-Anteile und hatten in Brasilien ein Lkw-Werk, belieferten aber nicht den europäischen Markt. 2006 legte MAN ein Übernahme-Angebot für Scania vor. VW machte sich nach kurzem Zögern aber für eine Dreier-Fusion stark, wobei der Dritte im Bund die brasilianische VW-Nutzfahrzeugtochter sein sollte. Im Februar 2006 hielt VW bereits ein Drittel der MAN-Anteile. Seit 2011 sind die Wolfsburger Herr im Hause MAN. Eine Verschmelzung beider Truck-Marken ist nach derzeitigem Stand nicht angestrebt, wohl aber eine enge Zusammenarbeit.

Im Jahr 2012 stellte MAN die Lastwagenbaureihen TGL, TGM, TGS und TGX vor.
(Foto: © MAN Truck & Bus AG)

Bei diesem MAN Christmas Truck von 2014 handelte es sich um einen TGX 480 mit HydroDrive.
(Foto: © MAN Truck & Bus AG)

Mit dieser Design-Studie ConceptS von 2012 wollte MAN auch eine bis zu 30-prozentige Kraftstoffeinsparung demonstrieren.

(Foto: © MAN Truck & Bus AG)

Daimler-Sprengwagen (Marienfelde) Typ DR 4-5 d mit Spülvorrichtung System Schörling, 1926.
(Foto: © Mercedes-Benz Classic)

Mercedes-Benz L 3000.
(Foto: © Ralf Weinreich)

Daimler-Lkw aus vier Generationen nebeneinander: das Vorkriegsmodell L 6500, der Nachkriegsklassiker L 6600, ein Vertreter der Neuen Generation sowie das Modell Actros 2.
(Foto: © Daimler AG)

Der letzte erhaltene 10.000er von Mercedes.
(Foto: © Holger Gräf)

MERCEDES-BENZ

Die »Orient«-Version des Typ 6600 aus dem Jahr 1955. (Foto: © Daimler AG)

Im Stil der frühen Nachkriegsjahre restaurierter Vorkriegs-4500er.

(Foto: © Ralf Weinreich)

Mercedes-Benz L 1113 aus dem Jahr 1966 wird mit Kohle beladen.

(Foto: © Daimler AG)

Das erste gemeinsame Lastwagenprogramm der Daimler-Benz AG von 1927 umfasste drei Grundmodelle mit 1,5 bis 5,0 Tonner Nutzlast. Der L1 mit einem Gesamtgewicht von 3,5 Tonnen verfügte über einen Vierzylinder-Benziner mit 45 PS. Der L5 brachte es auf ein Gesamtgewicht von rund zehn Tonnen, er verfügte über einen Vierzylinder-Benzinmotor mit 70 PS. Alternativ dazu gab es den L5 auch mit 8,6-Liter-Dieselmotor »OM 5«. Dieser »Oelmotor« war der erste Sechszylinder-Diesel für Fahrzeuge. Die Ottomotoren – Sechszylinder mit bis zu 110 PS – spielten jedoch die Hauptrolle. Nur der schwere Dreiachser N 56 mit 8,5 Tonnen Nutzlast wurde vor allem mit Diesel-Motor verkauft.

Trotz der Weltwirtschaftskrise von 1929 hatte Mercedes den Grundstein für ein neues Lastwagenprogramm schon gelegt: Dessen wichtigster Vertreter war der 5-Tonner Lo 2000 von 1932 mit zwei Tonnen Nutzlast und 55-PS-Dieselmotor, der dem Selbstzünder den Durchbruch bescherte. Das neue Programm reichte zunächst bis hinauf zum L 5000 mit fünf Tonnen Nutzlast. Auch Sattelzugmaschinen gehörten erstmals dazu. Alle Modelle waren wahlweise mit gleichstarken Benzin- oder Dieselmotoren zu bekommen. Flaggschiffe der Modellpalette waren die schweren Dreiachser L 6500, L 8500 und L 10 000, bestückt mit Sechszylinder-Reihenmotoren und 150 PS. Und das war beim zunehmenden Fernverkehr auch nötig, brachte es doch der mächtige Mercedes-Benz L 10 000 bereits solo auf 18,5 Tonnen Gesamtgewicht. Ab 1938 löste ein harmonisch gerundetes Fahrerhaus mit einteiliger Windschutzscheibe die bisher eckigen Kabinen ab und wurde bis Anfang der 60er Jahre verwendet.

In der zweiten Hälfte des Jahrzehnts führte der Hersteller eine leichte Lkw-Baureihe ein, die beim L 1100 begann und beim L 2000 endete, ausgerüstet mit dem Motor des Diesel-Pkw 260. Allerdings führte der 1938 wirksame Schell-Plan zu einer rigorosen Beschneidung des Fahrzeugprogramms von Daimler-Benz auf vier Grundtypen mit drei, viereinhalb und sechs Tonnen Nutzlast. Dazu kamen Spezialfahrzeuge wie Geländewagen oder Zugmaschinen. Die sparsamen Dieselmotoren wurden wieder durch Benzinmotoren ersetzt, da Benzin leichter verfügbar war. In Mannheim rollte dann nach 1944 auch der Standard-Dreitonner der Wehrmacht vom Band, der Opel Blitz, jetzt allerdings als »Mercedes-Benz L 701« bezeichnet, dem der eigene Dreitonner hatte weichen müssen.

Natürlich litten auch die Werke von Daimler-Benz schwer unter den Zerstörungen des Krieges. Es fehlte an allem, an Arbeitskräften, Rohstoffen und Zulieferteilen. Zudem schränkten die Besatzungsbehörden das Programm ein: Motoren über 150 PS und dreiachsige Lastwagen waren vorerst tabu. Unmittelbar nach Kriegsende begannen die beiden wichtigsten noch funktionsfähiger LKW-Werke Mannheim und Gaggenau mit der Produktion der Vorkriegstypen für den Wiederaufbau. Die Mannheimer legten wieder den etwas aufgehübschten L 701, den Opel Blitz daimlerscher Prägung, auf Band, während die Gaggenauer wieder den ehemaligen 4,5 Tonner ins Rennen schickten, der dann mit Stahlkabine als L 5000 die mittlere Nutzlastklasse bediente. Beide Baureihen wurden Anfang der Fünfziger erneuert. Die Mannheimer stellten den Opel-Blitz-Nachbau ein und ließen im Spätsommer 1949 den neuen »Diesel-Schnell-Lastwagen« Typ 3250 vom Stapel. Die 4,6-Liter-Maschine mit Bosch-Einspritzpumpe und siebenfach gelagerter Kurbelwelle galt als Meilenstein, die dem Pritschenwagen (R 4200 hieß die Ausführung mit längerem Radstand) zu einer Ausnahmestellung auf dem Markt verhalf. Dieser erste L 3250 wurde noch 1950 zum L 3500 aufgelastet; es folgten weitere mittelschwere Lastwagen nach dieser Erfolgsrezeptur. Typisch für diese Lastwagen waren die langen Schnauzen. Die Langhauber wurden in verschiedenen Ausführungen, Radständen und Tonnageklassen bis 1961 gebaut.

Im Spätjahr 1950 verließ dann mit dem L 6600 eine neue schwere Lastwagenbaureihe das Werk in Gaggenau. Das neue Flaggschiff der L 6600, war ein mächtiger Brocken, auch finanziell. Einmal mehr eine Klasse für sich war der Motor, der OM 315-Sechszylinder mit 145 PS. Die deutschen Gewichtsbeschränkungen führten zur Entwicklung der Frontlenker (weil die mehr Ladefläche boten), die ab 1955 zunächst parallel zu den Haubenfahrzeugen angeboten wurden. Diese Frontlenkerfahrzeuge

MERCEDES-BENZ

erhielten die Bezeichnung »LP«. Auf dem für Daimler Benz sehr wichtigen Exportmarkt galten aber andere Bestimmungen, was dazu führte, dass das Programm bald ins Uferlose wuchs. Nachdem 1950 das zulässige Gesamtgewicht für einen Lastwagen mit Hänger auf 40 Tonnen angehoben wurde, bediente Daimler auch die schwere Klasse. Flaggschiff in der ersten Hälfte des Jahrzehnts war die Baureihe L 315. Dieser Frontlenker von 1954 mit einem Gesamtgewicht von 14,9 Tonnen basierte zwar technisch auf dem alten L 6600, sprengte aber mit einer Nutzlast von 8,2 Tonnen die beim Hersteller bisher für zweiachsige Motorwagen gültigen Dimensionen. Der Frontlenker für den Export wurde ab Mitte 1955 auch parallel zum Langhauber in Deutschland angeboten. Die neuen gesetzlichen Vorschriften führten zum spektakulären »Tausendfüßler« LP 333 mit 200 PS sowie doppelter Vorder- und einfacher Hinterachse, der mit Hänger exakt den Bestimmungen entsprach. Zu den Langhaubern und Frontlenkern gesellten sich 1958 noch die im In- und Ausland beliebten Kurzhauber-Ausführungen. Seit 1964 mit Direkteinspritzern bestückt, wurden die unverwüstlichen Hauber bis 1982 in Deutschland gebaut. Die Ära der Langschnauzer endete 1961, die rundlichen Kurzhauber waren noch bis ins neue Jahrtausend zu sehen, während bei den Frontlenkern mit den kubischen Fahrerhäusern 1963 eine neue Ära anbrach. Mit dem 16-Tonner LP 1620 von 1963 erschien ein Frontlenker, der Maßstäbe setzte. Durch sein kubisches Fahrerhaus von den bisherigen LP-Modellen unterscheidbar, verfügte er ab Anfang 1964 über den modernen OM 346 Sechszylinder-Dieseldirekteinspritzer mit 210 PS, dessen spezieller Einbau die Fahrerkabine geräumiger machte. Einziger Wermutstropfen: Das Fahrerhaus war bis 1970 noch nicht kippbar. Mercedes übertrug die neue sachliche Gestaltungslinie auch auf die kleineren Lastwagenbaureihen, 1965 erschienen die mittleren Frontlenker-Baureihen aus Mannheim mit acht bis 22 Tonnen Gesamtgewicht und verschiedenen Sechszylindern von 100 bis 192 PS. Die Lücke unterhalb dieser mittleren Baureihe schloss Daimler-Benz 1965 mit der leichten Baureihe LP 608, eine Familie von Nahverkehrs-Lastwagen mit kubischer Hütte und 3,5–7,5 Tonnen Nutzlast sowie Motorleistungen von 85 bis 130 PS.

Von 1965 bis 1973 kletterte die Nutzfahrzeugfertigung bei Daimler auf mehr als das Dreifache, von 73.000 auf 216.000 Fahrzeuge. Daimler-Benz war zum größten Lastwagenhersteller der Welt aufgestiegen, und die neue Lastwagengeneration von 1973 mit ihren endlich kippbaren Fahrerhäusern und den neuen V-Motoren der Baureihe 400 aus einer Kooperation mit MAN untermauerten das noch. Die Lastwagen der »Neuen Generation« (NG) debütierten zuerst als Baustellenkipper und erschienen dann im Folgejahr als Zwei- und Dreiachser von 16 bis 22 Tonnen Gesamtgewicht und 256 bis 320 PS. Zwei Jahre nach dem ersten Auftritt der NG-Reihe wurden auch die mittleren Baureihen mit 10, 12 und 14 Tonnen Gesamtgewicht auf die neue Linie umgestellt, ergänzt durch eine zusätzliche Motorisierung mit Leistungen zwischen 130 PS und 240 PS.

Ende 1979 kam es zu einer tiefgreifenden Revision der Motoren der 400e Serie. Daimler-Benz zog beim V8 alle Register: sein Leistungsspektrum reichte von 250 über 280 bis hin zu 330 PS mit Turbolader, mit Ladeluftkühler sogar 375 PS. In Kipperfahrzeugen wiederum sorgte ein wuchtiger V10-Saugmotor für Vortrieb, bei den Varianten für den Verteilerverkehr ein V6-Zylinder. 1988 wurde die NG-Reihe

Nach der Neuauflage: Actros 2844 6x6, 2006. (Foto: © Daimler AG)

Mercedes-Benz LP 334, 1957–1963. (Foto: © Ralf Weinreich)

Spektakulär: Der Allrad-Arocs 4448, ein Fünfachser für den Baustellenverkehr. Für Vortrieb sorgte der OM 471. (Foto: © Daimler AG)

Mercedes-Benz LPS 1632 mit Pritschenauflieger.　(Foto: © Ralf Weinreich)

Ein Actros-Kipper der 1. Generation: Actros 4140 AK, 1997.　(Foto: © Daimler AG)

Designstudie und erster autonom fahrender Lastwagen: Mercedes-Benz Future Truck 2025. Mit Kameras statt Rückspiegeln und einer Vielzahl von Sicherheitssystemen ist dieser Lkw in der Lage, ohne menschliche Mithilfe auf der Straße zu fahren.

(Foto: © Daimler AG)

Der Sieg der Fußballweltmeisterschaft 2014 durch die deutsche Nationalmannschaft, das »Holen des vierten Sterns«, wird standesgemäß gefeiert: mit dem »Daimler-Weltmeister-Truck«, einem Actros 1863 LS 4x2, der über alle Fahrerassistenzsysteme verfügt.

(Foto: © Daimler AG)

bei einer umfassenden Modellpflege in SK, »Schwere Klasse«, umgetauft. Zu den wichtigsten Änderungen gehörten das neue Cockpit und die aufdatierte Technik. Bei der SK gingen Leistungsvarianten mit 260, 290, 354 und 435 PS an den Start, Flaggschiff war der V8 mit 475 und ab 1994 mit 530 PS – damals der stärkste Straßen-Lastwagen in ganz Europa. Außerdem trimmte Mercedes die Lkw auf die Erfüllung immer strengerer Abgasgrenzwerte.

Das waren auch die bestimmenden Faktoren der SK-Nachfolgegeneration »Actros« 1996. Denn hier war nun wirklich alles neu: Die Kabine mit einem Baukastensystem aus kurzen und langen, flachen, hohen und dem gewaltigen Megaspace-Fahrerhaus mit ebenem Fußboden, der Rahmen, das Fahrwerk und, natürlich, der Antriebsstrang. Zwar hatten die Entwickler wieder auf das Baukastensystem aus Sechs- und Achtzylindern in V-Anordnung zurückgegriffen, die Triebwerke jedoch unter der Bezeichnung Baureihe 500 völlig neu konstruiert. Die Aggregate mit Leistungen bis 428 PS aus sechs und 571 PS aus acht Zylindern waren enorm haltbar, dazu kamen modernste Schalttechnik, die komplette Riege fahrdynamischer Regelsysteme, Scheibenbremsen rundum, dazu elektronisch geregelt auch am Auflieger – der Actros gilt als weiterer Meilenstein in der langen Geschichte der Schwerlastwagen von Mercedes. Zum Modelljahr 2003 erfuhr die Modellreihe eine erste umfassende optische Überarbeitung und Euro-3-Motoren. Das stärkste Pferd im Stall war der Actros 1861 mit dem 15,9-Liter V8 (OM 542) und 612 PS; 2004 sah die Einführung einer modifizierten Triebwerkspalette, die der Abgasnorm Euro 4 bzw. Euro 5 entsprach. Wie später auch die meisten anderen LKW-Hersteller setzte Mercedes-Benz hierfür die sogenannte SCR (Selective Catalytic Reduction)-Technologie ein, die Leistung litt darunter nicht: Den V6-Motor OM 541 gab es in sechs Leistungsstufen von 320 bis 476 PS, den V8 in vier Varianten zwischen 510 und 653 PS. Nach einem erneuten Restyling 2008 kam es dann 2011 zur Neuauflage der Actros-Reihe. Hier war wirklich alles neu, die Motoren (jetzt Reihen-Sechszylinder mit 238 bis 653 PS) in zunächst 16 Leistungsstufen und neue Fahrerhäuser. Stärkstes Stück war die zum Modelljahr 2014 präsentierte Schwerlastzugmaschine Actros SLT mit einem Gesamtzuggewicht von 250 Tonnen und 517 bis 625 PS.

Die Rolle der leichten Lastwagen im Konzern übernahm 1984 die »Leichte Klasse« (LK) oder auch LN2. Sie lösten den LP mit seiner kubischen Hütte ab. Die Leichte Klasse überdeckte den Bereich von 6,5 bis 13 Tonnen Gesamtgewicht (Modelle 709 bis 1320) und schloss damit die Lücke zwischen den Großtransportern Düsseldorfer/ T2 und NG/SK. Das Leistungsangebot reichte von 90 bis 204 PS und umfasste überdies auch ein Fernverkehrs-Fahrerhaus. 1998 trat der Atego die Nachfolge der »Leichten« an, bot Vier- und auch Sechszylindermotoren der neuen Baureihe 900 mit bis zu 279 PS. Zu der abgedeckten Gewichtspalette von 6,5 bis 15 Tonnen passend gab es kurze und lange, flache und hohe Fahrerhäuser für alle denkbaren Verwendungen. Die Baureihe war auf Anhieb ein Erfolg, nach diversen Verbesserungen kam dann 2013 die nächste Atego-Generation für das leichte und mittelschwere Gewichtssegment. 42 Grundbaumuster, vier Fahrerhäuser in drei Längen, eine Vielzahl unterschiedlicher Radstände, wahlweise Allradantrieb – permanent oder zuschaltbar – sowie neu entwickelte, saubere »BlueEfficiency Power«-Motoren (Euro 6) mit vier und sechs Zylindern von 156 bis 299 PS bildeten die Eckdaten.

Den »Atego schwer« ersetzte 2001 die Baureihe Axor als Bindeglied zum Actros. Gedacht für den schweren Verteilerverkehr, arbeiteten unter der Kabine des neuen Axor ausschließlich Reihen-Sechszylinder-Motoren mit 6,4 l, 7,2 l und 12,0 l Hubraum. Nach diversen Modellpflegemaßnahmen baute Mercedes-Benz seine Nutzfahrzeug-Palette ein weiteres Mal um. 2012 erschien ein neuer schwerer Lastwagen für den Verteilerverkehr, der Antos – auch dieser ein typischer Vertreter der Baukasten-Reihe von Mercedes. Die Ausführung für den schweren Baustellenverkehr, etwa den Betontransport, hieß Arocs. Mit bis zu fünf Achsen war der zur Bauma 2013 gezeigte Brummer mit einem zulässigen Gesamtgewicht von bis zu 41 Tonnen zu belasten, die Motorenpalette reichte von 238 PS bis 625 PS.

Erste Testfahrten mit dem in Werdau entwickelten W 45 LAZ.

(Foto: © Sammlung Marek Kleemann)

L 60 1218 Sattelzugmaschine mit einem nicht serienmäßigen Pritschenauflieger.

(Foto: © Ralf Weinreich)

Einige mustergültig restaurierte W 50L.

(Foto: © Ralf Weinreich)

VEB LUDWIGSFELDE

L 60 1218 Sattelzugmaschine mit einem nicht serienmäßigen Pritschenauflieger.
(Foto: © Ralf Weinreich)

Am 21. Dezember 1962 erging der Beschluss des DDR-Ministerrates zum Aufbau einer Lastwagen-Produktion am Standort Ludwigsfelde, im Juni 1964 dann wurde der Grundstein für die dafür benötigte gigantische LKW-Montagehalle gelegt. Die Jahreskapazität war zunächst auf 20.000 Lastwagen ausgelegt. Der erste W 50 rollte dann am 17. Juli 1965 aus dem neuen Werk, das nun als »VEB IFA-Automobilwerke Ludwigsfelde« firmierte. Für Vortrieb im neuen Standard-Lkw sorgte der aus dem Vorgänger bekannte, leicht verbesserte Vierzylinder-Diesel, der nun 110 PS bei 2200/min leistete, 1967 erfolgte ein Leistungssprung auf 125 PS. Die maximale Zuladung lag bei 5,3 Tonnen, der Verbrauch bewegte sich in den Regionen von 20 bis 25 Liter. Die Kraftübertragung erfolgte über ein Fünfganggetriebe. Die Ludwigsfelder boten ihr Adoptivkind zunächst in vier Fahrgestell-Grundtypen an, als Allradler oder Hecktriebler, mit kurzem (3200 mm) oder langem Radstand (3700 mm). Standardausführung war die Pritsche, später kam der kaum weniger beliebte kurze Dreiseitenkipper hinzu. Die Anzahl der lieferbaren Varianten wuchs ständig, 1985 sprach die Werksleitung von 59 Varianten und möglichen 240 Ausführungen, zu diesem Zeitpunkt hatten bereits 400.000 W 50 die Werkshallen verlassen. Trotz aller Exporterfolge stand aber kein Geld zur Verfügung für dringend notwendige Weiterentwicklungen oder den Ersatz der verschlissenen Produktionsanlagen.

Wie bei allen Produkten der DDR-Automobilindustrie wich man in den kommenden Jahrzehnten von der einmal gefundenen Lösung nicht mehr ab. Grundsätzliche Neuerungen gab es nicht, man verließ sich auf die Qualitäten des W 50 als robusten, unverwüstlichen Allrounder, der insbesondere auch im Export als Allradwagen sich in Drittweltländern großer Beliebtheit erfreute. Erst in der zweiten Hälfte der Siebziger dämmerte es auch den Machthabern, dass selbst anspruchslose Exportkunden nicht mehr einfach für den W 50 Schlange standen. So begann man in Ludwigsfelde gezielt mit der Entwicklung des Allrad-W 50 für den Export in Krisenregionen. Doch bevor eine Realisierung möglich war, vollzog das SED-Politbüro eine weitere Kehrtwende und verlangte einen neuen Sechstonner, der mit einem neuen 180-PS-Diesel ausgerüstet werden sollte. Dieser neue Lkw sah zwar aus wie der alte W 50, hatte jetzt aber immerhin ein Kippfahrerhaus, was die Wartung erleichterte, und einen neuen Diesel-Direkteinspritzer mit 9,2 Litern Hubraum aus dem Motorenwerk Nordhausen. Für ein neues, anständiges Fahrerhaus reichte das Geld aber nicht: Die neue Technik steckte in uralter Verpackung. Der L 60 »L« für »Ludwigsfelde«) erschien in Allradausführung im Juni 1987. Hauptsächlich für den Export ausgelegt, wurden vorrangig auch für das Militär nutzbare Varianten produziert. Größter Minuspunkt am neuen Laster aus Ludwigsfelde war aber die völlig unzeitgemäße Optik. Die DDR-Führung machte für den Fahrzeugbau keine müde Mark locker, was nach der Wende das kollektive Aus für die DDR-Fahrzeugindustrie bedeutete. Auch die Ludwigsfelder wären beinahe untergegangen.

Inmitten der politischen Wende der DDR standen die Ludwigsfelder Automobilwerke so schlecht gar nicht da. Der parallel zum L 60 gebaute W 50 war immer noch gefragt bei all denjenigen, denen der L 60 zu teuer war. Allerdings brach der Export als tragende Säule mit der Währungseinheit zusammen, weil die meisten Importländer kaum in harter »D-Mark« zahlen konnten oder wollten. Das führte bereits 1990 zum Aus für den Exportschlager W 50, und der L 60 wurde nun vollends unerschwinglich. Glücklicherweise gab es bereits im Spätsommer 1989 Gespräche zwischen der IFA und potentiellen Käufern, erste Wahl war MAN. Ziel war es, den Standort Ludwigsfelde zu erhalten. Auch Mercedes führte Gespräche, und die Schwaben waren zielstrebiger: Im März 1990 verkündete man, in Ludwigsfelde künftig Mercedes-Lastwagen bauen zu wollen. Da allerdings die potenziellen Kunden in »Westwährung« zahlen konnten, war das Ende der Marke IFA besiegelt: Im Februar 1991 begann die Montage der leichten Lastwagen-Klasse von Mercedes, später wechselte man zur großen Transporter-Baureihe T 2, seit 2008 sind es bestimmte Ausführungen von Sprinter und VW Crafter, die dort vom Band laufen: Der L 60 ist zwar Vergangenheit, Ludwigsfelde dagegen lebt.

VEB WERDAU

Die Weisheit der staatlichen Planer hatte den ehemaligen Luxuswagen-Spezialisten den Bau eines Dreitonnen-Lastwagens auferlegt, für den es aber keine Motoren gab. Zu den wenigen Trumpfkarten der Horch-Entwickler, die jetzt in die neu gegründete IFA eingebunden waren, gehörten die Pläne einer neuen Dieselmotoren-Baureihe, die noch von der VOMAG stammten. Diese bildeten die Grundlage eines künftigen Motorenprogramms aus Zwei-, Vier- und auch Sechszylindern: der Zweizylinder als Stationär- oder Einbaumotor für Land- und Baumaschinen, der Vierzylinder für den neuen Dreitonner und einen Sechszylinder für einen darüber angesiedelten, noch zu entwickelnden größeren Lastwagen.

S 4000-1 Möbelwagen mit einem Stabholz-Anhänger aus den 30er Jahren.
(Foto: © Ralf Weinreich)

Der neue Dreitonner erhielt die Bezeichnung »H 3 A«, der zwischen 1948 und 1950 entwickelte Schwerlastwagen hieß »H 6« und sah dem Dreitonner zum Verwechseln ähnlich. Aus Kapazitätsgründen indes wurde dieser schwerste Lastwagen der DDR in der ehemaligen Sächsischen Waggonfabrik in Werdau gebaut. In Werdau hatte man aus Restteilen der Kriegszeit mit der Produktion von Omnibussen begonnen. Im Juli 1952 verließen dann die ersten H 6 das Werdauer Werk. Der offizielle Name lautete nun »VEB Kraftfahrzeugwerk „Ernst Grube" Werdau«. Allerdings fehlten in Werdau die Erfahrungen im Lastwagenbau sowie eine leistungsfähige Zulieferindustrie, weshalb die Motoren anfangs bei Horch in Zwickau gefertigt und per Bahn nach Werdau geliefert wurden. Die ursprünglich für leichtere Laster konzipierte Dieselmotoren-Baureihe war mit ihren 120 PS allerdings zeitlebens für den H 6 viel zu schwach.

Das ohnehin stets bis zur Kapazitätsgrenze mit dem Bau von Lkw und Bussen beanspruchte Werk in Werdau wurde durch die Verpflichtung, parallel zum H 6 auch den geländegängigen Dreiachser G 5 mit aufs Montageband zu nehmen, zusätzlich belastet. Trotz aller Widrigkeiten plante man in Werdau intensiv einen Nachfolger für diese erste Lastwagengeneration. Zur Umsetzung kam es aber nicht, denn nach den Ereignissen vom 17. Juni 1953 versuchte die DDR-Führung, den Lebensstandard der Bevölkerung zu verbessern. Daher wurde dem DDR-Volkswagen »Trabant« oberste Priorität eingeräumt. Ende 1959 wurde beschlossen, in Werdau den Bau des H 6 zu beenden und stattdessen die Fertigung des kleineren Dreieinhalb- bis Viertonners aus Zwickau aufzunehmen. Das sollte dort Platz schaffen für die Trabant-Produktion. Ausgenommen vom Produktionsstopp war lediglich der Militärlastwagen G 5, der wurde bis 1964 weitergebaut.

Mit Jahresbeginn 1960 wurde der einstige Horch H 3 A, inzwischen zum Sachsenring S 4000-1 weiterentwickelt, nun ein Werdauer. Grundlegende Modifikationen, die für Sattelzugmaschinen und Sonderaufbauten wie Ladekran usw. nötig gewesen wären, waren angedacht, aber nicht umsetzbar, ebenso wenig wie die Konstruktion eines modernen Nachfolgers. Den entwickelten die Werdauer dann unter eigener Regie, auch wenn der erste Prototyp des neuen Lastwagens für die Armee, der W 45 LA (»W« für »Werdau«) zunächst noch als Hauber konzipiert war. Doch zumindest auf dem Papier existierte der Frontlenker bereits. Und dann kam der Zufall zu Hilfe. Im März 1962 forderte Walter Ulbricht in seiner Rede auf dem VII. Deutschen Bauernkongress einen neuen Lastwagen für die Landwirtschaft. Angedacht war ein Programm aus vier Grundtypen: der Standard-Lastwagen W 45 LF mit Hinterradantrieb, der Allradkipper W 45 LAF für die Landwirtschaft, eine Allrad-Zugmaschine für Anhänger- (W 45 LAZ) oder Sattelbetrieb (W 45 LAS) sowie eine Allrad-Variante für die Armee (W 45 LAF Armee). Der Serienanlauf sollte in der zweiten Hälfte des Jahres 1965 in Ludwigsfelde beginnen, dann aber unter der Bezeichnung »W 50«, was der gestiegenen Nutzlast Rechnung trug. Die Lkw-Fertigung endete 1967, »Ernst Grube« baute danach Anhänger und dann ab Mitte der achtziger Jahre Ersatzkarosserien für den Trabant.

Nach der Wende wurde das Unternehmen zum 10. Juli 1990 in Fahrzeugwerk Werdau GmbH umfirmiert und an Kögel verkauft. Der Ulmer Anhängerproduzent ging 2004 in Insolvenz, die Kögel Werdau GmbH & Co. Fahrzeugwerk entkam dem Untergang und bietet als SAXAS Nutzfahrzeuge Werdau GmbH Transportlösungen für den Verteilerverkehr an.

Selten war die Doppelkabine auf der Zugmaschine.
(Foto: © Ralf Weinreich)

In erster Linie für die Nationale Volksarmee wurde der G 5 (Gelände 5t Nutzlast) gefertigt. Gewissermaßen die Allradvariante des H 6.
(Foto: © Ralf Weinreich)

Eher untypisch, eine H 6 Zugmaschine mit dreiachsigem Kippanhänger.
(Foto: © Ralf Weinreich)

Früher Vomag-LKW.

Auch wenn es mal etwas zu reparieren gab, wusste die Deutsche Reichsbahn Gesellschaft die Zuverlässigkeit der Laster aus dem Vogtland zu schätzen.

(Foto: © Sammlung Ralf Weinreich)

VOMAG-Parade auf dem Markt in Plauen: Ein 3 LR 443, ein 5 LR 448 und zwei VOMAG 4,5 LHG.

(Foto: © Ralf Weinreich)

Vomag-Laster mit deutschen Wehrmachtssoldaten und russischen Kriegsgefangenen in Trondheim 1945.
(Foto: © Trygve Grabow, CC-BY-2.0)

1881 gründeten zwei Unternehmer die Vogtländische Maschinenfabrik J. C. & H. Dietrich zur Herstellung von Stickmaschinen. Da die Plauener die dafür nötige Präzision liefern konnten, nahm Dietrichs Werk einen rasanten Aufschwung. Nach der Umwandlung in eine Aktiengesellschaft stieg die nunmehrige Vogtländische Maschinenfabrik AG VOMAG rasch zu einem der führenden Maschinenbau-Unternehmen in Deutschland auf und avancierte mit vollautomatischen Stickmaschinen und Druckmaschinen zum Weltmarktführer. Bis zum Ersten Weltkrieg hatte die VOMAG keine Fahrzeuge gebaut, doch dann beauftragte die Oberste Heeresleitung das Unternehmen mit dem Bau des bei Magirus entwickelten Regeldreitonners. Das Unternehmen lieferte im Sommer 1916 die ersten Fahrzeuge aus, 1918 waren bereits 1000 Lkw mit Kettenantrieb an das Militär gegangen.

Das für diesen neuen Geschäftsbereich gegründete Unternehmen, die »VOMAG Lastkraftwagen GmbH«, baute dann nach Kriegsende Lastwagen und Omnibusse sehr erfolgreich für den zivilen Markt. Das Fertigungsprogramm der Zwanziger umfasste drei Grundtypen, den Dreitonner P (»Pritsche«) 30, den kleineren P 20 (zwei Tonnen Nutzlast) sowie den P 45. Da die VOMAG sich mit Presto, Magirus und Dux zum kurzlebigen »DAK«, dem »Deutschen Automobil-Konzern«, zusammenschloss, sollte sich VOMAG auf die Lastenklasse über drei Tonnen konzentrieren, daher wurde der P 20 kurz darauf wieder eingestellt. Für Vortrieb sorgten eigene Vierzylinder-Viertaktmotoren mit bis zu 80 PS. Ein neuer Fünftonner mit der Bezeichnung 5 Cz (»z« für Kardanantrieb) bildete den Auftakt zur zweiten Lastergeneration, ergänzt um neue Sechszylinder-Motoren mit 100 PS.

Mitte der Zwanziger entwickelte VOMAG auch einen Dreiachser, allerdings war hier die dritte Achse als Schleppachse ausgebildet, Büssing aber hatte einen Schwerlastwagen mit Doppelachse hinten und lief damit den Plauenern den Rang ab. Nach dem Ende des DAK-Kartells 1926 gehörte die VOMAG zu den ersten Adressen im deutschen Nutzfahrzeugbau, setzte das Konzept des Niederrahmen-Busses in Deutschland durch und verlegte sich auf den Bau von Schwerlastwagen mit zehn Tonnen Nutzlast. Hyperinflation und die damit einhergehenden Turbulenzen brachten das Unternehmen in Schwierigkeiten, der Lastwagenausstoß sank 1927 auf rund 300 Lkw gegenüber den 5000 Fahrzeugen in den ersten zehn Jahren ihres Bestehens. Die Weltwirtschaftskrise 1929 ließ die Jahresproduktion Anfang der Dreißiger auf 160 Fahrzeuge sinken, das war zu wenig: Am 9. Mai 1932 ging die Fahrzeugbausparte in Konkurs und musste von der VOMAG-Holding aufgefangen werden. Nachteilig war hierbei auch die Konzentration auf die teuren Klassen gewesen. Daher wurde wieder ein Programm mit leichten Lkw – »Schnellastwagen« – entwickelt und angeboten, die das Unternehmen jedoch nicht mehr retten konnten.

Nach 1933 profitierte auch die VOMAG von den staatlichen Fördermaßnahmen. Von der militärischen Aufrüstung indes hatten die Plauener zunächst wenig, bei Vergabe der Lastenwagen-Produktion für die Wehrmacht blieben sie außen vor, weshalb sie in den Jahren zwischen 1933 und 1939 nicht mehr als 4000 neue Lkw produzierten. Zu den wichtigsten Modellen gehörte die neue mittlere Lastwagenbaureihe in der Klasse bis sechseinhalb Tonnen ab 1935. Der 6 LR 653 leistet 100 PS, die um 500 Kilogramm aufgelastete Variante kam auf 140 PS. Drei Jahre später wurde die Modellreihe einer Überarbeitung unterzogen und erhielt ein überaus gefälliges Design, der 6 LR 652 galt als schönster deutscher Lastwagen seiner Zeit.

Allerdings wurde das Unternehmen in die Rüstungsproduktion eingebunden. VOMAG produzierte nach 1942 ausschließlich Panzerkampfwagen IV. Daraufhin bombten die Alliierten das kaum verteidigte Plauen im Zuge ihrer Luftangriffe in Trümmer. Nach 1945 gehörte Sachsen zur sowjetischen Besatzungszone. Im Februar 1946 hätte eine – wenn auch bescheidene – Fertigung wieder aufgenommen werden können. Stattdessen ordneten die Sowjets die vollständige Demontage mit anschließender Sprengung an. Ein Werksteil überlebte, nach der Wende begann Neoplan dort wieder mit der Omnibusproduktion und knüpfte damit an die große VOMAG-Tradition im Omnibusbau an.

FRANKREICH

Wer heute an französische Lastwagen denkt, landet zwangsläufig bei Renault: Mehr ist von der Markenvielfalt nicht geblieben, die mit den Vergleichfahrten des Militärs von 1904 ihren Anfang genommen hatte. Schon in dieser Frühzeit begann sich die Lkw-Entwicklung von der der Pkw abzukoppeln. Das führte zu einem Entwicklungsvorsprung der französischen Nutzfahrzeugindustrie: In den ersten Jahren waren die Berliet, Latil und wie sie alle hießen weltweit konkurrenzlos. Französische Lkw waren auch die ersten, die den Fahrer direkt über dem Motor platzierten, was wegen des kleinen Wendekreises im innerstädtischen Gewühl von Vorteil war. Die Entscheidung der Regierung, nach Kriegsende 1918 sämtliche Heereslastwagen zu verkaufen, führte bei den verbleibenden Produzenten zu einer Umorientierung hin zu leichten Lieferwagen und Transportern – noch heute eine Domäne der französischen Hersteller. Die schweren Klassen wurden zugunsten der Eisenbahnen mit horrenden Steuern belegt. An dieser wirtschaftspolitischen Bevorzugung der Schiene hielt die Regierung auch nach 1945 fest, und das Gesetz, das Lastwagen verbot, Straßen zu nehmen, die parallel zur Schiene verliefen, behielt für Jahrzehnte seine Gültigkeit. Nach 1960 setzte dann die Welle der Unternehmenskonzentrationen ein, an deren Ende nur noch ein einziger Großserienhersteller von Belang übrig blieb.

Die zwischen 1997 und 2013 gebaute Modellreihe Kerax hatte Renault speziell für den Einsatz auf Baustellen entwickelt. Sie erwies sich aufgrund ihrer Konstruktion als besonders stabil und verfügte über eine hohe Bodenfreiheit.

BERLIET

Im letzten Jahrzehnt des 19. Jahrhunderts experimentierte Marius Berliet, Fabrikantensohn aus Lyon, mit dem Bau von 2- und 4-Zylinder-Benzinmotoren und einem ersten Fahrzeug, in das er diese verbaute. 1899 machte er sich beruflich mit der Gründung einer Werkstatt selbstständig, in der er zukünftig eigene Automobile herstellen wollte. Drei Jahre später präsentierte er ein Mehrzweckfahrzeug, das durch bloßen Austausch der Karosserien von einem Pkw in einen Laster und umgekehrt verwandelbar war. In der Zeit bis zum Beginn des Ersten Weltkrieges produzierte Berliet eine Anzahl von Personenwagen, deren Motorleistung zwischen 8 und 60 PS lag. Lastkraftwagen standen zu dieser Zeit noch nicht im Fokus des Franzosen, dennoch entstand 1906 ein erster 2-Tonner mit Kettenantrieb, einem 4-Zylinder-Benzinmotor und Frontlenkung.

Es sollte jedoch bis 1914 dauern, bis Lastwagen – vorerst noch nicht endgültig – die Pkw-Herstellung verdrängten. Schuld daran war der enorme Bedarf des Militärs an Lastern. Berliet kam diesem mit seinem 4/5-Tonner CBA nach, der in hohen Auflagen produziert wurde. Er spielte nicht nur eine wichtige Rolle bei der Versorgung der französischen Truppen während der Verdunschlacht von 1916, er war darüber hinaus auch im zivilen Einsatz so gefragt, dass er bis zum Jahr 1932 von Berliet angeboten wurde. Die Nachkriegszeit stand allerdings unter keinem so guten Stern mehr, denn ohne die hohen Abnahmestückzahlen der Armee musste die Produktion um die Hälfte gesenkt werden. Zwar fertigte Berliet nun zusätzlich wieder Personenwagen, doch die finanziellen Schwierigkeiten des Unternehmens – auch genährt durch eine zu strikte Ein-Modell-Politik und Qualitätsprobleme bei den Personenwagen – wurden immer größer, bis es schließlich 1921 Konkurs anmelden musste. Obwohl nun die Banken das Sagen hatten, behielt Marius Berliet seinen Einfluss im Betrieb. Einige Jahre später konnte der Fahrzeughersteller durch sehr erfolgreiche neue Modellreihen, darunter leichte Laster, die später um schwere 7,5-Tonnen-Lkw ergänzt wurden, sich selbst aus dem Sumpf ziehen.

Zu Beginn der 30er Jahre experimentierten die Franzosen mit Dieselmotoren, und mit einem solchen rüsteten sie dann auch das neue Modell GD2, den Nachfolger des CBA, aus. Weitere Modelle in den 30er Jahren waren beispielsweise der 5-Tonner GDRK sowie der 1,5-Tonner VSFD – beide kamen während des Zweiten Weltkrieges zudem bei der Wehrmacht zum Einsatz. 1939 verabschiedete sich Berliet endgültig von der Pkw-Herstellung und belieferte erneut die französische Armee mit Lastern in hoher Stückzahl. Die schwersten Berliet-Lkw zu dieser Zeit besaßen Nutzlasten von bis zu 15 Tonnen. Alle über 3 Tonnen waren längst serienmäßig mit Dieselmotoren ausgestattet. Nach dem Krieg übernahm Paul Berliet, der Sohn des Firmengründers, den Betrieb und begann wieder mit der kurzzeitig ausgesetzten Lkw-Produktion. Im neuen Gewand wurde von 1950 bis 1977 die Modellreihe GLR gebaut, die bis nach China exportiert wurden. 1957 stellten die Franzosen den weltweit größten Laster vor, den 600–700 PS starken T100. Ausgestattet mit einem 29,6-Liter-Cummins-V12-Motor, hatte dieser eine Nutzlast von 103 Tonnen. Gedacht war er für die Erdölförderung in Wüstengebieten wie der Sahara. Bis 1960 entstanden lediglich zwei weitere Exemplare. Ein äußerst ungewöhnlicher Laster war der Stradair von 1965, dafür sorgte schon sein sehr unkonventionelles Design. Darüber hinaus realisierte Berliet in dem 5-Tonner mit 120 PS eine Reihe technischer Neuerungen, darunter etwa eine höhenverstellbare Luftfederung.

Berliet verfügte mittlerweile über ein sehr umfangreiches Lkw-Angebot und besaß Produktionsstätten rund um die Welt. Da erfolgte 1967 die Übernahme der Firma durch Citroën. Berliet war nun innerhalb des fusionierten Unternehmens für die Lkw-Herstellung verantwortlich. Mitte der 70er Jahre erfolgte die nächste Weiterreichung: Berliet kam – auch auf Betreiben der französischen Regierung – zu Renault. Renault wiederum verschmolz den Neuerwerb zusammen mit seiner Lastwagenmarke Saviem zu einem neuen Unternehmen, der R.V.I. (Renault Véhicules Industriels). Hier liefen bis zum Jahr 1980 beide Marken – Berliet und Saviem – noch nebeneinander, dann erschienen alle Laster unter dem Logo von Renault und Berliet hörte auf, zu bestehen.

Mit Beginn des Ersten Weltkrieges lieferte Berliet an das Militär Laster wie diesen 4/5-Tonner-Berliet CBA von 1914. Seine Herstellung endete 1932.

Berliet-Laster sind in Drittweltländern auch heute noch im Einsatz wie dieser Hauber in Marokko. (Foto: © Calflier001, CC-BY-SA-2.0)

Der Sattelschlepper Berliet TR 300 als Frontlenker mit 15-Liter-V8-Motor erschien Anfang der 70er Jahre. (Foto: © Renault Trucks SAS)

Typischer Renault, typische Schnauze: Mutmaßlich ein Vertreter der MC-Reihe, in dem Falle einer, der zwischen 1923 und 1925 gebaut wurde, erkenntlich am runden Renault-Emblem. Der Rhombus erschien 1925.

Typ UY von 1932: Er war weniger ein LKW, sondern vielmehr ein PKW mit Transporter-Aufbau: Die Autobauer spezialisierten sich auf Fourgonettes.

Renault R 2067 und 2087, die Goélette für das Militär, wurden zwischen 1952 und 1969 gebaut. Die Fahrerkabine war offen.

Das ist ein Goélette, Frankreichs Gegenstück zum VW Transporter. Er wurde zwischen 1947 und 1965 gebaut, das zulässige Gesamtgewicht lag bei 3,5 Tonnen. Die Motoren stammten aus Renaults Pkw-Programm. (Foto: © Llann Wé², CC-BY-SA-3.0)

Latil, Renault Truck und Somua schlossen sich zur Saviem zusammen. Saviem und Berliet fusionierten 1978 zur Renault Véhicules Industriels. Dieser Latil-4x4-Schlepper entstand 40 Jahre vor dieser Zeit. (Foto: © Charles01, CC-BY-SA-3.0)

Die Automobilmanufaktur der Brüder Renault wurde 1898 gegründet und rüstete ihre Fahrzeuge zunächst mit De-Dion-Motoren aus, erst ab 1902 begann bei Renault der Motorenbau, dann aber richtig: Sechs Jahre später erschien mit dem Typ AR mit 50 Steuer-PS ein Luxuswagen, der höchsten Ansprüchen gerecht wurde und allem, was die französische Automobilindustrie aufbieten konnte, überlegen war. Allerdings war dieser gigantische Luxusliner seiner Zeit (und den finanziellen Möglichkeiten der meisten Franzosen) viel zu weit voraus, um auf Stückzahlen zu kommen; nach 1911 wurde das Programm etwas volkstümlicher, allerdings war man von einem Auto für die breite Masse noch weit entfernt. Doch diese Entwicklungen legten die Basis für den Lkw-Bau bei Renault, denn praktisch alle Renault-Nutzfahrzeuge der folgenden drei Jahrzehnte waren vom Personenwagenprogramm abgeleitet. In der Frühzeit des Automobils existierte noch keine klare Trennung von Personen- und Nutzfahrzeugen. Der erste Renault-Lastwagen, so man ihn denn so nennen möchte, entstand um 1900 auf Chassis eines Einzylinder-Pkw mit Dreiganggetriebe, Kardanantrieb und einer Zuladung von 0,25 Tonnen. Allerdings übernahm Frankreich – das in den Jahren vor dem Ersten Weltkrieg weltweit führend war im Bau von Kraftfahrzeugen – eine Vorreiterrolle im Bau von Last- und Lieferwagen und vollzog sehr früh die Abkehr vom Dampflastwagen hin zum benzingetriebenen Fahrzeug, und wie fast überall war es das Militär, das sich für das Motortransportwesen besonders stark interessierte. Auf der Weltausstellung in Paris 1900, in deren Rahmen auch eine Fahrzeugschau abgehalten wurde, standen elf Fahrzeuge, die das französische Militär hatte entwickeln lassen. Renault war mit einem 4,5-PS-Wagen vertreten, einem Personenwagen mit Dynamo im Heck, der dann einen leuchtstarken elektrischen Suchscheinwerfer antrieb, der mit einer Reichweite von drei Kilometern Signale geben oder das Gefechtsfeld beleuchten konnte. Ein Lastwagen war das aber noch nicht, der erste, der diesen Namen verdiente, entstand erst 1905. Den baute aber nicht Renault, sondern Berliet, doch dieser M-Wagen mit Fahrerplatz über dem Motor, Mehrscheiben-Kupplung, massivem Getriebe und einer Bremsanlage, die auf die Antriebswelle der Kettenzahnräder und die hinteren Trommeln wirkte, setzte Maßstäbe, an denen sich auch Renault orientierte. Renaults erster und auch als solcher konzipierter Lastwagen erschien 1906 und war ein Eintonner. Der Erfolg war gut, und nach 1908 begann die Firma in Billancourt mit dem systematischen Ausbau eines Nutzfahrzeugprogramms, das die Nutzlastklassen von 0,7 bis 3,5 Tonnen abdeckte. Die Basis bei den oberen Klassen bildete der BD-Typ mit entweder zwei (10–14 PS) oder vier (14–20 PS) Zylindern. In der Regel handelte es sich um einfache Pritschenwagen mit offenem Führerstand, lediglich die Postlieferwagen schützten ihre Fahrer. In jenem Jahr begann Renault übrigens auch mit der Lkw-Vermietung. Ab 1909 folgten weitere Drei- und Fünftonner, die vom Staat subventioniert wurden, damit das Militär in Kriegszeiten sie requirieren konnte. Typisch für Renault war die Position des Kühlers hinter dem Motor. Nach 1911 richtete Renault sein Lkw-Programm zunehmend an den Erfordernissen der Armee aus, für das Militär entwickelt wurde die Allrad-Zugmaschine des Typs EG. Bis zum Kriegsausbruch folgten zahlreiche weitere Last- und Lieferwagen, wobei die Motoren aus dem Pkw-Programm stammten. Flaggschiff der Nutzfahrzeugreihe war der 7-Tonnen-FU-Typ mit Vierzylinder-Motor und 25 PS. Gerade der FU-Typ und die Allrad-Zugmaschine EG bewährten sich glänzend, sie schrieben kräftig mit am Mythos der »Heiligen Straße« nach Verdun, über die 1916 Tag und Nacht und rund um die Uhr Verstärkungen in die Schlacht rollten. Während des Kriegs stellte das noch immer in Familienbesitz befindliche Unternehmen monatlich rund 300 Lastwagen und Artillerieschlepper her, auch Panzerkampfwagen entstanden. Die berühmten Taxis zur Marne, mit denen im September 1914 die Pariser Taxifahrer die 62. Infanteriedivision zur Marne-Front gefahren und so den deutschen Durchbruch verhindert hatten, waren Renaults des Typs AG, und sie wurden danach mit anderen Aufbauten zu Sanitäts- und Transportfahrzeugen umgebaut. Einige dürften den Krieg überlebt haben und mit zu der Masse der rund 70.000 Last- und Lieferwagen gehört haben, für die das Militär bei Kriegsende keine Verwendung mehr hatte. Dieser gi-

RENAULT

gantische Bestand verhinderte zunächst die Entwicklung leistungsfähiger Schwerlastwagen, der größte Renault-Lastwagen der frühen 20er Jahre war ein kaum verkaufter Siebentonner mit 7,9-Liter-Vierzylindermotor. Wegen des Überangebots an Armeelastwagen begann Renault mit dem Bau von Leichtlastwagen mit hinterer Zwillingsbereifung für den Nahverkehr. In dieser Zeit hatte Renault nicht nur mit der Konkurrenz von Marius Berliet zu kämpfen, sondern auch mit Herstellern wie Willème, der die zurückgebliebenen »Liberty«-Lastwagen des US-Militärs aufkaufte, umbaute und günstig weiterverkaufte. Auch die spezielle französische Industriepolitik, welche den Schienenverkehr bevorzugte, war nicht gerade hilfreich und führte dazu, dass Renault sich allmählich auf leichte und mittelschwere Lastwagen für den Nah- und Verteilerverkehr konzentrierte und Berliet das Feld der schweren Lkw überließ. 1930 stattete Louis Renault seine Lastwagen mit Diesel-Direkteinspritzmotoren aus. Auch das neue Flaggschiff der Franzosen, der 7,5-Tonner Typ UD6, war als UDD6 damit zu haben. Gleichzeitig markierte dieser Langhauber auch eine Abkehr von der bisherigen Renault-Optik mit der bulligen, schaufelförmigen Motorhaube: Wie bei allen anderen Herstellern schon längst üblich, reckte sich nun auch bei Renault ein vor dem Motor stehender Kühler dem Fahrtwind entgegen. In jenem Jahr kamen auch Renaults erste Dreiachser. Die folgenden Jahre brachten eine neue Frontlenker-Baureihe (1934) und eine Fernverkehrs-Variante namens ADTD mit Schlafkabine für den Fahrer (1937). Am Vorabend des Zweiten Weltkriegs umfasste die Nutzfahrzeugpalette Lieferwagen, Transporter, Lastwagen und Zugmaschinen in den Klassen von 0,4 bis 20 Tonnen, doch durch die staatlichen Eingriffe ging die französische Nutzfahrzeugindustrie am Stock: Während in den 30er Jahren die deutschen Lkw-Hersteller ihren Ausstoß vervierfachten und die Briten den ihren um 61 %, sank der der französischen Nutzfahrzeughersteller um gut ein Drittel. Nach 1945 waren es vor allem Lieferwagen und Transporter, die unter dem Renault-Rhombus erschienen. Das Geschäft mit den mittelschweren und schweren Lastwagen blieb schwierig, wieder gab es gewaltige Restbestände an US-Lkw und eine Verkehrspolitik, welche auf die Eisenbahn setzte und den Güterverkehr auf der Straße abstrafte. Der Konzern stand inzwischen unter staatlicher Kontrolle. Louis Renault war nach der Befreiung 1944 wegen angeblicher Kollaboration mit den Deutschen verhaftet worden und im Gefängnis gestorben. Sein Unternehmen aber lebte weiter. Wichtigste Neuerscheinung der frühen Nachkriegszeit für Spediteure und Gewerbetreibende war ein Kleintransporter mit 2,4-Liter-Benzinmotor und 48 PS, der in verschiedenen Klassen bis 1,4 Tonnen zwischen 1947 und 1962 in rund 270.000 Einheiten gebaut werden sollte. Schwerstes Modell der damaligen Zeit war der R4153, ein 15-Tonner mit 120 PS starkem Unterflur-Diesel. Während aber bei Kriegsverlierer Deutschland die Wirtschaft boomte und das Wirtschaftswunder Fahrt aufnahm, gerieten Frankreichs Lkw-Bauer immer tiefer in die Krise. Die Industriepolitik führte zu gewaltigen Änderungen auf dem französischen Lkw-Markt: Berliet übernahm 1956 Rochet-Schneider und wurde seinerseits 1967 von Citroën geschluckt, das zwei Jahre zuvor auch Panhard übernommen hatten. Renaults Nutzfahrzeugsparte wiederum fusionierte 1955 mit Latil und Somua zur Saviem, später hatte daran die kleineren Hersteller Floirat und Chausson angedockt. Der neue Nutzfahrzeugriese Saviem trug den Renault-Rhombus und nutzte MAN-Motoren, später verkaufte man auch die MAN-Baustellenfahrzeuge unter Saviem-Logo in Frankreich. 1974 fusionierten dann unter staatlichem Druck Citroën und Peugeot. Citroëns Nutzfahrzeugsparte dagegen – Berliet – ging an Renault und damit an Saviem. 1978 folgte die Zwangsfusion von Berliet und Saviem, die neue Firma nannte sich Renault Véhicles Industriels und war der einzige französische Nutzfahrzeughersteller, schaffte aber erst 1987 den Sprung in die Gewinnzone. 2001 folgte dann der Zusammenschluss mit Volvo. Renault Trucks beginnen heute ab 6,5 Tonnen Gesamtgewicht, das D-Programm umfasst, je nach Fahrgestell, Fahrerhaus und Motor – bis 330 PS – den Bereich bis 26 Tonnen. Für den Fern- und Schwerlastverkehr hat Renault aktuell die T-Klasse mit 380 bis 520 PS im Rennen, welche die bisherigen Premium- und Magnum-Modelle abgelöst hat.

In Saint-Astier (Frankreich) werden Kalk und Gips abgebaut. Im Untertagebau ist der Renault CBH 320, ein entfernter Nachfahre des Berliet GBC 8 KT, im Einsatz.

Renaults Midliner-Familie stand zwischen 1979 und 2000 im Programm. Sie trug die Vierclub-Kabine und wurde, auch als Allrad, bei vielen Feuerwehren eingesetzt. Hier ein M E180 1995 in Chile. (Foto: © Order_242, CC-BY-SA-2.0)

Wasserwerfer Tajfun II auf Renault Kerax, im Einsatz bei der Euro 2012 in Warschau. Der Kerax wurde zwischen 1997 und 2013 gebaut, vornehmlich als schwerer Drei- und Vierachser für den Baustellenverkehr. (Foto: © Wistula, CC-BY-SA-3.0)

Der MKR Renault unter Markus Bösiger bei der Truck-EM 2013 in Spanien. Der Dxi-Motor leistete 1160 PS. Der Hauber dahinter ist der Freightliner des Tschechen Vrsecky, die Startnummer 2 gehört zum MAN von Atonio Albaceta. Kaum zu sehen hinter der 33 ist einer der beiden Oxxo-MAN. Und das, was da grünweiß hervorblitzt, ist der MAN von Jochen Hahn, der in jenem Jahr den EM-Titel gewann. (Foto: © Carlos Delgado, CC-BY-SA-3.0)

Ein früher Laster von Latil. 1955 wurde der Allradspezialist mit der Nutzfahrzeugsparte von Renault zu Saviem fusioniert.

Der Saviem »Super Galion« SG5 kam 1969 auf den Markt und erschien in modifizierter Form auch bei MAN gemäß dem damaligen Kooperationsabkommen zwischen beiden Firmen.

Der Saviem SG2 mit 2,1 Tonnen Nutzlast und 75-PS-Dieselmotor wurde von 1965 bis 1982 produziert. Hier wild bemalt und mit Kastenaufbau.

SAVIEM

Nach Aufgabe seiner schweren Lkw-Reihen drohte Renault auf dem französischen Markt den Anschluss zu verlieren. Um sich zu stärken, beschloss der seit Kriegsende verstaatlichte Konzern, sich mit bisherigen Konkurrenzfirmen zusammenzutun. Aus diesen Überlegungen ging letztlich 1955 die »Société Anonyme de Véhicules Industriels et d'Equipements Mécaniques« hervor – kurz Saviem. Hier hatte sich die Lastwagensparte Renaults mit den Lkw-Herstellern Somua und Latil zusammengeschlossen. Die ersten beiden Jahre wurden die Laster in diesem kunterbunten und wenig homogenen Gemeinschafts-Modellprogramm unter den jeweiligen Namen der Ursprungsfirmen herausgebracht, der Name Saviem stand nur klein dabei. In den kommenden fünf Jahren schafften die Franzosen allerdings langsam eine Vereinheitlichung der Modellpalette. Ab 1957 firmierten die Laster unter Saviem-LRS (Latil-Renault-Somua). Die ersten beiden Modelle, die unter dieser Bezeichnung erschienen, waren der Mondragon mit 5 Tonnen Nutzlast und der 7-Tonner Tancarville. Im selben Jahr startete die JL-Baureihe, das waren mittelschwere und schwere Laster, deren Design Anfang der 60er Jahre bereits wieder erneuert wurde. Ihre Leistungen lagen zwischen 100 und 150 PS, die Motoren kamen anfangs von Renault, Alfa Romeo, später auch von Henschel. 1959 wurde Saviem eine vollständige Tochtergesellschaft von Renault. Dank einer aggressiven Marktpolitik schafften es die Franzosen, daheim wieder die Nr. 1 zu werden. 1961 übernahm Saviem einen weiteren Konkurrenten, der Lkw-Bauer Floirat. Außerdem ging das Unternehmen eine allerdings nur zwei Jahre währende Kooperation mit der Firma Henschel ein. Besser klappte die Zusammenarbeit ein Jahr später mit MAN. Die Vereinbarung zwischen den beiden sah u. a. vor, dass Saviem für beide Hersteller Kabinen lieferte und dafür im Gegenzug Motoren von MAN bekommen sollte. Außerdem verkaufte MAN nun leichte Saviem-Laster unter eigenem Namen in Deutschland und Saviem mittelschwere und schwere Lkw von MAN als Saviem-Lkw in Frankreich. Zwei neue Baureihen wurden vorgestellt, die JM-Reihe 1964 und drei Jahre später die SM-(Saviem-MAN)-Reihe. 1964 brachte Saviem zudem die S-Reihe auf den Markt. Die mittelschweren Modelle dieser Serie – S5 mit 5,5 Tonnen Nutzlast, S7 mit 7,5 Tonnen, S8 mit 8,5 Tonnen – kamen wahlweise mit Renault- oder Perkins-Motoren. Anfang der 70er Jahre schloss sich Saviem mit den Mitbewerbern Magirus-Deutz, DAF und Volvo zum sogenannten »Viererclub« zusammen. Gemeinsam wollten sie eine neue, kippbare Fahrerkabine für mittelschwere Lastwagen entwickeln. Außerdem strebte der französische Staat, der hinter Saviem stand, eine Vereinheitlichung der schweren Lkw an. Mit den kippbaren Fahrerkabinen ausgestattet war ab 1975 z. B. die Saviem-J-Reihe, deren MAN-5,7-Liter-Motoren 90 bis 170 PS leisteten. Mitte der 70er Jahre übernahm Saviem den Mitbewerber Berliet, dessen schwere TR-Lastwagen nun ergänzend ins Programm kamen. Später wurden aus diesen die sehr erfolgreiche R-Reihe von Renault. Von 1977 bis 1980 wurde die Saviem-H-Reihe produziert; 185 bis 220 PS bezogen die Modelle dieser Serie aus Berliet- und MAN-Motoren. 1978 entschloss sich der Mutterkonzern Renault, die beiden Marken Saviem und Berliet endgültig miteinander zu verschmelzen und benannte das Unternehmen um in »Renault Véhicules Industriels« (RVI). Saviem als Markenname verschwand damit ab 1980 von den Lastern und vom Markt.

Dieser SMH 26.240 von 1970 stammt aus jener Zeit, als Saviem mit MAN zusammenarbeitete.

Ein Saviem »Super Goélette« SG2 mit Pritschenaufbau als Pkw-Transporter. Der SG2 hatte eine Nutzlast von 3,5 Tonnen und wurde von 1965 bis 1982 produziert.

UNIC

Die beiden Brüder Georges und Félix-Maxime Richard betrieben seit Anfang der 1890er Jahre einen gutgehenden Fahrradfabrikations- und -reparaturbetrieb in einem Vorort von Paris. Davon ermutigt, setzten sie ab 1897 auf den nächsten Zukunftsmarkt, die Produktion von Automobilen. Vier Jahre nach Gründung der »Société de Construction de cycles et d'Automobiles Georges Richard« stieg mit Henri Brasier ein neuer Teilhaber ein, dessen Dominanz im Betrieb so groß wurde, dass dieser bald umbenannt wurde in »Richards Brasier«. Georges Richard stieg deshalb im Jahr 1905 aus und gründete, mit Henri de Rothschild als Financier im Rücken, ein eigenes Automobilunternehmen, die »Société anonyme des automobiles Unic«. Neben Pkw gehörten in den Jahren bis zu den Zwanzigern leichte Kleintransporter und Taxis zur Fahrzeugpalette. 1922 – Firmengründer Georges Richard kam bei einem Unfall ums Leben – präsentierte der französische Fahrzeugbauer mit dem 3-Tonner M5C seinen ersten schwereren Laster und baute dieses Angebot stetig aus, Topmodell war ein Unic mit einer Nutzlast von 15 Tonnen. Bei den Motoren handelte es sich zum Teil um Diesel-Sechszylinder von Mercedes-Benz. Damit war Unic das erste französische Unternehmen mit solch einem Lkw-Komplettangebot. Ende der 30er Jahre entwickelte man den ersten in Frankreich selbstkonstruierten Dieselmotor. Dann kam der Krieg und mit ihm der Zusammenschluss mit den Firmen Delahaye, Laffly und Simca zur GFA, die 1951 endete. Mit dem Modell ZU 55 startete Unic 1945 die Produktion der neuen ZU-Reihe. 1952 begann die Kooperation mit Simca, von der Unic sich die Bewältigung kommender großer Investitionen versprach; sechs Jahre später gehörte Unic zu Simca (»Unic Simca Industries«). Die schweren Unic-Laster ergänzten nun die seit einiger Zeit zu Simca gehörende mittelschwere Ford-Cargo-Reihe, die nun von Unic als »Simca Cargo« gebaut wurde. Obwohl immer noch Teil von Simca, fusionierten die Franzosen 1956 mit Saurer France und stellten die Baureihen Rhône ZS 7 und ZS 9 vor sowie den M625 mit V8-Dieselmotor und Saurereinspritzung. Als Ersatz für die mittelschweren Cargo-Laster importierte Unic mit Beginn der 60er Jahre OM-Lkw aus Italien. Neue Veränderungen standen Mitte der 60er Jahre an: Fiat übernahm Simca, und damit auch Unic. 1969 entstand der V85 S mit 14,9 Litern Hubraum und 340 PS Leistung. Sein Frontlenkerfahrerhaus war kippbar, wurde aber ab 1970 durch eines von Fiat ersetzt. Weitere Modelle der Fiat-Jahre hießen Isoard T 340 V8 und Vercors T10A-200 R. Die Laster bekamen ein neues Fiat-Unic-Emblem verpasst. Zu Beginn der 70er Jahre wurde die Produktion der Unic-Laster von ihrem bisherigen Standort in Puteaux verlegt nach Trappes. 1975 gründete Fiat zusammen mit OM, Lancia, Magirus-Deutz und Unic den neuen Nutzfahrzeughersteller IVECO. Aus den Werkshallen der Franzosen rollten in dieser Zeit noch Baureihen wie Unic 697 mit 260 PS, Unic 190 mit 260 bis 330 PS und Unic 300 mit 330 PS. Im Laufe der 80er Jahre verschwand die Bezeichnung »Unic« von den Motorhauben der IVECO-Lastwagen. Aus »IVECO Unic S.A.« wurde mit Beginn der Neunziger »IVECO France S.A.« IVECO führte zu dieser Zeit völlig neue Baureihen ein, die nicht mehr auf den Vorgängern der ehemals selbständigen internationalen Lkw-Hersteller basierten, so dass von nun an IVECO die alleinige Firmenbezeichnung war.

Alter Unic-Lastwagen aus den 1940er Jahren mit Holzvergaser. Weil Treibstoff knapp war, wurden viele Fahrzeuge in den Kriegsjahren mit einem solchen bestückt.

Der Unic M9A von 1931 besaß einen Vierzylindermotor aus eigener Entwicklung mit 12 PS Leistung.

Den ZU 122T »Izoard« präsentierte Unic 1962 mit einem Gesamtgewicht von 35 Tonnen und einem Reihen-Sechszylindermotor mit 180 PS Leistung.
(Foto: © Blood Destructor, CC-BY-SA-3.0)

Die leichte Lasterreihe Unic Vosges erschien Anfang der 60er Jahre sowohl als Frontlenker (siehe Bild) wie auch als Kurzhauber. Beide Versionen verfügten über einen Vierzylinder-Dieselmotor von Typhon mit 100 PS Leistung. (Foto © jean-pierre 60, CC-BY-SA-3.0)

Den geländegängigen Militärlaster Simca SUMB produzierte Unic von 1964 bis 1973. Sein Fahrgestell stammte vom Simca Cargo, der Ford-V8-Motor wurde von Simca auf 100 PS gebracht. Seine Nutzlast lag bei 5,3 bis 5,7 Tonnen. Vorbild für den Laster war der deutsche Unimog.

GROSSBRITANNIEN

Im Anfang war der Dampf: Die Nutzfahrzeuggeschichte Großbritanniens beginnt mit Dampfwagen, die zwar groß und schwer, aber außerordentlich leistungsfähig waren. Die britische Armee setzte im Burenkrieg 1899 Dampfwagen als Zugmaschinen und Transporter ein, um 1905 liefen in England rund 3000 Dampfwagen, aber nur 50 Benzin-Lkw mit zwei oder mehr Tonnen Nutzlast. Die Omnibusse dagegen, welche die pferdebespannten Wagen verdrängten, hatten wegen des besseren Verhältnisses von Nutzlast zu Eigenmasse ebenso ausschließlich Benzinmotoren. Ihr großer Erfolg förderte den Umstieg von der Dampf- zur Motorkraft, vollends beschleunigt durch die Zulassungsvorschriften. Die Auflagen bezüglich Achslasten, Gesamtgewichten und Fahrzeugabmessungen führten in den folgenden Jahren und Jahrzehnten so zu typisch britischen Nutzfahrzeugen wie den Vierachsern, die sich aufgrund dieser Besonderheiten nicht für den Export nach Europa und die USA eigneten. Stattdessen konzentrierten sich die Hersteller auf den Export in die Kolonien. Als diese Zeit endete, brachen diese Märkte weg, und damit – sowie den gesellschaftlichen Umwälzungen in den 60er- und 70er-Jahren – die komplette britische Motorindustrie zusammen.

1927 Yorkshire Class WG Wagon.

AEC

AEC steht für »Associated Equipment Company«, und diese »Vereinigten Zulieferbetriebe« gingen zurück auf das Jahr 1907, als die beiden größten Londoner Busbetriebe
fusionierten. Die Fahrgestelle aus dem Ausland wurden durch Eigenkonstruktionen
ersetzt, 1912 wurde die Aufbau-Herstellung selbstständig – die eigentliche Geburtsstunde der AEC. Die Technik kam von der britischen Daimler Ltd., die ihrerseits das
Exklusivrecht erhielt, AEC-Chassis zu verkaufen. Viele dieser Londoner AEC-Busse –
in der Regel vom Typ B – wurden im Ersten Weltkrieg eingesetzt, anfangs noch in
originaler (rotweißer) Lackierung und mit Werbeschildern, wie sie in der britischen
Hauptstadt unterwegs gewesen waren. Nach 1916 stand AEC unter Leitung des
Kriegsministeriums, das Busse sowie Standard-Drei- und Viertonner bauen ließ.
Der Grundtyp Typ Y hatte einen 28-PS-Benzinmotor und Vollgummireifen. Er wurde,
verschiedentlich weiterentwickelt, bis 1923 gebaut. Erstes Nachkriegsmodell war
der Zweitonner-Typ 201 mit 28 PS. 1925 richteten die Busspezialisten ein Werk im
Westen der Metropole ein. Die Motoren stammten in der Regel von Daimler, seltener
von Tylor, es handelte sich dabei um Benzinmotoren. Den Motorenbau nahm AEC Anfang der Zwanziger auf, die Lkw-Typen der Bauserien 201 bis 508 für Lastwagen mit
Nutzlasten von bis zu sechs Tonnen. Die Zusammenarbeit mit Daimler führte zu einer
kurzlebigen Kooperation der beiden Hersteller, außerdem kam es zu einer Zusammenarbeit mit der britischen Tochter, der Four Wheel Drive Motor Company (FWD), was
sich auch bei den späteren Allrad-Entwürfen für das Militär zeigen sollte. 1927 nahm
AEC in Southall ein neues Werk in Betrieb, die dort entstandenen Chassis sollten für
die nächsten fünf Jahrzehnte die Grundlage für so ziemlich jeden Schwerlastwagen
und Bus von AEC bilden. Zum Ende des Jahrzehnts wurde die Modellpalette gründlich
überarbeitet. Die neuen Lastwagen erhielten statt der Nummern Namen, die alle
mit einem »M« begannen (die Busse mit »R«). Der 10.000-fach gebaute Matador-
Zweiachser von 1932 entstand in erster Linie (dann mit Allrad) für das Militär. Der AEC
Mammoth war ein 8,7-Tonnen-Lkw mit einem Sechszylinder-OHV-Motor mit 110 PS,
später wurden daraus abgeleitet der Mammoth-Minor (6x2, mit zwei Hinterachsen, 12
Tonnen Zuladung), der Mammoth-Major 6 (6x4) und der Mammoth-Major 8 (8x4). Bei
diesem handelte es sich um den ersten serienmäßigen britischen Diesel-Vierachser, er
hatte eine Nutzlast von 15 Tonnen. Die Motorenpalette umfasste Diesel-Motoren von
7,7 bis 12,4 Litern Hubraum, wobei der erste eigene Diesel-Motor, ein Sechszylinder
nach Acro-Lizenz, 1928 im Versuch lief und als 8,1-Liter mit 95 PS 1930 dann in Serie
ging. Später baute AEC neben Lkw- und Panzermotoren auch Industrieaggregate und
Schiffsantriebe; im Krieg war AEC bekannt für den leichten Rad-Panzerspähwagen.
Trotz diverser Kriegsschäden ging AEC – das nach wie vor quasi das Monopol für den
Bus-Bau besaß – aus dem Krieg gestärkt hervor und kaufte 1948 Crossley Motors
und Maudslay Motor Co., im Folgejahr dann den traditionsreichen Aufbauhersteller
Park Royal Vehicles. Die mit Park-Royal-Kabine erhielten dann die Bezeichnung »Mk.
III«. Die Expansion der Nachkriegsjahre führte zur Errichtung diverser Werke und
Beteiligungen im Ausland: AEC-Motoren gingen nach Frankreich, Finnland, Italien
und Holland. Die wichtigsten Märkte waren aber die Commonwealth-Staaten, insbesondere auch Australien. 1958 erschien die erste echte neue Lastwagengeneration
der Nachkriegszeit, diese »Mk.V«-Typen (die »IV« hatte man ausgelassen) hatten
ein komplett neues Fahrerhausdesign erhalten, neue Motoren und neue Achsen.
1961 verleibte sich AEC auch Thornycroft ein, doch die Übernahme 1962 durch
den größten Konkurrenten Leyland Motors läutete den Niedergang des Konzerns
ein: Die Auslandsbeteiligungen wurden abgetreten (darunter auch die gerade anlaufende Zusammenarbeit mit Barreiros in Spanien) und die Typenvielfalt innerhalb der
Leyland-Gruppe vereinheitlicht, was 1964 zudem zur kippbaren Ergomatic-Kabine
führte. Das Modellprogramm wurde in den Leyland-Jahren immer weiter ausgedünnt,
die Fertigung der Doppeldecker-Busse Routemaster und Regent V lief 1968 aus, und
der in jenem Jahr im Typ Mandator präsentierte erste britische Diesel-V8 entpuppte
sich als Flop: Die Marke AEC wurde 1977 eingestellt und das Werk Southall 1979
geschlossen, nach dem das letzte Marathon-Chassis vom Band gelaufen war.

AEC versah seinen Typ 440 erstmals 1928 mit dem Zusatznamen Mercury. Dieser hier
erschien 1954 und wurde bis 1965 gebaut. (Foto: © Ian Roberts, CC-BY-SA-2.0)

Der Matador 4x4 wurde über 10.000 Mal gebaut. Entstanden war er unter der Codenummer 853 im Jahre 1938. Die Produktion endete 1955.   (Foto: © Alf van Beem)

Dieses australische Feuerwehrfahrzeug ist ein 1951er AEC Maudslay Regent I I: Maudslay war 1948 übernommen worden, AEC ließ die Typen zwar auslaufen, verwendete in einer Übergangszeit aber noch den Namen. So geschehen bei dieser Drehleiter, die auf dem Bus-Chassis des Typs 661 aufbaute.   (Foto: © sv1ambo, CC-BY-SA-2.0)

Der AEC Mandator TG4 (1965–1978) erschien drei Jahre nach der Übernahme von AEC durch Leyland und trägt daher die Leyland-Ergomatic-Kabine. Ursprünglich mit Sechszylinder-AV760-Motor ausgerüstet, kam später der unausgereifte V8 mit 225 PS zum Einsatz, der so großen Schaden anrichtete.   (Foto: © Manhattan Resarch Inc., CC-BY-SA-2.0)

Der Albion A10 war ein Dreitonner, der zwischen 1910 und 1926 gefertigt wurde. Der Antrieb erfolgte per Kette. Der hier zu sehende LC 24 war Teil einer Familie, die zwischen 1923 und 1935 lief.
(Foto: © Les Chatfiled, CC-BY-SA-2.0)

Die CX-Baureihe von 1937 war Albions Versuch, in der schweren Klasse Fuß zu fassen. Bis 1949 gebaut, zu haben mit drei Sechszylinder-Dieseln der EN-Serie oder von Gardner.
(Foto: © Graham Roberts, CC-BY-SA-2.0)

Historische Nutzfahrzeuge genießen in Großbritannien einen hohen Stellenwert. Die Nutzfahrzeugtreffen sind ein Augenschmaus, so wie dieses im August 2008 bei der Biggar Vintage Rally aufgenommene Foto beweist: Eine schöne Kollektion von diversen Albion-Typen. Bei dem hellgrünen Albion handelt es sich um einen Victor VT19N, gebaut zwischen 1958 und 1966. Die Kabine erinnert an den Dennis Pax.
(Foto: © John Cannon)

Das LAD-Einheitsfahrerhaus verwendete Albion zwischen 1950 und 1959 bei verschiedenen Modellen, so bei den Riever-, Clansman- und Chieftain-Modellen (und Leyland dann bei der Comet-Baureihe). (Foto: © Mark Peel, CC-BY-SA-4.0)

Schottland gilt nicht gerade als Hochburg der Motorindustrie, was die Schotten aber nicht daran hinderte, in Scotstoun, Glasgow, eine der bekanntesten und traditionsreichsten Nutzfahrzeug-Firmen zu betreiben. Gegründet wurde die Albion Motor Co. von Thomas Blackwood Murray, einem Ingenieur, der bei einem Produzenten für Bergbauausrüstung gearbeitet hatte, und Norman Osborne Fulton, dem Cousin des Erbauers des Mo-Cars, dem ersten schottischen Automobil überhaupt.

Beide kannten sich von Mo-Car und taten sich 1899 zusammen, um eine Nutzfahrzeugfirma zu gründen, die 1900 ihre Geschäfte aufnahm. In diesem Jahr entstand ein erster Omnibustyp, zwei Jahre später kam ein Halbtonner-Lieferwagen dazu; der A3-Typ von 1905 mit Zweizylinder-16-PS-Motor diente in erster Linie as Bus-Chassis, und so lange Albion keine größeren Busse baute, entstanden auch keine Fahrgestelle für größere Lastwagen – 0,75 Tonnen waren das höchste der Gefühle. In schwere Klassen stieß Albion erst 1910/11 vor. Der Typ A10 mit einer Nutzlast von drei bis vier Tonnen mit Vierzylinder und Kettenantrieb entsprach den britischen Anforderungen für einen Subventionstyp und wurde dann bis 1918 in 6000 Einheiten gebaut. Das Unternehmen war 1914 an die Börse gegangen und hatte, dank der lukrativen Kriegsaufträge, genügend Kapital, um die mageren Nachkriegsjahre zu überstehen. Die erste Hälfte des neuen Jahrzehnts stand bei Albion ganz im Zeichen der neuen Frontlenker-Chassis mit Kardanantrieb und des Niederrahmenchassis, eingeführt mit dem Viking-Bus von 1923. Der erste Frontlenkerbus erschien 1927 in Gestalt des 28-sitzigen Typs Viking PM28, zu dieser Zeit endete auch bei Albion die Ära der Vollgummireifen (Luftreifen waren zuvor nur gegen Aufpreis erhältlich gewesen). Albion-Fahrzeuge galten immer als extrem solide und haltbar, sahen aber stets etwas altmodisch aus. Das änderte sich jetzt, die Albion-Frontlenker näherten sich auch optisch der Konkurrenz an. Die Modellpalette reichte vom Zwei- bis zum Achttonner, die Motoren lieferte unter anderem auch Gardner, Albion selbst entwickelte 1933 eigene Diesel. 1935 kamen, zusammen mit den neuen Bussen der Valkyrie-Serie ein neuer Zweiachser-Lkw. Der KL127 entwickelte sich zum Bestseller innerhalb des Lkw-Programms des Herstellers, der 1935 den Konkurrenten Halley Motors übernahm. Damit gelangte Albion in den Besitz eines weiteren Werkes.

In der zweiten Hälfte der Dreißiger umfasste das Albion-Programm Zwei-, Drei- und Vierachser mit Nutzlasten von sieben bis 15 Tonnen, die Schwerlastwagen der 1937 präsentierten CX-Serie hatten eigene Diesel- oder Benzinmotoren in Blockbauweise, also einem in das Motorgehäuse integrierten Getriebe. Nicht jeder Albion war ein Erfolg, der vierachsige T561 konnte sich ebenso wenig durchsetzen wie die Doppeldecker-Busse (51 Sitze, 6,85-L-Benzin- oder Gardner-Dieselmotor) der Venturer-Serie. Im Zweiten Weltkrieg entstanden bei Albion 4x4-Standard-Dreitonner und Allrad-Dreiachser (10 Tonnen) sowie schwere Panzertransporter und Bergefahrzeuge.

Die Nachkriegsjahre brachten zunächst eine Neuauflage der CX-Reihe sowie diverse mittelschwere Zweiachs-Typen, deren Namen mit »C« begannen, die Busnamen begannen gerne mit »V«. Lediglich der Nimbus von 1955 mit Unterflurmotor brach mit dieser Regel. Das entsprechende Lastwagen-Gegenstück hieß Claymore und war bei Brauereien und Umzugsunternehmen sehr beliebt.

Albion war 1951 bei Leyland untergekrochen, die neuen Eigner führten alsbald eine Flurbereinigung durch und nahmen jene Lastwagentypen, welche die eigenen Leyland-Lkw konkurrenzierten, aus dem Programm, wobei der Albion Caledonian von 1958 die rühmliche Ausnahme bildet: Dieser Albion-Vierachser mit Leyland-Technik stand in direkter Konkurrenz zum Leyland-Typ Octopus.

Die folgenden Jahre brachten eine Angleichung an das Leyland-Programm mit Einheits-Fahrerhaus, der Niedergang vollzog sich dann in Raten. Nach der 1968 auf staatlichen Druck hin erzwungenen Fusion mit der bankrotten britischen PKW-Industrie zur British Leyland Motor Corporation wurde der Lastwagenbau nach Bathgate verlegt, 1972 liefen in Glasgow die letzten Albion-Trucks vom Band, die Busse der Serie Viking und Clydesdale wurden noch bis Anfang der 80er-Jahre für den Export unter der alten Bezeichnung gebaut.

ATKINSON

Die traditionell mit einem markanten A auf dem Kühlergrill versehenen Lastwagen der englischen Firma Atkinson wurden über einen stolzen Zeitraum von 90 Jahren produziert, ehe sich die Fabriktore 2006 endgültig schlossen. Dabei gab es den Betrieb selber noch länger. Denn bereits im Jahr 1907 hatten die Brüder Edward und Henry Atkinson in Preston im Nordwesten Englands einen Reparaturbetrieb für Dampfwagen gegründet, der von der zunehmenden Motorisierung im Land profitierte und deshalb schon bald expandieren konnte. Als während des Ersten Weltkrieges andere Hersteller von Dampfwagen auf die Produktion von Munition umsattelten, sahen die Atkinson-Brüder ihre Chance gekommen und wagten sich 1916 an ihren ersten eigenen dampfgetriebenen 6-Tonner-Lkw. Aus diesem Projekt entwickelte sich bald eine kleine Serie. Weil nach dem Tod von Henry Atkinson sein Bruder Edward zu lange am Dampfantrieb festhielt, brachen die Absatzzahlen Mitte der 20er-Jahre ein. Die Weltwirtschaftskrise von 1929 führte dann zum vorläufigen Produktionsstopp. 1933 stellte die nach der Übernahme von W.G. Allen in »Atkinson Lorries Ltd.« umbenannte Firma eine neue Lastwagenreihe mit zwei, drei und vier Achsen auf die Räder, ausgestattet nun aber mit konkurrenzfähigen Diesel-Motoren von Gardner. Während des Zweiten Weltkrieges konnte Atkinson dank einer Sondergenehmigung der britischen Regierung weiterhin Lastwagen für den zivilen Sektor anbieten, die wegen des Engagements des bisherigen Motorlieferanten Gardner in der Rüstung jedoch nun mit Aggregaten von AEC versehen waren. Die hohe Nachkriegsnachfrage nach Lkw bescherte Atkinson einen Boom in den 50er-Jahren. Das englische Unternehmen bediente mit seinen neuen Lastwagen den Bedarf an leistungsstärkeren Fahrzeugen, baute zunehmend schwere Lkw, Zugmaschinen für die Ölindustrie und Spezial-Laster. Zu diesen schweren Zugmaschinen zählte beispielsweise der Atkinson »Omega« mit seinem 333-PS-Rolls-Royce-Kompressor-Motor, hergestellt von 1957 bis 1960. Zudem stattete Atkinson jetzt seine Fahrzeuge mit neuen, einheitlichen Glasfiber-Kabinen mit Panorama-Frontscheiben aus. Zu weiteren Markenzeichen gerieten die Doppelscheinwerfer und die Kühler-Aufschrift »Knight of the Road«.

In den 60er-Jahren brachten die Engländer die Black-, Silver- und Gold-Knight-Serien auf den Markt. Während das Exportgeschäft in Ländern wie Australien, Neuseeland und Südafrika ausgeweitet werden konnte, blieben die Erfolge in Kontinentaleuropa überschaubar. Speziell für den europäischen Markt verbaute Atkinson ab 1969 die Pressstahlkabinen von Krupp.

1970 übernahm der bisherige englische Mitbewerber Seddon aus Oldham den Betrieb aus Preston. Unter dem Namen »Seddon Atkinson« stellten beide Lkw-Produzenten einige Jahre lang ihre jeweils eigenen Baureihen weiter her. So entstanden bis Mitte der Siebziger bei Atkinson der 2-Achser »Borderer«, die 3-Achser »Searcher«, »Leader« (mit gelenkter Hinterachse) und der schwere »Venturer« sowie der 4-Achser »Defender«. Erst 1975 entwickelte Seddon Atkinson eine gemeinsame Lastwagen-Reihe mit den Modellen 200, 300 und 400. Für die 400er-Serie war Atkinson verantwortlich; in diese wurden neben Diesel-Motoren von Gardner auch solche von Cummins und Rolls-Royce verbaut, mit Leistungen bis zu 320 PS. Bereits 1974 war ein neuer Besitzerwechsel über die Bühne gegangen: International Harvester (IHC) hatte das Kommando bei Seddon Atkinson übernommen.

Zu Beginn der 80er-Jahre wurden diese Baureihen erneuert: 201, 301 und 401 hießen die Nachfolger, die auf Kundenwunsch wieder das seit ein paar Jahren unter den Tisch gefallene »A« auf dem Kühlergrill zurückerhielten. Doch das Besitzerkarussell drehte sich munter weiter. 1983 ging Seddon Atkinson an die spanische Firma ENASA, die aber kein großes Glück mit ihrem Kauf hatte; die Absatzzahlen gingen in den folgenden Jahren kontinuierlich zurück. 1986 wurde die Lastwagen-Palette noch einmal überarbeitet. Mit stärkeren Motoren ausgerüstet, erschienen der 2-11, der 3-11 und der 4-11 sowie ab 1988 die »Strato«-Reihe. 1991 ging mit ENASA auch Seddon Atkinson an IVECO, das endgültig die Herstellung von Oldham weg nach Madrid verlegte, doch die schwachen Verkäufe damit nicht stoppen konnte. 2006 endete deshalb die Produktion von Seddon-Atkinson-Lastern.

Das Modell Atkinson Gardner 180 erschien 1966 und führte den 6XL-Motor von Gardner mit 180 PS ein. (Foto: © Thomas's Pics, CC-BY-2.0)

Zwei Atkinson-Laster ausgestellt im australischen Museum »National Road Transport Hall of Fame«.
(Foto: © Bahnfrend, CC-BY-SA-4.0)

Zwei Seddon-Atkinson-Lastwagen der Typen Strato Mk2 liefern sich ein Truckrennen. Die Strato-Reihe wurde Ende der 80er-Jahre auf den Markt gebracht und teilte sich die neue Kabine mit Volvo und DAF.
(Foto: © Brian Snelson, CC-BY-2.0)

Dieses Bergungsfahrzeug der Marke Atkinson Gardner 180 mit der Nummer CF0103 stammt aus dem Jahr 1970, als die Übernahme von Atkinson durch den Mitbewerber Seddon erfolgte.
(Foto: © Chris Sampson, CC-BY-2.0)

Austins K2 von 1949 mit Tankaufbau. Im Januar 1940 hatte Austin für das Militär eine Lastwagenfamilie auf Kiel gelegt. Nahezu unverändert liefen diese »Birmingham Bedford« (so genannt wegen ihrer Ähnlichkeit mit Bedford-Typen) bis 1954. (Foto: © Mick, CC-BY-SA-2.0)

Die Austin-Serie 201/301 war baugleich mit dem erfolgreicheren Morris Commercial LC5 und hatte den Motor des Austin A70 unter der Haube. Austin nahm seine Pritschenwagen 1957 wieder aus dem Programm. (Foto: © David Smith, CC-BY-SA-2.0)

Der Sanitätswagen K2/Y war mit knapp 13.000 Einheiten die meistgebaute Variante des Austin-Zweitonners, doch unter den restlichen 14.000 Stück befanden sich auch Ausführungen mit anderen Aufbauten, so wie hier, als Feldküche. Unter der Haube saß ein 3,5-Liter-Sechszylinder mit 60 bis 63 PS. (Foto: © Alf van Beem)

1949 begann die Produktion der Loadstar-Serie II. Je nach Ausführung als K2 oder K4 bezeichnet, betrug die Nutzlast zwei bis fünf Tonnen. 1956 erschien der Nachfolgetyp Serie III.
(Foto: © Charles01, CC-BY-SA-3.0)

Als Herbert Austin (1866–1941) Wolseley verließ, gründete er zusammen mit drei weiteren Männern eine neue Firma, die sich mit dem Bau von Automobilen beschäftigte. Die erste Eigenkonstruktion unter eigenem Dach erschien 1906; es handelte sich um den 25-30 HP mit 5182 cm³ großem Vierzylinder und Kettenantrieb, der aber bald auf einen ruhigeren Wellenantrieb umgestellt wurde. Die Absatzzahlen waren bescheiden, rund zwei Autos pro Woche waren es. Im ersten vollen Produktionsjahr entstanden 120 Autos, darunter auch ein kleinerer 15/20-PS Kardanwagen. In dieser Frühzeit des Automobils wurde viel ausprobiert und rumexperimentiert, und wenn Austin im Jahre 1907 bereits 17 verschiedene Modelle im Angebot hatte, reden wir hier nicht von einer Serienproduktion im heutigen Sinne: Autobau war Handarbeit, und kaum ein Vehikel sah aus wie das andere. In den folgenden Jahren wurde die Vielfalt erheblich reduziert, dennoch vervierfachten sich bis zum Kriegsausbruch 1914 die Produktionszahlen. Bestseller war der Austin 10 von 1911 mit seinem Vierzylinder-Reihenmotor (Hubraum 1145 cm³); 1913 kam dann der erste Lastwagen des Hauses auf den Markt, ein 2- bis 3-Tonner mit 29-PS-Motor, dessen Kühler wie bei Renault (oder Mack) hinter dem Motor saß. Zwei Kardanwellen wirkten auf die Hinterräder, eine geschlossene Fahrerkabine gab es, wie bei so vielen Fahrzeugen jener Epoche, allerdings nicht. Im Ersten Weltkrieg auf die Produktion von Rüstungsgütern umgestellt, baute das nunmehr stark wachsende Unternehmen rund acht Millionen Geschosse, knapp 5000 Flugzeuge und Flugmotoren, rund 2000 Lastwagen, Panzer und viele andere Rüstungsgüter. 1919 beschloss Austin dann, gemäß dem Vorbild von Henry Ford nur einen Typ zu bauen, den Austin Twenty. Dessen Motor sollte dann auch Traktoren und Lastkraftwagen antreiben. Der Plan scheiterte, die Firma ging 1921 in Konkurs, wurde aber mit staatlicher Hilfe restrukturiert. Lastwagen hatten im neuen Produktprogramm keinen Platz mehr. Der geniale Austin Seven von 1922 wendete das Blatt und machte Austin in den Dreißigern zur größten Automobilfabrik in Großbritannien. Jetzt gab es auch wieder Lastwagen: Die neue Truck-Familie K2, K3 und K5 in der Nutzlastklasse von 1,5 bis fünf Tonnen erschien 1939, erinnerte stark an zeitgenössische Bedford-Typen und war in erster Linie für das Militär bestimmt. Die K2- und K3-Typen waren Hauber mit Ganzstahlkabine, teilsynchronisierten Getrieben und 3,5-Liter-Sechszylinder-SV-Motoren mit 60 PS. Der K5 dagegen war meist als Frontlenker mit offenem Fahrerhaus anzutreffen. Für Vortrieb sorgten hier der Vierliter-Sechszylinder und 85 PS. Im Krieg baute das Werk wieder Flug- und Fahrzeuge für die Army, und die Nachkriegszeit begann mit der Neuauflage der Vorkriegstypen. Der K2 Series II (Nutzlast zwei bzw. – K4 – fünf Tonnen) von 1948, der dann 1950 den Namen Loadstar erhielt, war die erste (und letzte) Austin-Lkw-Konstruktion der Nachkriegszeit. Der Vierliter-Sechszylinder leistete inzwischen 125 PS. Neben den mittelschweren Lkw bot Austin mit der K8-Reihe auch eine Transporter-Baureihe mit Pkw-Technik an. 1950 produzierten 18.000 Mitarbeiter 142.723 Autos und 23.000 Nutzfahrzeuge: Rekordzahlen für Austin, aber nicht genug, um überleben zu können. Daher fusionierte 1952 der zweitgrößte britische Autobauer – Austin – mit dem größten – Morris – zur British Motor Corporation unter Austin-Chef Leonard Lord, was zur Zusammenlegung der jeweiligen Nutzfahrzeugreihen führte und zum Auslaufen der K8-Transporter. Alle danach präsentierten Austin-Kleintransporter gab es auch, mit anderem Markenzeichen, als Morris. Badge Engineering war auch das Markenzeichen der neuen Trucks, es kamen ein neues Stahlblech-Führerhaus und neue Diesel-Sechszylindermotoren von Konzernmutter BMC. Der Nachfolger des Austin Loadstar erschien 1955 als Austin S203, S403 und S503 wobei die Ziffer auf die jeweilige Nutzlast hinwies; das Pendant von Morris trug die Bezeichnung Morris WE. In jedem Fall saß unter der langen Haube ein 4,0-Liter-Sechszylinder-Ottomotor mit 90 PS oder ein 3,1-Liter-Dieselmotor, der Fünftonner ließ sich auch mit einem 5,1-Liter-Diesel-Direkteinspritzer und 100 PS ordern. Verschiedentlich überarbeitet, wurden die Austin-Morris-Zwillinge ab 1970 nur noch unter BMC- bzw. Leyland-Logo verkauft. Nach 1981 hieß die Transportersparte zwar »Freight Rover«, doch das vermochte die Nutzfahrzeug-Fertigung auch nicht mehr zu retten.

BEDFORD

Die Firma Bedford wurde 1909 als britische Niederlassung der amerikanischen General Motors gegründet und präsentierte sich noch im gleichen Jahr mit diversen Buick-Konstruktionen auf der Londoner Olympia Motor Show der Öffentlichkeit. Zunächst wurden diverse 15/18-HP-Wagen gezeigt; die Serienfertigung dieser Buick-Vierzylindertypen begann im Jahr darauf auf kleiner Flamme. 1912 standen die Buicks von Bedford auf dem Pariser Salon. 1913 umfasste das Bedford-Programm fünf Typen, wobei der 30/40 HP mit Sechszylinder-Motor das Flaggschiff darstellte. Nach 1914 liefen unter dem Bedford-Label zunächst noch Last- und Lieferwagen vom Band, während die Personenwagen von der nunmehrigen General Motors Europe im Bedford-Haus als Buick und die Lieferwagen als Bedford-Buick vermarktet wurden. Bedford Motors entwickelte sich zum Zulieferbetrieb und ging 1916 in der United Motors Corporation auf, einem Verbund von Zulieferbetrieben, der wiederum 1918 von GM übernommen wurde. Nach der Übernahme von Vauxhall 1925 aktivierte GM das Bedford-Label wieder als Sub-Marke von Vauxhall. Bedford diente als Montagewerk für die Chevrolet-Trucks, zunächst in Hendon und dann in Luton. Chevrolets Erfolgstruck war der Sechszylinder-Typ U, und dieser Anderthalbtonner lief so gut, dass er ab 1930 als Chevrolet Bedford erschien. Nur noch »Bedford« hieß der bisherige LQ-Typ ab April 1931, zu haben mit zwei Radständen und diversen Aufbauten. Unter der Haube saß der hoch gelobte Chevrolet-Sechszylinder, der auf Jahrzehnte hinaus die Motorbasis für alle Ottomotoren von Bedford und Vauxhall bildete. In den Dreißigern folgten diverse weitere leichte und mittelschwere Baureihen. Eine komplett neue Fahrzeuggeneration erschien erst Mitte 1939, wurde aber dann auf Eis gelegt. Im Krieg verließen rund 250.000 Militärfahrzeuge das Werk in Luton, darunter rund 65.000 Einheiten des 0,75-Tonners MW. Nach 1945 begann die Friedensproduktion mit den vor dem Kriegsausbruch nicht mehr verwirklichten K-, M- und O-Reihen (1,5 bis fünf Tonnen) sowie diversen Lieferwagen und Transporter-Modellen mit Vauxhall-Komponenten. Nachdem 1953 die Lastwagen-Baureihen (schwerster Typ war der Typ-S-Siebentonner) zumindest optisch modernisiert wurden und als A-Modelle vermarktet wurden, bot Bedford mit Dieselmotoren von Perkins erstmals eine Alternative zu den durstigen Ottomotoren. Ein Großauftrag des Militärs, der den Bedford-RL-Typ zum Standard-Dreitonner der Streitkräfte werden ließ, erforderte 1954 den Umzug von Luton in größere Werksanlagen nach Dunstable. Auf dem Zivilsektor lösten die Frontlenker der TK-Reihe die S-Serie ab, wobei hier der Motor hinter den Sitzen eingebaut und über seitliche Klappen zugänglich war. Zu den Neuheiten des Jahres 1960 gehörte auch eine Doppelschaltachse. Extrem erfolgreich agierte Bedford auch mit den darunter angesiedelten TJ-Pickups, die letztlich den Bereich von 1,5 bis sieben Tonnen abdeckten und im Ausland zum Teil noch bis Anfang der Neunziger produziert wurden. Mitte der Sechziger änderten sich die britischen Zulassungsbedingungen, was die britische GM-Tochter nutzte, um 1967 mit dem KM in den Schwerlastbereich vorzustoßen. 1974 kam in der schweren Klasse dann die TM-Reihe mit Kippkabine dazu, die erste schwere Lastwagen-Baureihe des Unternehmens nach den neuen Europa-Richtlinien mit V6- und V8-Zweitaktern von Detroit Diesel und bis zu 42 Tonnen. Größter Abnehmer war einmal mehr die Army. Die TM-Reihe wurde 1982 umfassend renoviert, für Vortrieb sorgten Cummins-Diesel. Zu einiger Bekanntheit in Deutschland brachte es nach 1973 lediglich der Bedford Blitz, die germanisierte Ausführung der zwischen 1969 und 1988 gebauten Bedford CF-Transporterreihe mit bis zu 3,3 Tonnen. Als der letzte CF vom Band lief, war Bedford längst schon Geschichte: Nach 1980 führte GM seine Nutzfahrzeugsparte unter der Bezeichnung »Bedford«. Letzte Neukonstruktion war der modern gestylte TL. Dennoch blieben die Bedford-Zahlen schlecht, auch nach der Verschmelzung mit Leyland. 1983 wurde Bedford Teil der weltweit agierenden GM-Nutzfahrzeugsparte, 1986 beschlossen die Amerikaner, die britische Lastwagenproduktion zu beenden. Die Werksanlagen und Rechte wurden 1987 an den Traktorhersteller David J.B. Brown verkauft, der unter dem Markennamen AWD produzierte. Der Versuch aber scheiterte, 1992 war AWD am Ende.

Ausschlaggebend für den Erfolg von Bedford war der famose Chevrolet-OHV-Reihensechszylinder. Auch dieser Bedford der M-Serie hat ihn. 1953 wurde die Serie abgelöst.
(Foto: © Chris Sampson, CC-BY-SA-2.0)

Die Allrad-Ausführung von Bedfords schwerer S-Serie hieß RL und avancierte zum Standard-Lkw der britischen Armee. Vorgestellt wurde er 1953. Hier ein ziviler 4x4 für Erdbohrungen in Zypern. (Foto: © Christos Vittoratos, CC-BY-SA-2.5)

Der Bedford TL wurde zwischen 1980 und 1986 gebaut. Zwei Jahre nach dem Ende von Bedford wurde der TL von AWD wieder aufgelegt und bis 1992 produziert. Turbo-Diesel kamen erst 1984 ins Programm. (Foto: © Sludge, CC-BY-SA-2.0)

Bedfords TJ-Serie war in Indien und Pakistan außerordentlich populär. Hindustan Motors produzierte dort die schweren Ausführungen J5/J6 für die dortigen Märkte, konnte sich aber nicht gegen Tata und Ashok-Leyland durchsetzen.

Commer baute auf Basis der zivilen Superpoise-Reihe zwischen 1952 und 1956 den Q4 mit 4,8-Liter-Sechszylinder und einer Nutzlast von drei Tonnen. (Foto: © Alf van Beem)

Commer VB mit Aufbau als Pferdetransporter, 1968. Die V-Serie gab's mit Perkins-Dieseln oder – selten – mit den Ottomotoren der Superpoise-Reihe. Praktisch baugleich auch mit Karrier-Logo zu haben. (Foto: © Charles 01, CC-BY-SA-3.0)

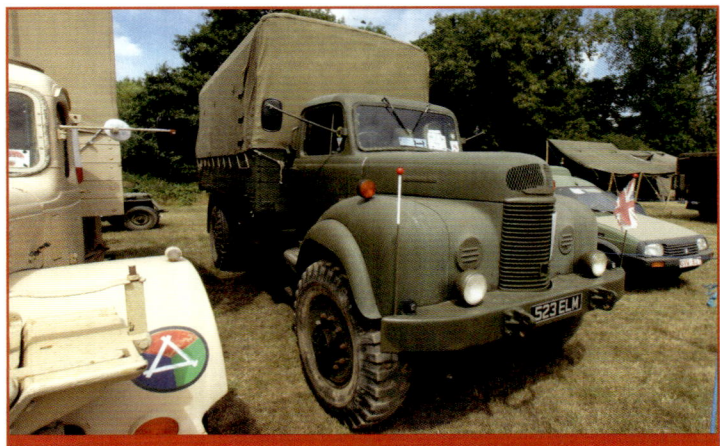

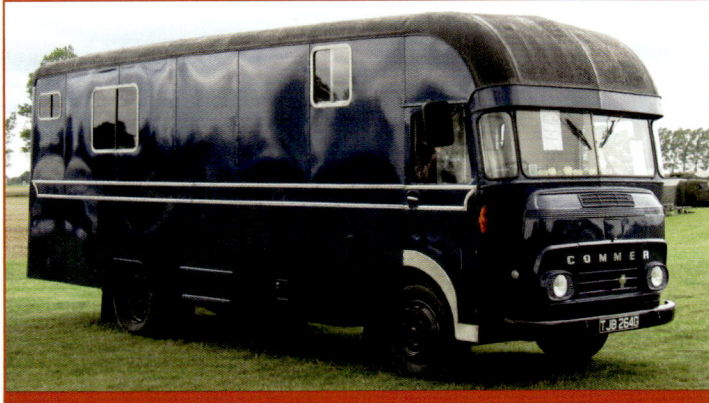

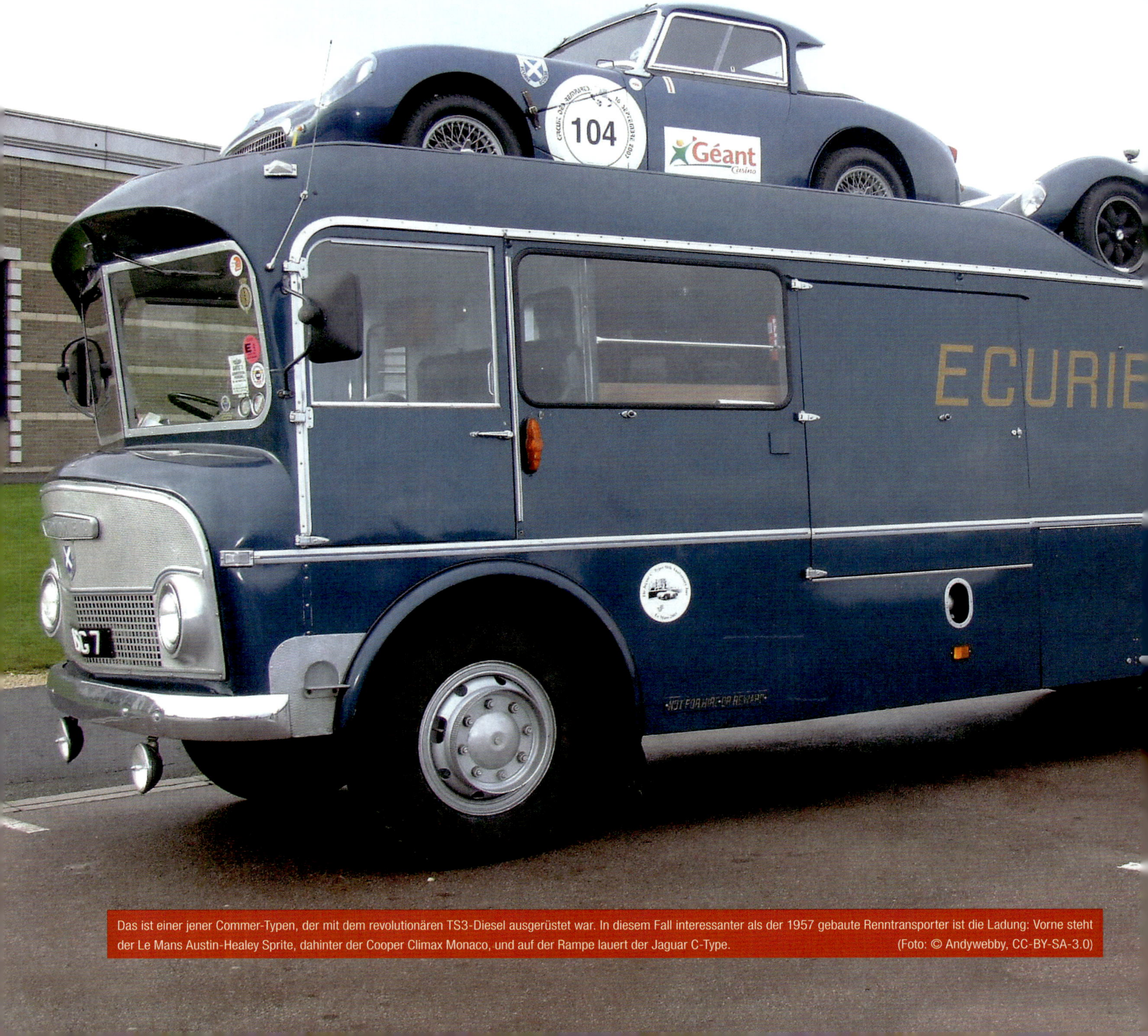

Das ist einer jener Commer-Typen, der mit dem revolutionären TS3-Diesel ausgerüstet war. In diesem Fall interessanter als der 1957 gebaute Renntransporter ist die Ladung: Vorne steht der Le Mans Austin-Healey Sprite, dahinter der Cooper Climax Monaco, und auf der Rampe lauert der Jaguar C-Type. (Foto: © Andywebby, CC-BY-SA-3.0)

Commer gehörte zu den Stammlieferanten der Post. Begonnen hat es 1960 mit dem FC, führte dann weiter über den PB 1967 zum SpaceVan von 1974, der danach bis 1976 als Dodge oder Fargo verkauft wurde. (Foto: © Baykedevries, CC-BY-SA-3.0)

Die Commercial Car Company, Ltd. wurde im September 1905 gegründet, wobei, wie so oft in der Automobilgeschichte, die Kombination aus begnadetem Ingenieur und finanzkräftigem Investor Erfolg brachte: Der Ingenieur hieß Halford, hatte bereits 1903 einen Prototypen gebaut und sich ein Vorwählgetriebe mit Klauenkupplung patentieren lassen, das geschmeidiger und leiser agierte. Mit dieser technischen Innovation entstand im Londoner Süden ein (ziemlich primitiven) Viertonner-Prototyp. Der erste Serien-Lastwagen verließ das neue Werk in Luton Ende 1906. Diesen Commer – unter diesem Markennamen verkaufte das Unternehmen seine Fahrzeuge – folgte kurz darauf ein erster Omnibus. Es dauerte nicht lange, bis sich der Erfolg einstellte. In den Jahren bis zum Ausbruch des Krieges erweiterte Commer seine Palette an Lastwagen und Omnibussen stetig. Flaggschiff war der Siebentonner, das mit über 3000 gebauten Exemplaren erfolgreichste Modell war der Viertonner RC, der in erster Linie für das Militär gebaut wurde. Commer verwendete Vierzylinder-Benzinmotoren aus eigener Herstellung von 3,0 bis 6,3 Litern Hubraum und einer Leistung von 20 bis 40 PS. Die Kraftübertragung erfolgte normalerweise über Kette, es gab aber auch Kardan-Fahrzeuge. Aus Kapazitätsgründen hatte Commer seine 1,5- und 2,5-Tonner bei der Firma Shefflex Motor bauen lassen; nach Kriegsende verkaufte Shefflex dann die Commer-Konstruktionen unter eigenem Signet weiter, was den Druck auf Commer erhöhte. Und der war ohnehin gewaltig, denn nach Kriegsende gab es ein Überangebot an Lastwagen und Omnibussen. Wie andere Hersteller auch geriet Commercial Cars in erhebliche Schwierigkeiten, stellte sich 1919 neu auf und war 1923 wieder am Ende. Dass in Luton nicht ganz die Lichter ausgingen, war Humber in Coventry zu verdanken, das im Oktober 1925 den insolventen Bus- und Lastwagenhersteller übernahm und in Commer Cars umbenannte. Im November 1928 ging die Humber-Gruppe an Rootes. Die neuen Eigner investierten in Technik, Konstruktion und Fertigung, wobei Commer dann geeignete Motoren aus dem Humber-Programm erhielt. Größtes Modell Anfang des neuen Jahrzehnts war der 6-7-Tonner G6 mit 100-PS-Sechszylinder-Motor und nach vorne versetzter Kabine. 1934 verleibte sich die Rootes-Gruppe den in Schwierigkeiten geratenen Lkw-Bauer Karrier Motors (der 1924 mit dem 6x4-Typ WO6 den ersten britischen Dreiachser gebaut hatte) ein und verlegte dessen Fertigung ins Commer-Werk, was zu einer gewissen Vereinheitlichung der Baureihen führte. Im Zweiten Weltkrieg produzierte die Rootes-Tochter rund 20.000 Lastwagen und Spezialfahrzeuge für das Militär. Erste Neuerscheinung nach dem Krieg war der Superpoise von 1948 mit einer Haube im Humber-Pkw-Stil; technisch interessanter dagegen die neue QX-Reihe mit Frontlenker-Fahrerhaus und Sechszylinder-Diesel in Unterflur-Anordnung; Tillings-Stevens (TS) hatte 1937 erstmals mit einer solchen Einbaulage experimentiert. Commer war neben Leyland und Sentinel einer der Pioniere auf diesem Gebiet. Zum Markenzeichen avancierten aber die Dreizylinder-Zweitakt-Gegenkolbendiesel, sie galten als stark, sparsam und standfest. Die entsprechende Vierzylinder-Variante hieß TS4, kam aber nicht mehr zum Einsatz. Bei den Ottomotoren handelte es sich um Humber-Entwicklungen, die konventionellen Dieselmotoren lieferte Perkins zu. Im Premierenjahr des TS3 – nach dem Umzug nach Dunstable – führte die Nutzfahrzeugsparte von Rootes ihren ersten Dreiachser ein, der auf 10 t zul. Gesamtgewicht ausgelegt war; zehn Jahre später brachte Commer aufgrund der geänderten Gesetzeslage einen neuen Schwerlastwagen (Maxiload) mit 16 t zul. Gesamtgewicht an den Start. 1964 begann Chrysler, sich bei Rootes einzukaufen und brachte seine Nutzfahrzeugsparte Dodge mit. Die britische Dodge-Fertigung wurde ins Werk Dunstable verlegt und die Baureihen von Commer, Karrier und Dodge weitgehend vereinheitlicht. Die letzte Neuentwicklung war die Neuauflage des Commando von 1974. Zwei Jahre später waren dann Commer wie auch Karrier Geschichte; die Lieferwagen und Transporter trugen den Dodge-Schriftzug. 1979 stieß Chrysler seine europäischen Beteiligungen ab, die Nutzfahrzeugsparte ging an den neuen Mehrheitseigner Renault Véhicules Industriels, der 1981 zunächst den Commando mit neuem Grill und unter neuem Namen weiterbaute. 1992 schließlich gingen in Dunstable, das zuletzt Renault-Fahrzeuge und Motoren gebaut hatte, die Lichter aus.

DODGE

Bis 1922 waren die amerikanischen Dodge Brothers auf dem britischen Markt durch den Mehrmarkenhändler Charles Jarrott and Letts vertreten, nahmen aber dann den Vertrieb in die eigene Hand. Die britische Niederlassung handelte zunächst mit Ersatzteilen in bescheidenen Räumlichkeiten in Fulham. 1924 erfolgte der Umzug in größere Werkstätten, dort begann dann die Montage eines Transporters mit 0,75 Tonnen Nutzlast unter dem Label »Graham«, einer jungen Firma, die sich auf den Bau von Dodge-Lastwagen spezialisiert hatte, nachdem Dodge selbst nur wenig Ambitionen auf diesem Gebiet gezeigt hatte. Allerdings wurde im Folgejahr Graham von Dodge übernommen, und die Graham-Lastwagen – jetzt mit bis zu 1,25 Tonnen – liefen unter dem Dodge-Label, und das auch nach der Übernahme von Dodge durch Chrysler 1928. Es kam zur Verlegung der Produktion nach Kew. Dort erfolgte auch der Schritt hin zu schweren Lastwagen bis hoch zum Fünftonner, wobei seit 1933 die Chassis aus britischer Fertigung stammten – in dem Fall von einem Zulieferer –, während die (Benzin-)Motoren von der US-Mutter stammten. Erst 1938 erschien der erste echte britische Dodge, den es wahlweise auch mit britischem Perkins-Diesel gab. Während der Kriegsjahre baute Dodge nur wenige Lastwagen (eine Ausnahme war der Sechstonner »Major«), in der Hauptsache aber Flugzeugteile, etwa für die großen viermotorigen Halifax-Bomber. Wie überall sonst, waren die ersten Lastwagen der Nachkriegsjahre Neuauflage der Kriegs- und Vorkriegstypen, zumindest optisch neu waren die Dodge »Kew« von 1949 mit neuem Fahrerhaus von Briggs; wobei die Kabinen im Prinzip auch bei Ford (Thames ET6) und Leyland (Comet Serie I) Verwendung fanden. Das machte eine Unterscheidung schwierig, und da der Kabinen-Zulieferer seine Stahlblech-Pressteile auch an andere Lkw-Hersteller abgab, ähnelten die Dodge-Trucks jenen Lastwagen der Konkurrenz. Mitte der Fünfziger erschien der erste Siebentonner – wieder mit Perkins-Sechszylinder-Diesel. 1957 kam dann die neue Frontlenker-Baureihe 300, mit der Dodge in die schwere Lastwagenklasse vorrückte. Größter Vertreter der 300er-Reihe war ein Schwerlastwagen mit 14 Tonnen Gesamtgewicht und Dieselmotoren von AEC, Perkins oder Leyland. Das Fahrerhaus wiederum stammte von Motor Panels und kam auch bei Leyland und Albion zum Einsatz. Die leichtere 200er-Serie erhielt zum Ende des Jahrzehnts ebenfalls eine neue Kabine. Die Nachfolge der 300er-Serie trat die neue 500er-Reihe von 1964 an mit Kippkabine im Ghia-Design; beim Motor handelte es sich um einen von Chrysler in Lizenz gebauten Cummins-V-Diesel, den es mit sechs (140 PS) und acht Zylindern (185 PS) gab. Der Zweiachser war auf zehn, der Dreiachser auf 15 und der Vierachser auf 28 Tonnen ausgelegt. Um den darüber liegenden Bereich abzudecken, importierte Chrysler Anfang der Siebziger dann den R38, einen bei Barreiros in Spanien gebauten Sattelschlepper für die Klasse bis 38 Tonnen, die 1982 endgültig vom Markt genommen wurde. Der 500er hielt nicht so lange durch, diese Serie fiel nach dem Verkauf der europäischen Chrysler-Liegenschaften 1977 aus dem Programm. Die komplett vollzogene Übernahme der Rootes-Gruppe durch Chrysler 1967 führte zu erheblichen Änderungen in der Dodge-Modellpalette. Die Fabrik in Kew schloss und die Nutzfahrzeugproduktion wurde nach Dunstable zu Commer (bzw. Karrier) verlegt, der Truck-Division des britischen Mehrmarken-Konglomerats. Damit begann die Angleichung der Marken. Der erste neue Dodge, der Typ 100 »Commando«, war demzufolge eigentlich ein Commer und deckte den Bereich von 7,3 bis 21,8 Tonnen ab. Ursprünglich mit Rootes-Diesel geplant, wurden dann Vier- und Sechszylinder-Perkins mit und ohne Aufladung sowie – für die schweren Klassen – der Mercedes-Benz-Diesel OM 352 verbaut. Die Serie 100 lief nach 1974 unter verschiedenen Markennamen rund 15 Jahre lang vom Band, zuletzt als »Renault Commando«. Der Dodge 50, der spätere Renault 50, deckte den Bereich von 3,5 bis 7,5 Tonnen ab und lief zwischen 1979 und 1993 in einer Vielzahl von Radständen und Konfigurationen vom Band. Je nach Nutzlastklasse gab es zwei Fahrerhäuser, der Typ erreichte aber nie die Popularität von Renaults Master-Reihe. Nachdem Renault die Serie auslaufen ließ, wurden die Produktionsanlagen nach China verkauft, wo der ehemalige Dodge von Commer weitergebaut wurde.

Ein »Papageienschnabel«-Dodge mit Stahlblech-Fahrerhaus von Briggs. Das verwendeten auch Thames und Leyland, was mit dazu beiträgt, dass britische Lastwagen so schwer voneinander zu unterscheiden sind.

Angegammelter Dodge aus der 300er-Serie (1957–1965) aus dem britischen Werk in Kew mit LAD-Fahrerhaus. Der Motor? Leyland oder Perkins. (Foto: © Alan, CC-BY-SA-2.0)

Innerhalb von Chryslers Mehrmarken-Familie war Barreiros für die schwere Klasse zuständig. Dieser 1974er C-38 Turbo 300 hat 275 PS. (Foto: © Spanish Coches, CC-BY-SA-2.0)

Nachdem die Rootes-Gruppe Barreiros übernommen hatte, war Dodge der Weg in höhere Gewichtsklassen verschlossen, der schwerste Vertreter dieser Gattung war ein Kipper mit 16 Tonnen Gesamtgewicht. Die 100er-Serie war im Grunde genommen ein umetikettierter Commer Commander. (Foto: © Felix O, CC-BY-SA-2.0)

ERF-Dreiachser der B-Serie von 1974 mit einer Kabine in Gemischtbauweise aus Stahlskel- let und Kunststoff-Teilen. (Foto: © Chris Sampson, CC-BY-SA-2.0)

Die Kabinen der KV-Serie von 1954 galten damals als hochmodern, außerdem verbaute ERF eine zwangsgelenkte Hinterachse. (Foto: © Supermac1961, CC-BY-SA-2.0)

Mit schweren Vierachsern wurde ERF berühmt: 8x4 aus der C-Serie als Schausteller-Fahrzeug. Der Unterschied zur B-Serie war nicht groß und die Motorauswahl ähnlich. Auf die C- folgte die E-Serie und dann, 1993, die EC-Reihe, allesamt mit der Kabine in Gemischtbauweise. (Foto: © Felix O, CC-BY-SA-2.0)

ERF ging erst zu Western Star, dann an MAN. Die letzten Lastwagen verließen Sandbach 2002.
(Foto: © Pedro Reyna, CC-BY-SA-2.0)

Die Abkehr vom traditionsreichen und von Foden zäh verteidigten Dampfwagen hin zu zeitgemäßeren Dieseln ging Edwin Richard Foden, dem Sohn des Firmengründers, nicht schnell genug. Diese Differenzen mit den anderen Mitgliedern des Foden-Aufsichtsrates führten 1932 zum Ausscheiden. Ein Jahr später kehrte Foden zurück und baute, nicht weit vom Stammwerk entfernt, ein eigenes Werk auf für die Produktion von Diesel-Schwerlastwagen. Das 1933 gegründete Unternehmen trug seine Initialen und hieß ERF. Die Lastwagen der neuen Firma hatten viel Ähnlichkeit mit den alten Foden-Trucks, denn die Frontlenker-Fahrerhäuser und der Antriebsstrang stammten von Foden-Zulieferern. Erstaunlicherweise überlebte ERF diese wirtschaftlich katastrophalen Jahre, weil man ausschließlich Schwerlastwagen anbot und auf eine allzu große Fertigungstiefe verzichtete. Der erste Lastwagen mit ERF-Logo war der Typ C 14 mit Gardner-LW-Diesel, ein Sechs-/Siebentonner mit David-Brown-Getriebe und zwei Achsen. Der Konfektionslastwagen wurde im ersten Jahr 14 Mal gebaut, in den Lieferlisten stand er noch bis 1946. Es folgten weitere Drei- und Vierachser sowie Zugmaschinen. ERF war der erste Hersteller eines Dreiachsers mit zwangsgelenkter Nachlaufachse. In den Kriegsjahren produzierte ERF für das Militär. Erste Nachkriegs-Neuentwicklung war die V-Reihe von 1948, die natürlich, wie alle britischen Neukonstruktionen, den besonderen (und sehr rigiden) britischen Zulassungsvorschriften entsprechen mussten. Diese Bestimmungen etwa die Achslasten betreffend, führten auch bei ERF zu den typischen Vierachsern mit bis zu 15 Tonnen Nutzlast. Firmengründer Edwin Richard Foden starb 1950, sein Unternehmen lebte weiter und entwickelte sich prächtig: 1951 kam, vornehmlich für Exportzwecke, eine Stahlblechkabine (die es für die Inlandsmodelle gegen Aufpreis gab) der Firma Willenhall. Knapp zwei Jahre später zeigte ERF ein komplett neues Kabinendesign. Kennzeichen der KV-Familie war die ungewöhnliche Frontgestaltung mit ovalem Kühlergrill und geteilter Panoramascheibe, außerdem rüstete ERF technisch auf, etwa in Sachen Bremsanlage – Scheibenbremsen bot 1958 noch kein anderer Hersteller – und erweiterte die Motorenpalette um Cummins- und Rolls-Royce-Diesel. ERF war stark exportorientiert, zu den Hauptabsatzmärkten gehörte das Commonwealth, also die (ehemaligen) Kolonien. Zu den wichtigsten Neuerungen des Unternehmens, das nie zu den Großen der Branche gehörte – Anfang der Sechziger beschäftigte ERF nicht mehr als 315 Mitarbeiter – gehörte die LV-Baureihe von 1961 mit neuer Kabine und Federspeicherbremse; 1965 folgte die Eröffnung eines Montagewerks in Südafrika. 1967 begann im ERF-Stammwerk in Sandbach der Bau von Feuerwehr-fahrzeugen, 1970 kam dann unter neuer Leitung eine neue Baureihe mit Kennbuchstaben A. Diese war rationeller zu fertigen und auf eine Großserienfertigung ausgelegt, die Motoren stammten von Gardner und Cummins. Allerdings waren die britischen Schwerlastwagenhersteller durch das Limit auf 32 t Gesamtgewicht nicht für den Export nach Europa geeignet, erst der sich abzeichnende Beitritt Englands in die EWG brachte Bewegung in den weitgehend abgeschotteten Markt: Auf der Nutzfahrzeugmesse in London stand 1962 eine zweiachsige Zugmaschine für 38 t Gesamtgewicht und 240-PS-Diesel von Gardner. Der Beitritt wurde zum 1. Januar 1973 wirksam und eröffnete Chancen für den Export nach Europa, die britischen Hersteller waren Leichtbau-Spezialisten. ERF, die Nummer fünf auf dem britischen Markt für Schwerlastwagen, unterzog seine Modelle einer stetigen Weiterentwicklung, letzte echte Neuentwicklung war die EC-Baureihe von 1993 mit Cummins-Diesel, zu der auch eine schwere Sattelzugmaschine für den Fernverkehr gehörte: Von allen britischen Lastwagenherstellern hat es lediglich ERF geschafft, den Anschluss an die internationale Konkurrenz zu halten. Drei Jahre später wurde Englands letzter unabhängiger Lkw-Hersteller von der kanadischen Western Star übernommen. Die neuen Eigner führten einige Modelle unter eigener Bezeichnung fort, wurden aber ihrerseits im Februar 2000 von der deutschen MAN geschluckt. Die letzten ERF waren MA-F- und TGA-Modelle mit eigenem Schriftzug, die Produktion erfolgte in den deutschen Lkw-Werken. In England wurden nun noch Lastwagen für die britische Armee gebaut. Nachdem 2007 deren Produktion auslief, bedeutete das auch das Ende für die Traditionsmarke.

FODEN

1856 heuerte der 15-jährige Edwin Foden als Lehrling bei einer Landmaschinenfabrik an, und arbeitete sich – nach einem kurzen Abstecher in den Lokomotivbau – dort hoch, zehn Jahre später war er Teilhaber, dann Alleininhaber. Seine große Erfindung war die Entwicklung einer leistungsstarken, aber unkompliziert zu bedienenden Verbund-Dampfmaschine. Diese Entwicklung war bahnbrechend für den Bau von Dampflastwagen. Forden selbst konstruierte 1882 einen ersten Dampftraktor mit Zweizylinder-Verbundmaschine; stellte um 1900 einen ersten Dampflastwagen her und entwicklte eine Variante für das Militär, die sich bei den Versuchs- und Vergleichsfahrten im folgenden Jahr glänzend schlug. Dennoch entschied sich die Armee für den Wagen von Thornycroft, was für einen kleineren Skandal sorgte und auch im Parlament diskutiert wurde. Dennoch: Das Design dieses Militär-Lkw war wegweisend und wurde im Grunde für die nächsten drei Jahrzehnte beibehalten. 1902 begann dann die Produktion eines Fünftonners (die 1923 erst auslief), ein weiterer Meilenstein war der Steam Wagon von 1904. Edwin Foden starb 1911, seine Firma produzierte bis 1931 ausschließlich Dampffahrzeuge – laut Eigenwerbung »The most economical system of transport in the world« –, um dann auf Diesel-Motoren umzusteigen. Dieser erste Diesel-Sechstonner mit Gardner-Motor von 1931 blieb zunächst ein Prototyp, denn innerhalb des Vorstandes herrschte schon lange Streit um die künftige Ausrichtung: Dampf oder Diesel? Für die Fodens-Söhne, William und Edwin Richard, war die Sache klar: Die Zukunft gehörte dem Diesel, doch die Widerstände waren zu groß. William schied 1924 aus dem Vorstand aus und ließ sich in Australien nieder, Edwin Richard vollzog einen Rückzug auf Raten und kehrte Foden, nachdem er den Diesel-Lkw nicht durchdrücken konnte, den Rücken. Er begann dann unter dem Markennamen ERF selbst mit dem Lastwagenbau auf Basis des Foden-Prototyps. William hingegen kehrte 1935 in das inzwischen kurz vor der Pleite stehende Stammwerk zurück. Jetzt hatte er freie Hand, stellte nach 6500 Fahrzeugen den Dampfwagenbau ein, professionalisierte die Geschäftsabläufe und baute ein Diesel-Lkw-Programm auf, das aus drei Grundtypen mit vier bis 15 Tonnen Nutzlast bestand und ebenfalls auf den Prototyp von 1931 zurückging. Die komplett neue Lastwagenreihe von 1937 beendete die Talfahrt des Unternehmens. Im Krieg baute Foden im Auftrag des Verteidigungsminsteriums 1750 Fahrzeuge, darunter 6x4-Dreiachser sowie Panzerkampfwagen. Hauptaufgabe war aber die Produktion von 20-mm-Geschosshülsen. Nach 1945 entstand am Firmensitz in Sandbach eine völlig neue Reihe von schweren Kipplastern und Muldenkippern für die Bauwirtschaft, neue Zweitakt-Dieselmotoren mit Rootskompressor als Sechszylinder folgten. Nach wie vor aber standen Sechs- und Achtzylinder von Gardner zur Verfügung. Das Spitzenmodell der 1949 präsentierten FG-Reihe schaffte als Tieflader ein Zuggewicht von bis zu 100 Tonnen. Der typische Foden-Bau-Lkw war zu jener Zeit ein drei- oder vierachsiger Muldenkipper mit 150-PS-Frontlenkermotor und Zwölfgang-Gruppenschaltgetriebe. Zur Londoner Nutzfahrzeugmesse 1962 stellte Foden die S24-Kabine vor, die erste kippbare Fahrerhauskabine eines britischen Lkw-Werkes. Im Zuge des angestrebten britischen EWG-Eintrittes wurden zur Mitte des Jahrzehnts die britischen den europäischen Bestimmungen in Gewicht und Abmessungen angenähert, was zum Verschwinden der bisher den englischen Markt dominierenden Vierachser führte und auch dem 1964 präsentierten TwinLoad, einer vierachsigen Zugmaschine (zwei gelenkte Vorderachsen, Schneckenantrieb für die beiden Hinterachsen) mit Pritsche und Sattelkupplung für einen einachsigen Auflieger, das Aus bescherte. Anfang der Siebziger begann Foden, einer der wenigen noch unabhängigen Nutzfahrzeugproduzenten Englands, mit der Planung und dem Bau eines teuren, auf 6000 Einheiten ausgelegten neuen Lkw-Werkes. Als es 1974 in Betrieb ging, war der britische Lastwagenmarkt praktisch zusammengebrochen, nur massive Staatshilfe bewahrte Foden vor dem Untergang, ohne aber die Übernahme durch den amerikanischen Paccar-Konzern (zu dem auch Peterbilt, Kenworth und ab 1996 DAF gehörten) verhindern zu können. 2001 kam mit der neuen NG (»Next Generation«) auf DAF-95-Basis die letzte neue Foden-Familie, bevor 2006 Paccar die Marke einstellte.

1923er Foden Steamer. (Foto: © Sicnag, CC-BY-SA-2.0)

Ein Foden DG, wie er zwischen 1936 bis 1938 gebaut wurde. Das war der erste mit Gardner-Dieselmotor. Der langsame Umstieg auf Dieselmotoren führte zur Gründung von ERF.
(Foto: © Paul Stainthorp, CC-BY-SA-2.0)

Fodens letzte Baureihe war der Alpha. Das Stahlblech-Fahrerhaus, zuletzt 2001 aufgefrischt, stammte aus dem DAF-/Paccar-Konzernbaukasten.
(Foto: © David Wright, CC-BY-SA-2.0)

Ein Foden-Dreiachser aus der S80-Familie als Schaustellerfahrzeug. Diese Baureihe wurde zwischen 1972 und 1975 produziert, Foden-Kunden konnten Cummins, Gardner oder Rolls-Royce-Diesel ordern. Die Facelift-Variante S83 mit großem Plastik-Schriftzug am Grill stand bis 1977 im Angebot.
Foto: © Martin Pettitt, CC-BY-2.0

Fordson E83W (in diesem Fall ein Exemplar von 1954 und damit streng genommen ein Thames), dahinter ein Transit A von 1968: Ford war über Jahrzehnte der größte britische Nutzfahrzeughersteller. (Foto: © Foto: Charles 01, GNU)

Mit der D-Reihe von 1965 stellte sich Ford breiter auf als jeder andere britische Nutzfahrzeughersteller: Die Trader-Nachfolger mit Kippkabine deckten den Bereich von zwei bis 28 Tonnen Gesamtgewicht ab. (Foto: © Foto: Charles 01, GNU)

Die F-Serie (mit eigenen Otto- und Dieselmotoren) wurde in diversen Ausführungen bis 1965 gebaut und dann durch die D-Reihe ersetzt. Das europäische Ford-Lkw-Geschäft beschränkte sich nach 1981 im Wesentlichen auf die Cargo-Familie und die Fernverkehrsreihe Transcontinental; seit dem Verkauf an Iveco stützt sich das Nutzfahrzeuggeschäft auf die Transit-Transporter. (Foto: © Alfa van Beem)

FORD (THAMES)

Die Kurzhauber der FC-Reihe (hier ein Abschleppwagen der zweiten Serie von 1962) stellten eine Alternative dar zu den klassischen Haubern. Die Markenbezeichnung Trader verschwand mit dem Wechsel zum D-Typ.   (Foto: © Elsie, CC-BY-SA-2.0)

Die Geschichte von Ford als Englands zeitweise wichtigstem Nutzfahrzeughersteller beginnt 1908 mit dem Import von Model-T-Lieferwagen aus den USA. 1911 begann dann die Montage dieser Variante im Montagewerk Trafford Park, Manchester; dieser mit verschiedenen Ausführungen lieferbare Typ blieb, so lange das T-Model gebaut wurde, aktuell. Darüber hinaus bot Ford auch Fordson-Traktoren und anderes landwirtschaftliches Großgerät an. Im Ersten Weltkrieg lieferte Ford rund 19.000 Model T an das britische Militär. Mit dem Übergang zum A-Typ 1929 etikettierte Ford seine Lastwagen-Ausführungen (die zunächst AA hießen) mit dem Label Fordson und verlegte 1931 die Produktion nach Dagenham. Noch immer basierten die Lastwagen auf den jeweiligen Ford-Pkw-Modellen, beim Übergang zum B-Modell 1932 kam auch eine neue Lastwagen-Ausführung (BB). Im Grunde genommen sollte diese Vierzylinder-Baureihe, in verschiedenen Ausführungen und Weiterentwicklungen, über 20 Jahre im Programm bleiben. Mitte der 30er-Jahre gingen die deutschen wie auch die britischen Fordson-Typen zumindest optisch getrennte Wege, was auch in der Typenbezeichnung zum Ausdruck kam, denn die auf der Insel gebauten Last- und Lieferwagen hießen ab 1939 »Fordson Thames«, später auch »Ford Thames«. Fords wichtigster Beitrag zu den Kriegsanstrengungen der britischen Army bestanden im 1937 präsentierten BB-Nachfolgetyp 7V mit 3,6-Liter-V8, der wie auch sein deutsches Gegenstück B-3000 zu den Standard-Lastwagen der jeweiligen Armeen gehörte. Anders als in Deutschland bot Ford of Britain mit dem zwischen 1938 und 1957 gebauten E83W auch einen Transporter mit 0,5 Tonnen Traglast an. In den schwereren Klassen brachte die Nachkriegszeit eine Neuauflage der Vier- und Achtzylinder-Vorkriegstypen. Das Pendant zur deutschen Ford Ruhr/FK-BB-Serie hieß Fordson Thames ET6 (mit dem 3,6-Liter-V8) und ET7 (mit 4,7-Liter-Perkins-Diesel) und stand zwischen 1949 und 1957 im Programm. In Deutschland dagegen kam erst 1951 eine neue Lastwagen-Baureihe, diese FK-Typen hatten, ähnlich den ET-Typen, eine neue Haube im Stil des US-Typs »F«. Auch bei Ford of Britain gab es 1957 einen F-Typ; bei diesem Thames Trader FC (der die Nachfolge der ET-Serie antrat) stand das »FC« für »Forward Control«, Frontlenker, und deckte den Nutzlastbereich von zwei bis sieben Tonnen ab. Nachdem die FK-Typen in Deutschland nicht mehr weitergebaut wurden, verlegte Ford die Montage nach Dagenham. Dort wurde der FK mit geändertem Grill, aber mit zuverlässigeren Motoren nach 1962 als konservativere Alternative zur FC-Serie angeboten. Die Markenbezeichnung »Trader« verschwand 1965 wieder, jenes Jahr sah die erste Transit-Transporterreihe im Programm und die mittelschwere D-Serie mit modernem Frontlenker-Fahrerhaus, die in Spanien und Südkorea in Lizenz gebaut wurde. In Deutschland lief dieser im Werk Amsterdam gebaute Ford-Typ ab 1970 als N-Serie. Von Anfang an als Schwachstelle galten die Motoren, zunächst standen nur betagte Vier- und Sechszylinder-Dieseldirekteinspritzer von Perkins zur Verfügung, die das Leistungsspektrum zwischen 76 und 144 PS abdeckten. Um die Lücke zwischen den Transit-Transportern und der D- bzw. N-Serie zu schließen, platzierte Ford of Britain die auf Transit-Komponenten basierende A-Serie im Bereich von 3,5 bis 6,5 Tonnen Gesamtgewicht. Die A-Serie wurde in den Transporterwerken in England und Irland gebaut und auch – mit mäßigem Erfolg – in Deutschland angeboten. 1981 löste der Typ »Cargo« die bisherigen Baureihen N und A mit Ford- und Perkins-Dieselmotoren ab, die Reihe deckte das Spektrum von 5,6 bis zu 38 Tonnen ab. In der schwersten Lastenklasse war Ford seit 1975 mit der H-Serie vertreten, wobei Cummins-Diesel zum Einsatz kamen. Auffallend bei dieser Fernverkehrs-Baureihe war das eckige, hohe Fahrerhaus von Berliet. Der im Amsterdamer Ford-Werk gebaute H »Transcontinental« konnte als 4x2- und als 6x4-Sattelzugmaschine sowie in gleicher Konfiguration als Fernlaster für 32 bis 42 Tonnen Gesamtgewicht geliefert werden. Ford bot diesen Typ vorwiegend mit Cummins-Dieseln an, wobei der aufgeladene Sechszylinder-Diesel in seiner letzten Ausbaustufe bis zu 352 PS abgab. 1982 verlegte Ford die Fertigung nach Dagenham; Renault verwendete nach dem Verkauf der Nutzfahrzeugsparte 1986 an Iveco die von Berliet stammende Ford-Kabine bei der R-Baureihe weiter, bis es sie 1994 durch das futuristische Magnum-Fahrerhaus ersetzte.

LEYLAND

Leyland ist der Name eines Orts in der britischen Grafschaft Lancashire, und so hieß auch jenes Mehrmarken-Konglomerat, das zum Auffangbecken der ehemals ruhmreichen britischen Automobilindustrie werden sollte. Gegründet 1896 als Dampfmaschinenfabrik, firmierte das Unternehmen 1907 nach der Neugründung als Leyland Motors. In den Jahren vor Kriegsausbruch umfasste das Produktionsprogramm dann Lieferfahrzeuge, Brauerei- und Tiefbett-Lastwagen, Busse und landwirtschaftliche Fahrzeuge mit Vier- und Sechszylindermotoren sowie Sechstonner mit Dampfantrieb. Nach Kriegsende, als niemand Interesse an neuen Lastwagen hatte, begann Leyland mit der Instandsetzung und Modernisierung von ausgemusterten Militär-Lastwagen, die dann günstig weiterverkauft wurden. Auf diese Art kamen bis 1926 rund 3000 Dreitonner wieder in Umlauf. Am Ende dieses Jahres verkaufte Leyland seine Dampfwagen-Produktion an Atkinson Walker. 1929 kam eine komplett neue Fahrzeuggeneration mit Tiernamen wie Dachs, Bison, Büffel, Bulle und Nashorn hinzu, welche die Basis für die Leyland-Produktion bis in die 50er-Jahre hinein bilden sollte; neues Flaggschiff im Programm war der Octopus von 1934, ein Vierachser mit zwei gelenkten Vorderachsen. In den Dreißigern folgten weitere Bus- und Lkw-Entwicklungen, neue 4,7-, 5,7- und 8,6-Liter-Diesel-Sechszylinder, Frontlenker-Typen und – in den Jahren 1939 bis 1945 – Kampfpanzer. Die erste neue Baureihe nach dem Krieg erschien Ende 1947 und hieß Comet. Diese Kurzhauber wurden bis 1960 gebaut, die Frontlenker-Ausführung Super Comet blieb, mit neuem Fahrerhausdesign, weiter im Programm. Die Nachkriegszeit brachte außerdem den Aufstieg zum größten britischen Lkw-Hersteller. Leyland übernahm Albion Motor Co. (1951), Scammell (1955), Standard-Triumph (1960) und Anteile an Foden (1961); und 1962 brachte den Zusammenschluss mit AEC (dem großen Konkurrenten auf dem LKW-Sektor, zu dem AEC, Maudslay, Crossley und Thornycroft gehörten). Diese rasche Expansion überforderte das mittlerweile 19.000 Mitarbeiter beschäftigende Unternehmen und machte ein Restrukturierung erforderlich. 1964 schied der letzte Nachfahre der Gründerfamilie Spurrier aus dem Vorstand. Donald Stokes, der 1930 als Lehrling bei Leyland begonnen hatte, trat seine Nachfolge an. Unter seiner Ägide kam es 1968 zum Zusammenschluss mit der kränkelnden British Motor Holdings samt deren Nutzfahrzeugsparte Guy Motors und BMC Trucks. Zum Zeitpunkt der Übernahme gehörten zum Leyland-Konzern 27 Unternehmen, darunter sechs Bau- und Nutzfahrzeughersteller. Die Fusion mit der BMH machte daraus ein Mammutunternehmen mit nahezu 100 verschiedenen Firmen und sieben Geschäftsbereichen. Die neue Gesellschaft hieß BLMC (British Leyland Motor Corporation) und war hoch defizitär, die ganze Gruppe musste 1975 verstaatlicht werden und hieß nach 1978 nur noch BL, British Leyland. Im Zuge dessen wurden bis auf die Kernmarke alle Lkw-Marken und -Werke stillgelegt und die Nutzfahrzeugsparte 1981 in drei Einzelunternehmen aufgesplittet. Hauptstandbein der Leyland Trucks war die im Vorjahr erschienene T45-Familie; leichte Nutzfahrzeuge baute British Leyland unter der 1981 aus der Taufe gehobenen Bezeichnung »Freight Rover«. Leichte wie schwere Lkw wurden, nachdem die neue britische Regierung unter Thatcher endgültig genug hatte vom Abenteuer Autobau, 1987 an die niederländische Firma DAF abgegeben und hießen nun »Leyland DAF«, diese Bezeichnung wurde aber nur noch in Großbritannien verwendet. Der Untergang des niederländischen Mehrheitseigners 1993 führte auch zum Zusammenbruch der britischen Tochter. Das Transporterwerk konnte durch ein Management-Buyout gerettet werden und machte dann unter dem Markennamen LDV Limited weiter. Zwei Jahre nach Übernahme von DAF durch Paccar übernahmen die Amerikaner 1998 einen weiteren Teil der ehemaligen Leyland-Gruppe, was dazu führte, dass bestimmte Kenworth- und Peterbild-Reihen mit Leyland-Kabinen und Chassis ausgestattet wurden. Die davon unabhängige LDV baute Leichtlastwagen und Transporter, neues Geld brachten 2006 die russischen GAZ-Werke mit. Die weltweite Finanz- und Wirtschaftskrise 2008 führte zur Produktionseinstellung bei LDV, wo zuletzt noch der Maxus produziert worden war. Dem Konkurs 2009 folgte der Weiterverkauf an einen chinesischen Hersteller, der den LDV-Transporter seit 2011 als SAIC Maxus verkauft.

Gesetzliche Vorgaben zu Achslasten und Gesamtabmessungen führten zu dem für Großbritannien typischen Solo-Vierachser. Der Leyland Octopus, erstmals 1932 vorgestellt und hier vom Baujahr 1935, war einer der ersten Schwerlastwagen nach diesem Rezept. (Foto: © Barry Lewis, CC-BY-SA-2.0)

Frühe Morris Commercial hatten Pkw-Technik. Dieser 1,8-Liter-Morris stammt von 1931.
(Foto: © Charles01, GNU)

Die LC-Reihe schloss die Lücke zwischen den Pkw-Transportern und den schwereren Lastwagen der P- und C-Serie. Die Reihe wurde bis 1960 gebaut. Hier ein LC4 von 1953 mit Austin-Motor.
(Foto: © Charles01, CC-BY-SA-4.0)

Der C8/GS (»General Service«) war eines der bekanntesten britischen Militärfahrzeuge im Krieg. Er hatte eine Nutzlast von 0,75 Tonnen und einen 3,5-Liter-Vierzylinder. Nach 1944 gab es ihn als C8 in 4x4-Ausführung, wobei das Fahrgestell von der FAT-Artilleriezugmaschine stammte. Ungewöhnlich ist die amerikanische Markierung.
(Foto: © Alf van Beem)

Nach 1956 waren die Modelle nur noch am Markenzeichen zu unterscheiden, Morris-FG/FM-Serie hieß bei Austin S200/S400.
(Foto: © Charles01, CC-BY-SA-2.0)

William Morris hatte 1893 als 16-Jähriger in Oxford eine Fahrrad-Reparaturwerkstatt eröffnet, fuhr Fahrradrennen, montierte selber Fahrräder, schuf 1900 sein erstes Motorrad und wurde 1902 Stützpunkthändler für verschiedene Fabrikate, so für Humber, Singer und auch Wolseley. Seine Firma hieß The Oxford Garage, eine Bezeichnung, die er 1910 in »Morris Garage«, Morris-Werkstätten, abänderte. Seinen ersten Wagen, den Morris Oxford (»Bullnose«), schuf er 1912. Die notwendigen Teile kaufte er zu. Nutzfahrzeuge baute Morris erst 1924, nachdem William Morris 1923 einen in Konkurs gegangenen Zulieferbetrieb (der in Schwierigkeiten geraten war, nachdem seine Hauptkunde Angus-Sanderson zahlungsunfähig war) aufgekauft hatte. Die Firma in Birmingham wurde zur Keimzelle der neuen Morris Commercial Car, die Rahmen und Chassis der größeren Morris-Personenwagen nutzte. Erstes Produkt der neuen Firma war ein Eintonner mit 14 oder 16 (Steuer-) PS, wobei Teile aus britischer Fertigung zum Einsatz kamen; der Motor selbst entstand nach einer Lizenz von Hotchkiss. Dieser Eintonner fügte sich bestens in das Subventionsschema der britischen Armee ein. Auf Basis dieses Typs entstanden 1926 drei Exemplare versuchsweise mit Roadless-Kettenlaufwerk; das Kettenlaufwerk fand sich dann auch bei einem leichten Panzerwagen, dem Morris-Martel. Hauptabnehmer für den 1927 präsentierten D-Typ war ebenfalls das britische Militär. Der leichte Dreiachser in der Nutzlastklasse bis 1,5 Tonnen gewann für Morris Commercial die Militär-Ausschreibung und avancierte zum Standard-Militärlastwagen der Briten. Der Typ wurde technisch kaum verändert, optisch dagegen schon, nachdem Morris (das seit 1930 in der ehemaligen Wolseley-Fabrik in Birmingham produzierte) die von AEC inspirierten mittelschweren Kurz- und Langhauber vorstellte. Die J-Serie (5 t) war kein sonderlicher Erfolg, die C-Serie (3 t) von 1931 lief als CD (C-Typ, D = Zwillingsachse) bei der Armee, die Nutzlast war auf zwei Tonnen reduziert. Für den Morris-C-Dreiachser sprachen der robuste, seitengesteuerte Vierzylindermotor mit 40, später 55 PS und das Vier- bzw. Fünfganggetriebe samt Untersetzung, was dem Morris eine erstaunliche Geländegängigkeit verlieh. 1936 mutierte der CD zum CD/SW (S = Sechszylinder, W = Winde), kenntlich an einer neuen Haube, die den geänderten Vorschriften der Army entsprach. Morris baute seine leichten Dreiachser bis 1939 in erster Linie für die Streitkräfte. Ebenfalls für das Militär (und mit der CD/SW-Schnauze) baute Morris ab 1934 die C-Familie in verschiedensten Ausführungen, so den CS8, einen 4x2-Zweiachser mit 0,75 Tonnen, oder den C8 Quad 4x4 als Artillerie-Zugmaschine. Für Vortrieb sorgte der seitengesteuerte Sechszylinder der EH-Serie mit 3,5 Litern Hubraum, die Leistung lag bei 60 PS. Die zivilen Fünftonner der C-Serie hießen »Courier«; deren angedachte Varianten mit acht und zwölf Tonnen gingen nicht in Produktion. Die Courier-Weiterentwicklung von 1938 hieß CV (»Equiload«), sie wurde bis 1948 weitergebaut, abgelöst von einem Frontlenker (Typ FV – die Militärvariante war aber ein Hauber) mit optionalem 4,7-Liter-Diesel nach Saurer-Lizenz. Es blieb bei einer Nutzlast von fünf Tonnen. Erster Nachkriegs-Transporter war der auf dem P-Chassis basierende Van PV (1946–1949) mit 0,9 Tonnen Nutzlast und 1,5-Liter-Motor aus dem Morris Oxford; letzte Lkw-Baureihe vor der Übernahme war die NVS/NVO-Serie mit drei und fünf Tonnen Nutzlast, die ihre letzte Ausprägung in der FG-Reihe von 1960 fand und auch als Austin S-Serie verkauft wurde: 1952 war aus der Morris- und der Austin-Gruppe die British Motor Corporation (BMC) entstanden. Die nach 1954 angebotenen Morris-Commercial-Lkw erhielten das neue, einheitliche Frontlenker-Fahrerhaus, das die zum Konzern gehörende Willenhall Motor Radiator Co. lieferte, wobei sich die Trucks lediglich im Grill unterschieden. Nach 1956 war nur noch das Markenzeichen unterschiedlich, und Morris verzichtete auf den Zusatz »Commercial«. Diese Änderungen machten aus dem Typ FV den Typ FE. Die davon abgeleitete Siebentonnen-Variante von 1958 hieß FF und wurde zusammen mit dem Austin 45 bis 1961 verkauft, lief dann als FH weiter, um dann vier Jahre später von der neuen Einheits-Baureihe FJ mit moderner, kippbarer Frontlenker-Kabine abgelöst zu werden. Bei den Markenbezeichnungen verschwanden nach der Fusion 1968. Die Einheits-Baureihe hieß jetzt BMC Pilot, nach 1970 Leyland Pilot und beendete ihre Karriere als Leyland G-Serie 1980.

SCAMMELL

Wie andere ehemaligen Dampfmaschinenhersteller auch gab sich die Scammell Lorries Ltd. nicht mit Kleinkram ab: Scammell baute Fahrzeuge für schwere und schwerste Lasten. Das Unternehmen war um die Mitte des 19. Jahrhunderts als Stellmacherei und Reparaturbetrieb für Kutschen und Transportwagen entstanden und hatte sich dann zum Aufbauhersteller gemausert. Um 1900 begann man mit der Wartung und Reparatur von Foden-Dampfwagen und hatte nach Kriegsende, nachdem 1920 der Großneffe des Gründers, Oberstleutnant Alfred George Scammell, als Invalide heimgekehrt war, begonnen, nach dessen Ideen (und amerikanischer Vorlage) einen Sechsrad-Sattelschlepper mit zehn Tonnen Nutzlast zu bauen. Der wurde zu einem riesigen Erfolg, und nachdem Bestellungen für über 150 Einheiten vorlagen (die Sattelkupplung war patentiert worden) musste für deren Produktion eine neue Firma gegründet werden. Die Scammell Lorries nahm am 1. Juli 1922 ihre Geschäftstätigkeit auf. Der Dreiachser wurde zur Hauptstütze in den Zwanzigern, später gab es auch eine Variante mit Zwillingsachse am Auflieger, was die Nutzlast um zwei Tonnen erhöhte. Es folgten weitere 6x4- und 6x6-Entwicklungen, wobei der Prototyp des »Pioneer« mit angetriebener hinterer Doppelachse von 1926 (der als Ölfeldfahrzeug konzipiert worden war) und der »Hundert-Tonnen-Sattelschlepper« von 1929 besonders hervorstechen. Die Armee orderte über die Jahre rund 3500 Pioneer 6x6-Dreiachser, als Artilleriezugmaschinen, Bergefahrzeuge mit Kranaufbau und Panzertransporter; von den Schwertransportern wurden nur zwei Stück gebaut. Erfolgreicher waren zwei- und dreiachsige Sechstonner der Rigid-Six-Serie mit Allradantrieb, Vierzylinder-Benzinmotor, Kettenantrieb und Luftreifen von 1929 bzw. 1933. Zum absoluten Kassenschlager entwickelte sich aber der von Napier übernommene und im Hause verfeinerte »Mechanical Horse«, ein kleiner Nahverkehrs-Sattelschlepper mit drei und sechs Tonnen. Dessen Besonderheit war die dreirädrige Zugmaschine. Auch wenn dieser Typ und seine Nachfolger – Scarab und Townsman – kaum exportiert wurden, so entstanden bis 1968 doch rund 30.000 Stück, oft für die Post und Eisenbahngesellschaften. Die frühen Dreißiger waren auch für Scammell schwierig, das Unternehmen verlegte sich nach 1934 auf den Bau von Schwer- und Spezialfahrzeugen, dann aber mit Gardner-Dieseln und Kardan- statt Kettenantrieb. 1937 kam mit dem Frontlenker-Typ Rigid 8 der erste Vierachser der Marke. Nach dem Krieg baute Scammell einige zweiachsige Schaustellerfahrzeuge, deren Stückzahl – 18 Stück – in keinem Verhältnis zu ihrer Popularität stand. Neben diesen Showtracks bauten die Spezialisten aus Watford Zugmaschinen und Spezialfahrzeuge für den Export, so begann der 6x6-Militärlaster Pioneer 1949, mäßig modernisiert, eine zweite Karriere auf den Ölfeldern des Mittleren Ostens. 1955 erfolgte Scammells Eingliederung in die Leyland Group, was eine teilweise Übernahme von Leyland-Baugruppen nach sich zog und die Ausweitung des Angebots auf Muldenkipper in 4x2- (Sherpa) und 6x4- (Himalaya) Konfiguration. Die folgenden Jahrzehnte waren gekennzeichnet durch eine stetige technische Weiterentwicklung sowie neue Varianten und Spezialausführungen für Transporte von 240 und mehr Tonnen; optisch herausragend war die neue, von Michelotti entworfene GfK-Kabine aus den frühen Sechzigern. Anfang der Siebziger ging Leyland dazu über, seine Nutzfahrzeugsparte neu zu ordnen. Im Spezialfahrzeugbereich von British Leyland machten sich die drei Schwerlasthersteller Scammell, Thornycroft und Guy Motors (gegründet 1913) gegenseitig Konkurrenz, eine Rationalisierung war sinnvoll und notwendig: Die Scammell-Produktion wurde zu Guy Motors nach Wolverhampton verlegt, 1972 gab Thornycroft seine »Nubian«-6x6-Flugfeld-Löschfahrzeuge und 6x4-Muldenkipper LD55 an Scammell ab, das zum Ende des Jahrzehnts den ersten Panzertransporter für die britische Armee entwickelte. Diese auf über 100 Tonnen ausgelegten Zugmaschinen mit 26-Liter-Rolls-Royce-Biturbo (625 PS) rollten nach 1983 aus dem modernisierten Werk. Bergungsfahrzeuge und Panzertransporter bestimmten das Programm der letzten Jahre. Die Leyland-Übernahme durch DAF 1987 brachte 1988 das Aus für Scammell; die Rechte an den bestimmten Konstruktionen gingen an die Alvis-Tochter Unipower, die damit – erfolglos – die Ausschreibungen für die Nachfolgegeneration der Panzertransporter gewinnen wollte.

Alle britischen Nutzfahrzeughersteller litten unter den strengen Tempolimits. Die erlaubte Höchstgeschwindigkeit für schwere Lkw lag bis 1964 bei 32 km/h. Dieses Limit galt auch für die 1948 gebauten Schausteller-Trucks. (Foto: © Gillett's Crossing, CC-BY-2.0)

Skurril wirkt dieser Scarab-Sattelzug von 1961: Vornehmlich bei Post und Bahn im Einsatz, verlieh ihm das einzelne Vorderrad eine bemerkenswerte Wendigkeit. Bis 1967 wurde dieser Kleintransporter produziert, das Gesamtzuggewicht lag bei drei bzw. sechs Tonnen. (Foto: © supermac1961, CC-BY-SA-2.0)

Scammell, seit 1955 bei Leyland, stellte im Sommer 1958 den Routeman vor, der 1962 eine neue GFK-Kabine im Michelotti-Design erhielt. (Foto: © Gillett's Crossing CC-BY-2.0)

Schwere sechsachsige Zugmaschinen baute Scammell seit 1927. Die Geländegängigkeit war enorm, die Achskonstruktion erlaubte Achsverschränkungen hinten von bis zu einem Meter. Der Pioneer diente als Artilleriezugmaschine, Panzertransporter und, so wie hier, als SV/2S mit Bergekran. Hier sitzen die Scheinwerfer unten, was auf ein Exemplar aus der Nachkriegszeit schließen lässt. Unter der Haube saß ein Gardner-Diesel mit 8,4 Litern Hubraum und 102 PS. (Foto: © A.f van Beem)

Anfang der Dreißiger hatte Thornycroft ein Lastwagenprogramm, das den Nutzlastbereich von 1,5 bis elf Tonnen abdeckte. Das hier ist ein AE-Typ FB4 aus der Bulldogg-Reihe von 1934 mit 3,6-Vierzylinder-Ottomotor. (Foto: © Le Chatfield, CC-BY-SA-2.0)

Die Nippy-HF-Serie war 1938 vorgestellt worden. Die Neuauflage von 1951 trug den Zusatz »Star« und hatte ein Ganzstahl-Fahrerhaus, wie es auch Guy Motors verwendete, obwohl beide nichts miteinander zu tun hatten. (Foto: © Chris Sampson, CC-BY-SA-2.0)

Der Mighty Antar ist die Schwerlastzugmaschine, für die Thornycroft noch heute bekannt ist. In drei Serien zwischen 1951 und 1964 gebaut, gehört dieser 1962er Ex-RAF-Schlepper zur Serie III, mit Rover-V8 und 18 Litern Hubraum. (Foto: © Mick, CC-BY-SA-2.0)

THORNYCROFT

Die Frontlenkerausführung des Antar hieß Big Ben. Sie erschien 1954 und war für ein Gesamtgewicht bis 40 Tonnen ausgelegt. Sie hatte einen neuen Sechszylinder-Diesel mit 11,3 Litern Hubraum und 155 PS.   (Foto: © Chris Sampson, CC-BY-SA-2.0)

John I. Thornycroft begann auf seiner Werft 1864 mit dem Bau von schnellen Dampf- booten; seine gleichnamige Firma (wobei an die Bezeichnung noch ein »and Co.« dazu kam) motorisierte 1896 dann einen Pferdekarren mit einer leichten Dampfmaschine. Wie beim Bootsbau üblich, wurde hinten gelenkt und die Dampfkraft – vermittels Ketten – wirkte auf die Vorderräder. Das funktionierte so gut, dass viele weitere folgten. Die Landfraktion bekam 1898 einen eigenen Firmennamen und eigene Räum- lichkeiten. Bis zum Erscheinen des ersten Lastwagens mit Benzinmotor 1902 hatte das Unternehmen Drei- und Viertonner sowie einen Sattelschlepper auf die Straße gebracht und mit dem Typ A (der 1901 einen Vergleichstest der britischen Armee vor Foden und Staker gewinnen konnte) das Zeitalter der Armee-Motorisierung im Vereinigten Königreich eingeläutet. Dennoch war klar, dass dem Benzinmotor die Zukunft gehörte, weshalb Thornycroft seine Dampfwagen-Sparte 1907 (die etwa auch Straßenreinigungsmaschinen und Dampfwagen für den Export in die Kolonien umfasste) verkaufte und den Bau 1910 ganz einstellte; Pkws entstanden nur noch bis 1914.

Der Bedarf an Kriegsgerät war groß, und Thornycroft orientierte sich sehr stark an den Bedürfnissen der Militärs. Im Burenkrieg um die – vorvergangene – Jahrhundert- wende waren die Briten mit Thornycroft-Dampfschleppern unterwegs, und eine an einen Dampftraktor erinnernde Zugmaschine (die aber von einem 50-PS-Rohölmotor angetrieben wurde) gewann 1909 einen weiteren Vergleich: Die ehemalige Dampf- wagenfabrik war dick im Militärgeschäft. 1912 erschienen, wiederum nach einer Armee-Ausschreibung, die im Rahmen unterschiedlichen H-, J- und K-Typen. Der Dreitonner Typ J setzte sich durch und gewann die Subventions-Vergleichsfahrten. Hier kam ein 45 PS starker 6,25-Liter-SV-Motor zum Einsatz der wassergekühlte Vierzylinder sorgte für eine Höchstgeschwindigkeit von rund 20 km/h und wurde rund 5000 Mal gebaut. Er blieb bis 1926 im Programm Nach dem Krieg fielen die Behör- denaufträge zunächst weg, daher erschloss das Unternehmen neue Kundengruppen in der leichteren Klasse (bis zwei Tonnen Nutzlasten). Der A1-Typ von 1924 wurde rund 1000 Mal gebaut und hatte bereits Luftreifen und serienmäßige Beleuchtung. 1927 kam ein großes, schier unverwüstliches Chassis als Bus-Basis für Vortrieb sorgte ein lang bauender, 70 PS starker SV-Sechszylinder mit 11,3 Litern Hubraum, der zuvor den Allrad-Artillerietraktor Hathi von 1924 angetrieben hatte. »Hathi« ist das Hindi-Wort für »Elefant«. Er passte blendend zu diesem Schlepper und zum Image des Herstellers, schwere, zuverlässige Fahrzeuge zu bauen. Anfang der Dreißiger ging Thornycroft dazu über, seinen Lastwagen wohlklingende, Solidität oder auch Geschwindigkeit verheißende Namen zu geben anstelle der abstrakten Nummern: In der leichten Klasse gab es dann den Bulldog, es gab den Hardy und Sturdy, den 6,5-Tonner Taurus und den Trusty, einen zweiachsigen Frontlenker von 1934 für bis zu acht Tonnen Zuladung. Es folgten die für England üblichen Vierachser jede Menge Militäraufträge und Lastfahrzeuge wie den Mighty Antar von 1948, der bis auf 100 Tonnen ausgelegt war und auch als Basis für die Ölfelder des Nahen und Mittleren Ostens zu finden war. Diesem Zweck verdankt er auch seinen Namen. Antarah ibn Shaddad war ein arabischer Kriegsherr und Philosoph.

Ende der Fünfziger begann Thornycroft mehr und mehr, sich aus dem normalen Lkw-Geschäft zurückzuziehen und sich auf Schwerlastfahrzeuge für Export und Militär zu konzentrieren, nachdem die zunehmende Öffnung gegenüber der EWG und die damit einher gehende Harmonisierung den britischen Nutzfahrzeugmarkt für kontinentaleuropäische Anbieter öffnete. 1961 schlüpfte Thornycroft bei ACV unter, jenem Konzern, zu dem zum Beispiel auch AEC gehörte. Unvermeidlich folgte die Angleichung der beiden Schwerlastmarken, Thornycroft baute nur ausschließlich Spezialfahrzeuge wie die Antar-, Nubian- und Big-Ben-Baureihen. Nachdem ACV wiederum von Leyland aufgekauft worden war, erwuchs Thornycroft in Gestalt von Scammell ein weiterer Konkurrent im eigenen Konzern. Es kam, wie es kommen musste: Die Thornycroft-Produktion wurde eingedampft, ins Scammell-Werk verlegt und 1977 schließlich beendet.

ITALIEN

Wenn der Krieg, wie der griechische Schriftsteller Herodot schrieb, der Vater aller Dinge ist, so gilt das in besonderem Maße für die italienische Lastwagenindustrie: In den Jahren bis zum Ersten Weltkrieg wurde in Italien, wie überall sonst auch, experimentiert und ausprobiert. Dann, im Krieg, waren es Geschütze und Artilleriezugmaschinen, die gebraucht wurden. Der gewerbliche Güterverkehr über lange Strecken hingegen war Sache der Eisenbahn. In den engen Gassen der mittelalterlichen Städte war mit größeren Fahrzeugen sowieso kein Durchkommen, dort und in ländlichen Gebieten waren es Kleinlieferwagen, die den Waren-austausch erledigten, oder, je weiter man in den Süden vordrang, die Eselskarren. Die Rüstung verhalf dem Lastwagen zum Durchbruch, 1932 wurden auf Geheiß des italienischen Diktators Mussolini die Rahmen-bedingungen eines »Autocarro Unificato« festgelegt. Diese Standard-Lastwagen mit drei und sechs Tonnen Nutzlast für das Militär bauten in den folgenden Jahren alle Hersteller – Alfa Romeo, Bianchi, Fiat, Isotta-Fraschini, Lancia und OM. Von der Vielfalt an Marken und Ideen hat der Krieg nicht allzu viel übrig gelassen, in den Fünfzigern und Sechzigern haben die meisten Hersteller aufgegeben, fusionierten oder wurden von Fiat aufgekauft. Italienische Lastwagengeschichte schreibt heute nur noch Iveco.

Im Jahr 2012 gewann IVECO mit dem Team De Rooy zum ersten Mal die Rallye Dakar, 2016 zum zweiten Mal. Im Bild ein für die Rallye 2015 präparierter IVECO Trakker.   (Foto: © IVECO)

ALFA ROMEO

Als 1906 das spätere Stammwerk von Alfa Romeo in Mailand von dem französischen Autobauer Alexandre Darracq gebaut wurde, war es eigentlich nur ein weiteres Tochterwerk seines eigenen Automobilunternehmens. Weil er wichtige Produktionen daheim in Frankreich durchführen ließ und die Italiener mehr an heimischen Autos interessiert waren, strebten am Werk beteiligte Geschäftsleute in Italien aber die Übernahme der »Società Anonima Italiana Darracq« an, was drei Jahre später gelang. Ihr Ziel war es, in Mailand eigene Automobile zu produzieren. Im Jahr 1910 wurde aus der ehemaligen Darracq-Niederlassung die neue Firma Società Anonima Lombarda Fabbrica Automobili, kurz A.L.F.A. In der Folge etablierte sich das später in »Alfa Romeo« umbenannte Unternehmen als Hersteller von edlen und teuren Sportwagen.

Der Bankrott von Alfa Romeo nach dem Ersten Weltkrieg führte es dann in staatliche Hände, und diese wollten eine stärkere Aktivität der Firma im Nutzfahrzeugbereich. So kam es, dass Alfa Romeo 1930 einen ersten leichten Laster mit 3-Liter-Sechszylinder-Benzinmotor vorstellte. Schwerere Lkw mit 5- bis 6-Tonnen folgten auf Basis von Lastwagen des deutschen Herstellers Büssing nach. Der erste war der Typ 50 im Jahr 1931 (abgeleitet vom Büssing-NAG 50). Dieser 5-Tonner besaß einen 10,6-Liter-Sechszylinder-Diesel mit 80 PS, lizenziert von Deutz. Weitere auf Büssingfahrzeugen beruhende Modelle waren die Typen 40 und 80.

Mit dem Alfa Romeo 85 von 1934 folgte eine erste Eigenentwicklung, ein 5- bis 6-Tonner mit 110 PS starkem Vierzylinder-Motor. Mit 4 Tonnen Nutzlast und 85 PS präsentierte sich 1935 der Typ 350. Der schwere Lastwagen Alfa Romeo 500 von 1937 kam in der Version 500RE als Militärlaster im Zweiten Weltkrieg zum Einsatz. Dieser 3-Tonner besaß einen Sechszylinder-Deutz-Diesel mit 70–90 PS Leistung und war das letzte Haubenfahrzeug von Alfa Romeo. Als populärster Alfa-Romeo-Lkw im Zweiten Weltkrieg erwies sich jedoch der Frontlenker Typ 800RE von 1940. Dieser 7-Tonner mit direkteinspritzendem, selbstentwickeltem 8,7-Liter-Dieselmotor und einer Leistung von 108 PS kam sowohl auf dem nordafrikanischen Kriegsschauplatz zum Einsatz als auch in Russland. Nach der Kapitulation Italiens im Jahr 1943 beschlagnahmte die Wehrmacht viele dieser Fahrzeuge und setzte sie selbst ein.

Trotz starker Kriegsbeschädigung des Mailänder Stammwerks führte Alfa Romeo nach dem Krieg neben der Automobilfertigung auch die Produktion der Lastwagen fort. Der Typ 430 mit 80 PS war ebenfalls ursprünglich als Militärfahrzeug verwendet, nach 1945 jedoch in Zivilausführung weiter gebaut worden. Sein Nachfolger wurde 1947 der Alfa Romeo 450 mit 4,5 Tonnen Nutzlast. Dieser wartete mit einer größeren Fahrerkabine auf und besaß mit 90 PS auch einen stärkeren Motor. Zwölf Jahre produzierten die Italiener diesen Laster, dann ersetzte ihn der Typ 455.

Von 1947 bis 1954 stellte Alfa Romeo den Typ 900 her, einen 8-Tonner mit 130 PS aus einem 9,5-Liter-Diesel. Ihm folgte das Modell 950 nach. Wirklich berühmt wurde allerdings der Typ »Mille« (1000) von 1957. Sein Reihen-Sechszylindermotor leiste zwischen 163 und 174 PS. Er besaß 8 Vorwärtsgänge und einen 4x2-Hinterradantrieb. Alfa Romeo brachte ihn als Zweiachser, als Sattelzug und als Motorwagen mit Anhänger auf den Markt. Er verabschiedete sich vom bisherigen Design und zeigte sich in modernerem, sportlichem Schnitt. Gleichzeitig sollte der Mille der letzte schwere Lkw von Alfa Romeo sein. Die Konkurrenz von Fiat und Lancia war zu stark. Nach seiner Produktionseinstellung im Jahr 1964 beschränkten sich die Mailänder auf leichte Nutzfahrzeuge, teils in Kooperation mit Fiat und Saviem. In Lizenz weitergebaut wurde der Mille hingegen von dem brasilianischen Unternehmen »Fábrica Nacional de Motores« (FNM) bis in die 80er Jahre als FNM 180/210.

Zu dieser Zeit beschloss der italienische Staat, sich von einigen seiner Beteiligungen zu trennen, zu diesen gehörte auch Alfa Romeo. Die Mailänder wurden von Fiat übernommen, was zur Folge hatte, dass sie nun Teil von IVECO waren. Bis Mitte der 80er Jahre wurden noch IVECO-Daily- und Fiat-Ducato-Modelle teilweise unter dem Markennamen Alfa Romeo angeboten, dann endete die Zeit der Alfa-Romeo-Nutzfahrzeuge.

Der Alfa-Romeo-Bus Typ 110A wurde von 1934 bis 1950 hergestellt. Sein Sechszylinder-Motor leistete 140 PS. Im Bild zu sehen ist die Probefahrt mit dem reinen Chassis des Busses. (Foto: © Alfa Romeo)

Der erste schwere Laster von Alfa Romeo, der Typ 50 aus dem Jahr 1931, basierte auf einem Büssing-Lkw. Unter Lizenz wurden 115 Exemplare gebaut.

Unter Lizenz von Alfa Romeo in Brasilien gebaute FNM-Laster der Reihe D-11.000.
(Foto: © JasonVogel, CC-BY-SA-3.0)

Laster des Typs D-11.000 produzierte FNM von 1957 bis 1973. Für Vortrieb sorgte Alfa Romeos 1610-Motor mit 150 bis 203 PS. Den Lkw gab es in 4x2-, 6x2- und 6x4-Ausführung. Er war eine modifizierte und leistungsstärkere Version des Alfa Romeo 900.
(Foto: © JasonVogel, CC-BY-SA-3.0)

Fiat 618 Coloniale von 1935. Hergestellt wurde der 4-Tonner mit 43-PS-Vierzylinder-Benzinmotor von Fiat bis 1937. Die Version Coloniale kam noch im Zweiten Weltkrieg bei der italienischen Armee zum Einsatz.
(Foto: © Antramir, CC-BY-SA-4.0)

Der Frontlenker-Bus Fiat 682 RN2 wurde von 1954 bis 1957 hergestellt. Sein Sechszylinder-Motor leistete 150 PS. Das N in der Bezeichnung weist auf den verwendeten Kraftstoff hin: Nafta = Gasöl.
(Foto: © Motohide Miwa, CC-BY-2.0)

Fiat 619 N1, produziert von 1964 bis 1980, in der zweiten Ausführung mit aufgestapelten Paletten. Sein Fiat 221A-Sechszylinder-Dieselmotor leistete 225 PS.
(Foto: © Lucarelli, CC-BY-SA-3.0)

Fiat 682 mit der berühmten, 1952 eingeführten Baffo-Kabine der zweiten Generation. Der 4x2-Truck in der Klasse von 14 bis 44 Tonnen Gesamtgewicht wurde für Afrika bis 1988 gebaut. Das Foto entstand 2003 in Mogadischu.

Im Jahr 1899 gründete eine Investorengruppe um den Bürgermeister Giovanni Agnelli in Turin das, was einmal Italiens größter Fahrzeughersteller werden sollte: die »Italian Automobile Factory of Turin«, besser bekannt als Fiat. Der Einstieg in den Nutzfahrzeugbereich fand jedoch erst vier Jahre später mit dem nach seiner Motorleistung benannten 24 HP (HP = Horse Power) statt. Dieser erste Fiat-Lkw besaß einen Kettenantrieb und bot auf seiner Ladefläche 4 Tonnen Nutzlast bei einem Gesamtgewicht von 6 Tonnen. Sein 2-Block-Vierzylinder-Motor saß unterhalb des Fahrerhauses, weshalb dieser Lkw und die von ihm danach abgeleiteten – wie der Fiat 18-24 HP zwei Jahre später – frühe Frontlenker waren. Für den 24 PS starken 28-40 HP mit 6,5 Tonnen Gesamtgewicht aus dem Jahr 1907 galt das nicht mehr, dieser war ein Haubenfahrzeug.

War der Fiat 24 HP noch in kleiner Stückzahl produziert worden, entwickelte sich der 18-24 HP zum ersten großen Erfolg Fiats im Lastwagenbau und rollte in hohen Stückzahlen aus dem Werk. Der wichtigste und erfolgreichste frühe Laster der Turiner war der 18 BL mit 6,5 Tonnen und 40 PS. Gefertigt zwischen 1911 und 1920 in über 20.000 Exemplaren, wurden u. a. mit ihm und dem kleineren 15 BL die Armeen der Entente während des Ersten Weltkrieges versorgt.

1925 übernahm Fiat den italienischen Automobil- und Militärfahrzeughersteller »Società Piemontese Automobil« (S.P.A.). Vier Jahre später gründete Fiat mit S.P.A. und dem Automobilhersteller Ceirano ein Konsorium zum gemeinsamen Vertrieb und zur Produktion von Nutzfahrzeugen und Personenwagen unter dem Fiatdach.

Nachdem Fiat 1930 seinen ersten Dieselmotor vorgestellt hatte, kam dieser als Direkteinspritzer ein Jahr darauf in dem mittelschweren Typ 623N serienmäßig zum Einsatz und sorgte dort für 55 bis 60 PS Leistung. Ebenfalls 1931 wurde der schwere Laster 634N mit einem Sechszylinder-Diesel ausgestattet (75–80 PS). Eine weitere Besonderheit dieses auch beim Militär beliebten Lasters war die Möglichkeit, ihn mit einer Schlafkabine zu versehen (das hatte es bislang bei Lastwagen nicht gegeben). 1938 verschaffte sich Fiat beim italienischen Mitbewerber OM die Aktienmehrheit. 1939 brachte Fiat mit den Modellen 626N und 666N erstmals seit den frühen Jahren wieder Frontlenker auf den Markt. Der leichte 626N war der am häufigsten eingesetzte Laster in der italienischen Armee, der schwere 666N – erhältlich in 4x2- und 4x4-Ausführung – leistete bis zu 113 PS, die Militärvariante hieß 666NM. Unter der Bezeichnung A 10.000 war der 10-Tonner nach dem Zweiter Weltkrieg auch als Dreiachser erhältlich.

1947 wurde S.P.A. vollständig in Fiat eingegliedert und die Produktion der Lastwagen in das S.P.A.-Werk Stura verlegt. Die Turiner produzierten nun vorwiegend Front- und Rechtslenkerfahrzeuge, Letzteres, um die Alpenpässe besser meistern zu können. Fiat schaffte es in den Nachkriegsjahren, sich in Italien wieder die Marktführerschaft zurückzuholen. 1950 erschien der allradgetriebene Typ 639N, der bis 1976 gebaut wurde. Als Basis für eine neue Lkw-Reihe mit neuer Frontlenker-Kabine diente 1952 der Typ 682N für Lasten von 14–44 Tonnen. Ein weiteres Modell dieser Reihe war der mittelschwere Laster 642N mit 92–100 PS.

In den 60er Jahren stellte Fiat den 6,5-Tonner 643N mit 161 PS vor, weitere Modelle waren der schwere Fernlaster Fiat 690 mit 180 PS (ein Dreiachser mit zwei gelenkten Vorderachsen), der Fiat 645 mit 99 PS und 74 Tonnen Gesamtgewicht sowie der 260 PS starke 693 in 6x4-Ausführung. 1966 übernahm Fiat den französischen Mitbewerber Unic.

Mit Beginn der 70er Jahre brachten die Italiener eine neue Lkw-Generation heraus, darunter die Typen 684 (200 PS) und 691N (260 PS) sowie die Serie X von OM (82–122 PS). Doch in den Siebzigern war die Lkw-Branche im Umbruch, es kam überall zu Fusionen, um sich auf dem schwieriger gewordenen Markt behaupten zu können. Fiat tat sich deshalb 1974 mit Klöckner-Humboldt-Deutz zusammen und gründete den Nutzfahrzeughersteller IVECO. Bis 1982 wurden parallel dazu noch Fiat-Laster gebaut (z. B. der Typ 300 mit 330 PS), danach firmierten alle Laster von IVECO unter dem neuen Markennamen.

IVECO

Wirtschaftliche Gründe zwangen Mitte der 70er Jahre fünf europäische Lastwagen-bauer zu einer Kooperation unter dem Dach des neu gegründeten Unternehmens IVECO (Industrial Vehicle Corporation). Magirus-Deutz aus Deutschland hatte sich finanziell mit Investitionen für die Vierer-Club-Fahrzeuge übernommen, Fiat aus Italien spürte ebenso wie Magirus-Deutz den hohen Konkurrenzdruck von Mercedes-Benz und Volvo. Zu Fiat gehörten bereits die italienischen Marken Lancia und OM sowie die fünfte Marke im Bunde, Unic aus Frankreich.

In den ersten Jahren musste das neue Unternehmen in der Öffentlichkeit bekannt werden, die verschiedenen Alt-Marken integrieren und eine eigene Identität entwickeln. Zunächst wurde deshalb eine Auswahl der bisherigen Laster-Baureihen der jeweiligen Einzelmarken einige Jahre lang weitergebaut – mittelschwere Lkw kamen von Magirus-Deutz aus Ulm oder von OM aus Brescia, Schwerlaster von Fiat aus Turin und schwere Baufahrzeuge inklusive seiner Hauben-Lkw und den luftgekühlten Motoren wiederum von Magirus-Deutz. Bei Unic in Lapasse wurden zusätzlich mittlere und schwere Laster hergestellt. Zu den fortgesetzten Lkw-Baureihen gehörten die MK-Reihe von Magirus-Deutz, die X-Reihe von OM (später als IVECO Zeta gebaut bis 1993) sowie die 1977 eingeführte, an bisherige Fiat-Frontlenkerfahrzeuge angelehnte M-Reihe mit Fiatmotoren. Zudem wurden bisherige Fiatmodelle unter altem Namen noch bis in die 80er Jahre hinein vertrieben.

Nicht alle im neuen Bunde kamen mit der Dominanz von Fiat bei IVECO gut zurecht: Klöckner-Humboldt-Deutz, der Mutterkonzern von Magirus-Deutz, wollte seine Unabhängigkeit bewahren (Fiats Anteil an IVECO lag bei 80 %, der von KHD nur bei 20 %), weshalb er 1980 wieder ausstieg, weiterhin Motoren an IVECO lieferte, die Marke Magirus aber dort ließ.

Zunächst hatte sich IVECO hinter einem einfachen »I« auf der Kühlerhaube versteckt, mit den Jahren jedoch verdrängte der neue Name – voll ausgeschrieben – die altbekannten Markennamen immer mehr, bis Letztere schließlich in den 80er Jahren ganz von den Fahrzeugen verschwanden. Lediglich der Name Magirus hielt sich, da aus der Magirus-Deutz AG 1983 das selbstständige Tochter-Unternehmen IVECO Magirus AG wurde.

Die erste offizielle IVECO-Entwicklung war 1978 der Kleintransporter IVECO Daily, der, mehrfach überarbeitet, heute immer noch angeboten wird. Abgeleitet war er vom Fiat Daily. Der nächste Schritt zum eigenständigen Nutzfahrzeughersteller war 1984 der sehr erfolgreiche Fernverkehrslaster TurboStar. Dieser Schwerlaster folgte dem IVECO (Fiat) 190 nach. Bei seiner Entwicklung wurde besonderer Wert auf eine komfortable und aerodynamisch geformte Fahrerkabine gelegt. Anfangs standen zur Auswahl ein 330 PS starker Reihensechszylinder-Motor und ein V8-Zylinder-Aggregat mit 420 PS, beide wassergekühlt; später stiegen die Leistungszahlen in den Nachfolgemotoren auf 360 bzw. 476 PS. Zeitgleich brachte IVECO den für den Verteilerverkehr bestimmten, bis zu 377 PS starken TurboTech auf den Markt, der wie der TurboStar bis 1993 gebaut wurde und von einem Fiat-Vorgängermodell abgeleitet war.

Die Einteilung der Fernverkehrslaster zur T-Reihe führte ergänzend zur Zusammenfassung der Frontlenker-Baufahrzeuge in der P-Reihe und der Hauben-Lkw von Magirus in der PA-Reihe, für die die Nachfrage allerdings immer stärker abnahm. 1985 tat sich IVECO mit der Ford UK Truck Division zusammen, wodurch die Italiener den Fuß in den wichtigen britischen Markt bekamen. Das Joint-Venture nannte sich »IVECO Ford Truck Ltd.« und sah beide Partner zu etwa gleichen Teilen beteiligt. Das änderte sich jedoch schon ein Jahr später; IVECO kaufte die Ford-Anteile auf. 1997 allerdings wurde die Herstellung von Ford-Lkw in Großbritannien eingestellt.

Neben der Umstrukturierung und Konsolidierung im Inneren expandierte IVECO in der zweiten Hälfte der Achtziger auch global. 1987 verstärkte sich IVECO mit der Übernahme des italienischen Lkw-Bauers Astra, 1990 mit den Marken Pegaso und Seddon Atkinson, zwei Jahre später kam zusätzlich die International Australia Ltd. dazu. Die 1982 gemeinsam mit Saurer gegründete Firma zur Motorenentwicklung war überdies 1990 von IVECO aufgekauft worden.

Ein IVECO 400E34 aus dem Jahr 1995 mit Luftfederung und bis zu 340 PS. Hier mit der Aufschrift der Busfirma Hedingham. (Foto: © Chris Sampson, CC-BY-2.0)

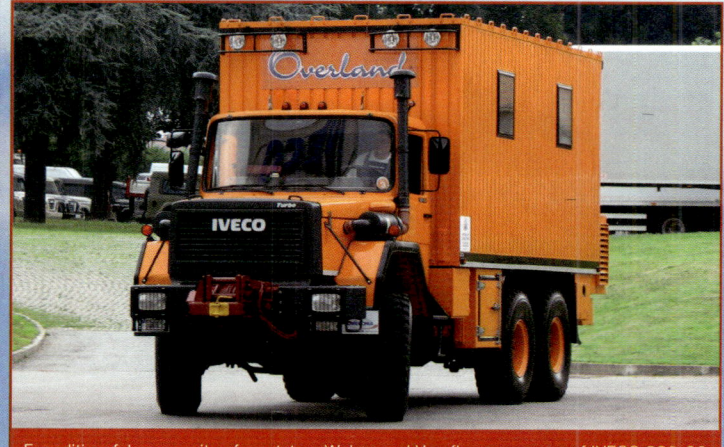

Expeditionsfahrzeug mit aufgesetztem Wohn- und Verpflegungsraum auf IVECO 330-30 ANW. (Foto: © Eatrese, CC-BY-3.0)

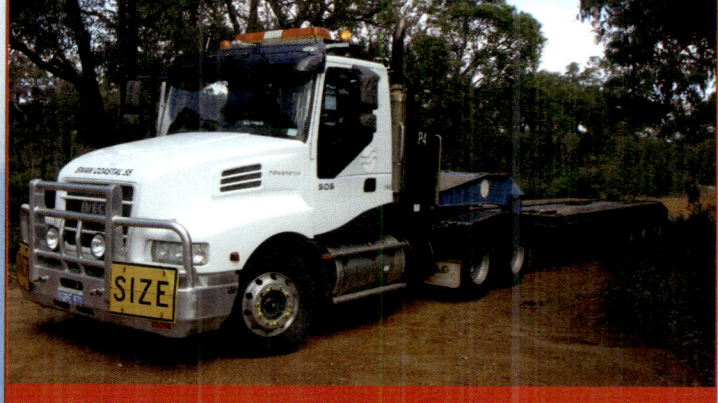

Der IVECO PowerStar 505 ist ein auf der Basis des IVECO EuroTech in Australien entwickelter schwerer Lastwagen. Eine europäische Variante namens IVECO Strator wird in den Niederlanden gefertigt. (Foto: Aussie Oc, © CC-BY-SA-4.0)

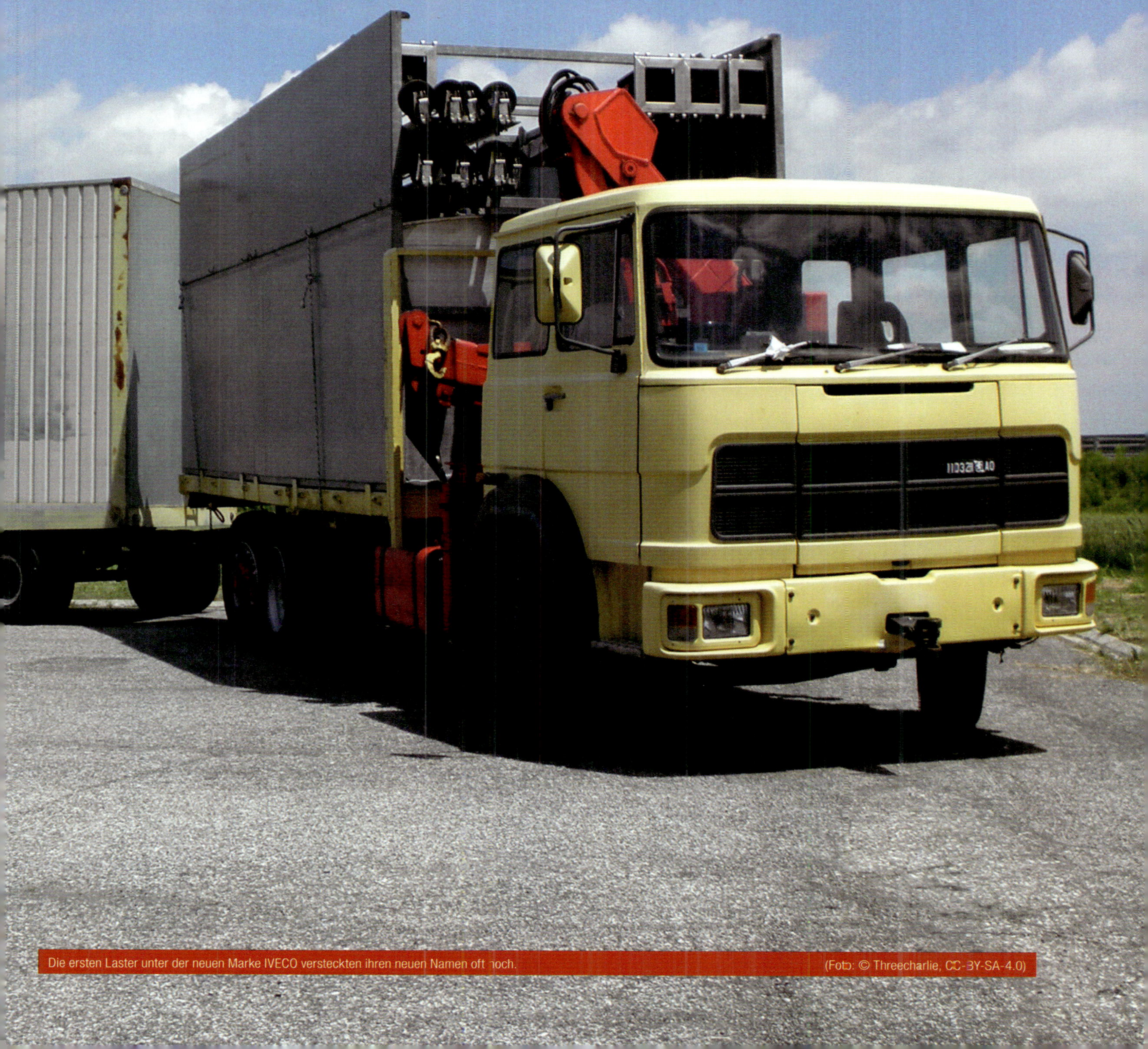

Die ersten Laster unter der neuen Marke IVECO versteckten ihren neuen Namen oft noch. (Foto: © Threecharlie, CC-BY-SA-4.0)

IVECO ist regelmäßiger Teilnehmer an der Rallye Dakar. Im Bild der Trakker, mit dem das Team um De Rooy 2015 unterwegs war.
(Foto: © IVECO)

Dieser Trakker 500 ist ein Vierachser-Hinterkipper, je nach Motorausstattung (zur Wahl stehen Cursor-9- und -13-Aggregate) leistet er bis zu 500 PS. Mit automatisiertem Eurotronic-Schaltgetriebe verfügt er über 12 bis 16 Gänge.
(Foto: © IVECO)

Der Eurocargo wurde 1992 erstmals präsentiert und ist seit 2015 in der vierten Generation auf dem Markt mit Motorleistungen zwischen 130 und 320 PS. Sein Gesamtgewicht liegt zwischen 7,5 und 18 Tonnen.
(Foto: © IVECO)

IVECO

Das neue Jahrzehnt machte aus IVECO endgültig einen ausgewachsenen Lastwagenhersteller: Während die bislang weitergeführten Baureihen der fünf Gründerfirmen in diesen Jahren ausliefen, stellte der italienische Konzern in der ersten Hälfte der 90er Jahre eine vollständig neue Fahrzeug-Generation auf die Räder. Den Anfang machte 1991 der EuroCargo, ein leichter Verteiler-Lkw für Nutzlasten zwischen 6,5 und 26 Tonnen. Er ersetzte die alte MK-Reihe von Magirus-Deutz ebenso wie Ford Cargo in Großbritannien. 1992 erschien der EuroTech mit der neuen MP-Kabine, der den TurboTech ablöste. Er war ein schwerer Verteiler- bzw. Fernverkehrs-Lkw und wartete mit Leistungen zwischen 227 und 420 PS auf.

Einen weiteren Fernverkehrslaster brachte IVECO 1993 auf den Markt, den EuroStar, der die neue Oberklasse darstellte und dem TurboStar nachfolgte. Seine beiden zur Wahl stehenden Sechszylinder-Motoren leisteten 375 bzw. 420 PS, die V8-Zylinder-Variante kam sogar auf 514 PS. Im selben Jahr erschien schließlich noch das vierachsige Baustellenfahrzeug Eurotrakker mit 27 bis 72 Tonnen.

Ab 2002 erfolgte erneut eine Wachablösung in Gestalt einer neuen Fahrzeuggeneration: IVECO stellte sukzessive die Nachfolger der 90er-Jahre-Modelle vor. Als Weiterentwicklung des EuroTech erschien in diesem Jahr der Stralis, ein schwerer Fernverkehrslaster, der prompt zum »Truck of the Year« gewählt wurde. Sein zulässiges Gesamtgewicht betrug 18 bis 26 Tonnen, seine Euro-4/5/6/EEV-Motoren leisteten zwischen 310 und 560 PS. Eine überarbeitete zweite Version stellte IVECO 2007 vor. Die jüngste Variante erschien 2013 und hörte auf den Namen Stralis HI-WAY.

Der Nachfolger des EuroCargo schrieb sich nun Eurocargo, bediente seit 2002 die leichte bis mittlere Nutzlastklasse zwischen 6,5 und 18 Tonnen und war für den Verteiler- bzw. Nahverkehr vorgesehen. Sechs Jahre später kam diese Baureihe wiederum überarbeitet bereits in der 3. Generation heraus. Die jüngste Überarbeitung erfuhr dieser italienische Bestseller im Jahr 2015. Die Motorleistungen dieser Laster liegen zwischen 160 und 320 PS.

Bei den Baustellenfahrzeugen ersetzte der Trakker ab 2002 den EuroTrakker. Wie bei diesem lag sein zulässiges Gesamtgewicht bei 27 bis 72 Tonnen. Seine Motorleistungen reichten von 310 bis 500 PS. Der IVECO Trakker liegt in der Tradition der schweren Magirus-Deutz-Baustellenfahrzeuge, der »Baubullen«. Doch den Marktanteil, den die deutsche Firma einst hielt, konnte IVECO gegen die Konkurrenz von Mercedes-Benz und MAN nicht erzielen. Es gibt den Trakker wahlweise als Zwei-, Drei- oder Vierachser.

Auch der Dauerbrenner IVECO Daily wurde 2006 erneut aufgelegt, mittlerweile bereits in der 4. Generation. Die diversen Motorvarianten, mit denen er zu haben war, lieferten zwischen 96 und 177 PS, sein Gesamtgewicht beträgt mittlerweile 7 Tonnen. 2010 hatte Fiat mit der »Fiat Industrial« seinen Nutzfahrzeugbereich ausgelagert. Drei Jahre später fusionierte die CNH Global mit der Fiat Industrial zur neuen CNH Industrial. Diesem Konzern gehören seither auch IVECO und Magirus an. 2015 konnte IVECO bereits sein 40-jähriges Bestehen feiern.

1987 hatte IVECO den italienischen Mitbewerber Astra übernommen. Im Bild zu sehen das Baufahrzeug ADT 30 D mit 28 Tonnen Nutzlast und 353 PS aus einem IVECO-Cursor-10-Motor. (Foto: © IVECO)

Die schweren Baustellenfahrzeuge der Trakker-Serie traten im neuen Jahrtausend das Erbe der Magirus-Deutz-»Baubullen« an. (Foto: © IVECO)

OM

1899 wurde in Mailand die Firma »Officine Meccaniche«, kurz OM, gegründet. Anfangs war der Betrieb ein Maschinen- und Schienenfahrzeughersteller, der auf eine noch ältere Firma zurückging. Gegen Ende des Ersten Weltkrieges begann OM zusätzlich mit der Produktion von Automobilen. Die Gelegenheit ergab sich durch die Übernahme der Fabrik des Automobilproduzenten Züst in Brescia. In den 20er und 30er Jahren wurde OM bekannt für seine Sport- und Tourenwagen, die auch erfolgreich im Rennsport eingesetzt wurden. Dieser Aufstieg des Automobilzweigs von OM brachte es mit sich, dass die Fabrik in Brescia schließlich 1928 als eigenständiges Unternehmen, getrennt von der Maschinenfabrik in Mailand, Fahrzeuge herstellte. Und mittlerweile nicht mehr nur Personen- und Sportwagen, sondern neuerdings unter dem OM-Emblem Lastkraftwagen mit lizenzierten Saurer-Motoren. Zudem erweiterten die Italiener ihre Produktion um Omnibusse und Traktoren. In der Weltwirtschaftskrise wurde auch OM stark getroffen, dies ermöglichte es Fiat, den Betrieb in Brescia 1933 zu übernehmen. Allerdings wurde OM nicht von den Turinern seiner Eigenständigkeit beraubt; die erfolgreichen Laster aus Brescia behielten ihr OM-Logo und ihre eigene Produktpolitik. Die Pkw-Sparte dagegen wurde von Fiat eingestellt, da sie in direkter Konkurrenz zu Fiat-Modellen stand. Nach dem Zweiten Weltkrieg stellte OM den 3-Tonner Taurus als Frontlenker vor, bald ergänzt um den 5-Tonner Supertaurus. Als Nachfolger des Loc erschien 1950 der 2,5-Tonner Leoncino, der bei der Kundschaft sehr gut ankam. Orione und Superorione nahmen den Platz des Vorkriegs-Titano ein. Weitere, stärkere Laster folgten in den kommenden Jahren nach: 1957 der Tigrotto, 1958 der 6,3-Tonner Tigre, 1959 Lupetto. Anfang der 60er Jahre stellte OM einen rundum erneuerten Titano vor, ausgestattet mit einem 10,3-Liter-Reihensechszylinder-Diesel, der bis zu 260 PS leistete. In der 8x4-Variante war er mit 22 Tonnen der stärkste Lkw von OM. Weitere Modelle waren der OM Cerbiatto von 1963 mit 10 Tonnen Leergewicht, der OM Orsetto von 1966 und der OM Daino mit 6,5 Tonnen Leergewicht, der von 1967 bis 1972 produziert wurde. 1972 präsentierte OM mit der X-Reihe die Nachfolger des Leoncino, eine Serie von leichten Frontlenkerfahrzeugen mit kippbarer Kabine. Obwohl äußerlich den Modellen Leoncino, Lupetteo und Daino recht ähnlich, war sie neu konzipiert worden. Diese Baureihe wurde 1975 von IVECO zunächst weitergeführt und später durch die Z-Reihe abgelöst, die es schaffte, noch bis Anfang der 90er Jahre gebaut zu werden. Die Bezeichnungen der Laster ließen ihr Gesamtgewicht erkennen, vom OM 35 mit 3,5 Tonnen bis zum OM 100 mit 10 Tonnen. Verkauft wurden diese Fahrzeuge aber auch unter einer Vielzahl anderer Namen, da die einzelnen Firmen innerhalb von IVECO diese Lkw in ihr eigenes Programm aufnahmen, so z. B. auch Magirus-Deutz, die abweichend von den anderen Herstellern diese Laster traditionell mit luftgekühltem Motor ausstatteten. Bereits 1968 war es zur endgültigen Verschmelzung von Fiat und OM gekommen. Damit waren die Zeiten der Unabhängigkeit vorbei. Dennoch hatte das vorerst noch nicht die Verwendung des Markennamens OM berührt. Dieser begann erst in den IVECO-Jahren langsam zu verschwinden; ab 1980 trug kein Lastwagen des neuen Konzerns mehr diesen Namen.

OM CL/51 mit 54 PS von 1953 kam seinerzeit auch bei der italienischen Polizei zum Einsatz.

IVECO OM Zeta 79.13.   (Foto: © Marco 56, CC-BY-SA-2.0)

SCHWEDEN

Wenig Menschen, viel Landschaft – der Wettkampf zwischen Schiene und Straße war in Skandinavien von vorneherein eine herzlich einseitige Angelegenheit: Ein Lastwagen konnte überall hingelangen, er musste, angesichts der miserablen Feldwege, nur robust und stabil genug sein, um durchzukommen. Daher war der erste Volvo-Lastwagen von 1928 auch wesentlich erfolgreicher als der Personenwagen, von dem er abgeleitet war. Im Grunde genommen hat sich daran bis heute nichts geändert, Lastwagen aus dem hohen Norden haftet, mehr noch als den Personenwagen, der Ruf an, schier unverwüstlich zu sein. Dabei spielt es keine Rolle, dass Scania längst Teil des Volkswagenkonzerns ist und Volvo ein multinational agierender Global Player, der nur noch einen kleinen Teil seiner Produkte in Schweden absetzt: Legende sind sie beide, und das Schweden-Image fährt in jedem einzelnen Fahrzeug mit.

Der 40-Tonner Volvo FH16 bezieht 700 PS aus seinem 16-Liter-Reihensechszylinder mit Turbolader. (Foto: © Volvo Trucks)

SCANIA

Der spätere Lkw- und Omnibus-Hersteller Scania entstand aus der Verschmelzung zweier schwedischer Firmen im Jahr 1911. Zum einen gab es die 1891 in Malmö gegründete Fahrradvertretung Scania, zum anderen den in Södertälje beheimateten Güter- und Kutschenwagenproduzenten Vabis. Beide begannen unabhängig voneinander mit der Entwicklung von Verbrennungsmotoren und damit ausgerüsteten Fahrzeugen. Scania stellte seinen ersten Lastwagen, den kettengetriebenen »Type A Tonneau«, 1903 fertig, Vabis war mit dem seinen schon ein Jahr früher fertig. Während sich Scania meist mit niedrigeren Nutzlasten beschränkte, bot Vabis Lkw bis zu 8 Tonnen an. Zu den Lastern mit höherer Nutzlast bei Scania gehörte aber beispielsweise der 4-Tonnen-Kipper EL von 1908. Nach der Zusammenlegung beider Firmen kümmerte sich das Werk in Malmö um die Lkw-Produktion, während in Södertälje Personenwagen gebaut wurden. Die geringe Nachfrage nach Lastfahrzeugen nach dem Ersten Weltkrieg beeinflusste die Absatzzahlen genauso negativ wie die Tatsache, dass Scania-Vabis bislang seine Laster nur auf Kundenwunsch produziert hatte, also keine einheitlichen Serienfahrzeuge im Programm hatte, wodurch die Exemplare sehr teuer wurden. In Verbindung mit den negativen wirtschaftlichen Nachkriegsfolgen führte dies 1921 zum Bankrott des Betriebes. Noch im selben Jahr gründete sich Scania-Vabis neu und entwickelte nun kosteneffektiv Laster mit standardisierten Komponenten und modernerer Ausstattung als bislang. 1925 stellten die Schweden die schweren Lkw der Reihen 314 mit 36 PS und 324 mit 75 bis 80 PS vor. 1931 folgte der 4- bis 5-Tonner 335 mit 80 PS. Den Bau von Pkw beendete die Firma 1929. Alle bisherigen Lastwagen von Scania-Vabis waren Haubenfahrzeuge gewesen, doch 1933 versuchte das Unternehmen sich erstmals an einem Frontlenker, dem 50–80 PS starken Typ 345 mit 4,5 Tonnen und dem bezeichnenden Zusatz »Bulldog«. Da in Schweden aber den Frontlenkern noch keine besondere Zuneigung zuteil wurde, stellte Scania-Vabis diese zum Ende des Jahrzehnts wieder ein. Der nächste Versuch fand erst wieder in den 60er Jahren statt, dies aber mit durchschlagendem Erfolg europaweit. Erste Experimente mit Dieselmotoren begannen ab 1927, Mitte der 30er Jahre war Scania so weit, Dieselaggregate serienmäßig zu fertigen. Während des Zweiten Weltkriegs wurden die Laster jedoch auf Gasgeneratoren umgestellt. Die verhaltene Nachfrage nach zivilen Lkw konnte Scania-Vabis mit der Auslieferung von Militärlastern ausgleichen. Nach einem Zwangsjahr mit ausschließlich militärisch genutzten Brummern stellten die Schweden 1944 mit den 8,5-Tonnern F10 (Allradversion) und L10 (Scanias erster Linkslenker) sowie den schwereren L20 4x2 (10–11 Tonnen) und LS20 6x2 (15 Tonnen) eine neue zivile Lastergeneration vor, um auf den erwarteten Nachkriegsboom vorbereitet zu sein. 1948 wurde Scania-Vabis Generalimporteur für Volkswagen in Schweden und konnte so sein heimisches Händler- und Werkstattnetz ausbauen. Ab 1953 erneuerte der Lastwagenbauer seine Modellpalette mit den schweren Haubenlastern L51 (100 PS), dem Zweiachser L71 und dem Dreiachser LS71, die letzteren beiden mit 150-PS-Direkteinspritzer-Diesel. Fünf Jahre später folgten diesen sukzessive die Modelle L55 (120 PS), L75 (165 PS) und LS75 (200 PS) mit neuen Sechszylinder-Motoren nach. Mit Beginn der 60er Jahre – einhergehend mit dem Bau von Werkstätten in Brasilien und den Niederlanden – hielt die nächste, wiederum leistungsgesteigerte Lkw-Reihe ihren Einzug: L56, L76 und LBS76. Der Letztere stach heraus: LBS76 war der erste Scania-Frontlenker seit 30 Jahren. Sein Design wirkte zwar leicht altmodisch und nicht ganz auf der Höhe der Zeit, dennoch war er – und vor allem seine deutlich moderneren Nachfolger, beginnend mit den Typen LB80 und LB110 von 1968 – der Türöffner für den europäischen und britischen Markt und trug dazu bei, dass die Schweden zu Europas wichtigsten Lastwagenherstellern aufschlossen. 1968 kam es zur Fusion mit dem schwedischen Rüstungskonzern und Pkw-Hersteller SAAB. Von nun an trugen die Fahrzeuge der Kürze wegen lediglich noch die Aufschrift »Scania« auf der Haube. Ihr bis heute typisches Erscheinungsbild mit den breiten Querbalken entstand zu dieser Zeit. Die aktuelle Fahrzeuggeneration wurde 1974 von der »Serie 1« abgelöst. L81, L111 und L141 hießen die Modelle, doch der Wechsel war unspektakulär, vor allem

Scania-Vabis Typ CLc mit einem Motor des Typs I. Hergestellt wurde dieser Laster in den Jahren zwischen 1911 und 1927. (Foto: © Scania CV AB)

Scania LBS 110 Frontlenker-Tanker aus den späten 60er / frühen 70er Jahren.

(Foto: © Scania CV AB)

Scania LBS 110 Tanker.

(Foto: © Scania CV AB)

Scania LS110 Tanker mit 11-Liter-Reihensechszylinder-Motor aus dem Jahr 1974. Die Bauzeit dieses Typs lag zwischen Anfang und Mitte der 70er Jahre.

(Foto: © Scania CV AB)

Scania T 124 Tanker. (Foto: © Scania CV AB)

Scania R124 4x2 470 mit Sattelauflieger. Die Reihe R124 erschien ursprünglich in den 90er Jahren. Das Modell 470 verfügt über bis zu 470 PS Leistung. (Foto: © Scania CV AB)

Scania G 320 6x2 Highline Hybrid Abfallsammelfahrzeug mit Müllcontainer. Zur Wahl stehen Motoren zwischen 250 und 490 PS. (Foto: © Scania CV AB)

äußerlich tat sich wenig. Die Motorleistung des stärksten Typs erhöhte sich auf 375 PS. Mit Beginn der 80er Jahre führte Scania die »Serie 2« ein. Die Fahrzeuge (82, 112, 142) erhielten neue Fahrerkabinen und abermals stärkere Motoren mit 8 bis 14 Litern Hubraum. Der 1982 vorgestellte V8-Diesel war mit 420 PS der stärkste in Europa. Ebenfalls neu in der alten Welt: die elektrische Schalthilfe CAG. Mit den vorangestellten Buchstaben wurden die Lkw charakterisiert: P stand für eine niedrige, R für eine hohe Kabine und T für ein Haubenfahrzeug. 1988 erfolgte die Wachablösung in Form der »Serie 3« (93, 113, 143). Neben der Ausstattung mit neuer Technik und neuen Fahrerkabinen erhielt wiederum die Motorleistung einen deutlichen Schub nach oben, zuerst wurde die 470-PS-Marke erreicht, später lag die höchste angebotene Motorleistung sogar bei über 500 PS. Mitte der 90er Jahre – die Verbindung mit SAAB war nun beendet – ersetzte die »Serie 4« ihre Vorgängerin mit den Modellen 94, 114, 124 und 144. Die vorangestellten Buchstaben wurden beibehalten. Die Kabinen wurden nun rundlicher, verloren das Kantige der letzten 20 Jahre. Die Motorleistungen bewegten sich zwischen 230 und 530 PS; im Jahr 2000 sogar gesteigert auf 580 PS. Immer noch standen neben Frontlenkern auch Haubenfahrzeuge im Angebot. Dies änderte sich ab 2005 mit der »Serie 5«. Die Verkaufszahlen der ehemals von Scania favorisierten Hauber waren mittlerweile so stark gesunken, dass es sich nicht mehr lohnte, diese weiter zu produzieren. Nachdem ein Übernahmeversuch durch Volvo 1999 am schwedischen Kartellamt gescheitert war, versuchte es der deutsche Lastwagenkonzern MAN 2006 ebenfalls. Dagegen wehrte sich Scania jedoch erfolgreich. Die Übernahme durch den Giganten Volkswagen allerdings konnte das Unternehmen dann nicht mehr verhindern. Sukzessive kauften die Wolfsburger ab 2008 den schwedischen Traditionshersteller auf. Hilfreich war die Eingliederung von MAN in den Volkswagenkonzern im Jahr 2011, da die Münchner immer noch einen höheren Stimmenanteil bei Scania hielten. Volkswagens Ziel ist es, mit Hilfe von Scania und MAN selbst zu Europas größtem Nutzfahrzeughersteller aufzusteigen. Diesem Zweck dient die Holding »Volkswagen Truck & Bus« in Braunschweig, in der Scania und MAN gebündelt werden sollen. Seit 2009 bildet die »Serie 6« das Lkw-Angebot von Scania. Nach wie vor konzentriert sich Scania auf die Produktion schwerer Lastwagen. In der P-Serie erscheinen Lastwagen mit kürzerer Fahrerkabine für die Bauindustrie, den regionalen sowie lokalen Verteilerverkehr. Die Euro-6-Motoren leisten bis zu 450 PS. Mit geräumigeren Kabinen und höherem Komfort warten die Fahrerhäuser der G-Serie auf. Eingesetzt werden diese Laster ebenfalls im Verteilerverkehr und auf Baustellen, zusätzlich aber auch im Fernverkehr. Die höchste zur Verfügung stehende Motorleistung beläuft sich hier auf 480 PS. Die Premiumklasse bildet schließlich die R-Serie. Hier haben die Schweden die Messlatte bei den Motoren 2010 erneut höhergelegt: mit 730 PS stellen sie einmal mehr den leistungsstärksten Diesel Europas. Darüber hinaus wartet die Serie 6 mit dem Opticruise-Gangwechsel-System auf und verfügt außerdem über zahlreiche Fahrassistenz-Systeme wie Bremsassistent, Spurwechselwarnsystem, adaptive Geschwindigkeitsregelung und ein Kamerasystem.

Im Vordergrund zu sehen: der 40-Tonner Scania R 730 aus der aerodynamisch optimierten Streamline-Serie. Er bezieht 730 PS aus seinem 16,4-l-V8-Common-Rail-Diesel.
(Foto: © Scania CV AB)

Links ein Scania R 480 6x4 Streamline mit Hochdachkabine, rechts ein Scania R 440 6x4 Streamline mit normalem Fahrerhaus.
(Foto: © Scania CV AB)

VOLVO

Der Name »Volvo« war bereits seit 1915 in Verwendung für eine eingetragene, aber noch inaktive Tochterfirma des schwedischen Kugellagerherstellers SKF. Der dort angestellte Mitarbeiter Assar Gabrielsson und der ehemalige Mitarbeiter Gustaf Larson entwickelten in den 20er Jahren den Plan, eigene robuste Personen- und Lastkraftwagen zu konstruieren, die an das raue schwedische Klima angepasst waren. 1926 schlossen beide mit SKF einen Vertrag, der die Aktivierung der Tochter Volvo vorsah, mit dem Zweck, in Zukunft hier Kraftfahrzeuge zu produzieren. Ein Jahr nach Vorstellung des ersten Personenwagens konnten Gabrielsson und Larson 1928 dann ihren ersten Lastwagen präsentieren. Der 1,5-Tonner »Series 1« mit Wellenantrieb, Luftreifen und 28 PS wurde sofort zu einem Erfolg und war schnell ausverkauft. Volvo hatte auf sich aufmerksam gemacht, enttäuschte aber zunächst mit einigen weniger gut gelungenen Nachfolgemodellen, bis es 1932 die Reihen LV71 und LV73 mit 2,5 bis 3 Tonnen Nutzlast an den Start brachte. Diese setzten den Erfolg des Premieren-Lasters fort und etablierten Volvo als führenden schwedischen Lastwagenbauer. Erste Exporte nach Europa fanden statt, richtig bekannt wurden die Schweden hier allerdings erst nach dem Zweiten Weltkrieg. Mit dem LV66 hatte Volvo 1931 mit 9 Tonnen Gesamtgewicht seinen ersten schweren Laster auf den Markt gebracht. In den späten 30er Jahren entwickelten sich die Reihen LV8 und 9 zu Schwedens Standard-Lastwagen. Diese 4-Tonnner warteten mit neuen, attraktiveren Fahrerkabinen sowie einer besseren Gewichtsverteilung aufgrund der zurückgenommenen Vorderachse auf. Als Alternative zu einem Benzinmotor stand erstmals ein Hesselman-Diesel zur Wahl, das war ein Mittelding zwischen einem Benziner und einem Diesel. Während des Zweiten Weltkrieges lieferte Volvo Lastwagen an die schwedische Armee. Hierbei wurden die mittelschweren, allradgetriebenen sogenannten »Roundnose«-Laster sehr erfolgreich. Zu diesen zählten die Reihen LV120 bis LV 154. Während des Krieges waren sie meist mit Holzgasgeneratoren ausgestattet. Neben diesen Roundnose-Lkw produzierte Volvo ab Ende der 30er Jahre noch die schweren »Longnose«-Modelle (LV180/190 und LV290) mit Leistungen von 90 bis 150 PS sowie die leichten »Sharpnose«-Laster (LV101–202) mit 50 bis 86 PS. Nach dem Krieg waren es Roundnose-Lkw, die erstmals serienmäßig bei Volvo mit einem Dieselmotor ausgerüstet wurden. Bis 1954 wurden diese erfolgreichen Modelle hergestellt. Ihr Ersatz ab der zweiten Hälfte der Fünfziger hieß Volvo Brake, Starke oder Raske mit Zuladungen von 4,5–5 Tonnen. In der schweren Gewichtsklasse ersetzte der L395 Titan seine Vorgänger. Er präsentierte sich mit breiterer Motorhaube, einem 130–150 PS starken Sechszylinder-Diesel und 10 Tonnen Nutzlast. Der Titan wurde zu einem der bekanntesten Lastwagen von Volvo. Ab 1954 kam er erstmals bei den Schweden mit einem Turbodiesel, der seine Leistung auf 185 PS erhöhte. 8 Tonnen Nutzlast und 115 PS bot der 1953 erschienene, etwas kleinere L385 Viking. Mit 185 PS am leistungsstärksten war der L495 Titan, der ab 1959 gebaut wurde. Volvo expandierte zusehends in diesen Jahren und eröffnete Werke in der ganzen Welt, so z. B. in Afrika, Südamerika, Kuba, im Nahen Osten, in der Türkei und anderswo. Der Durchbruch im zentralen europäischen Markt stand dagegen noch aus. Er folgte in den 60er Jahren mit Einführung moderner Frontlenker, die Volvo bislang noch nicht im Programm gehabt hatte. Das änderte sich 1962 mit der Tiptop-Reihe. Den Anfang machte der Raske Tiptop, die Überarbeitung des Titan zum L4951 Titan Tiptop folgte 1964. Diese Frontlenker kamen mit kippbarem Fahrerhaus sowie neu entwickelten Motoren und Getrieben. Zum endgültigen Türöffner nach Europa wurde schließlich 1965 die von vornherein auf den Export zielende schwere »System 8«-Reihe. Die Zahl »8« bezog sich hierbei auf die Anzahl der überarbeiteten Komponenten bei diesen Lastern, angefangen vom Motor über das Getriebe bis hin zum Chassis. Das Modell F88 startete bei 200 und 260 PS, seine Ergänzung F89 ab 1970 war mit ihrem Turbodiesel sogar 330 PS stark. Der große internationale Erfolg dieser Modellreihen zog weitere Werkseröffnungen nach sich, so in Peru, Australien, Schottland, Belgien und Marokko, ab den 80er Jahren auch in Brasilien. 1969 wurde die »Volvo Truck Division« ein eigenständiges Unternehmen. 1971 standen erstmals seit Jahren mit

Volvo-Lastwagen »Series 2« von 1928 mit Vierzylinder-Motor. Er stellte eine Weiterentwicklung des »Series 1« aus dem selben Jahr dar. (Foto: © Volvo Trucks)

Der leistungsstärkste Volvo-Laster in der ersten Hälfte der 60er Jahre: der L495 Titan. Häufig war er, wie auf dem Bild, im Baugewerbe anzutreffen. (Foto: © Volvo Trucks)

Europas leistungsstärkster Laster (330 PS) im Jahr 1970 hieß Volvo F89. Er kam sowohl im Fernverkehr wie auch für spezielle Aufgaben zum Einsatz. (Foto: © Volvo Trucks)

Eine Variante des F88 war der Volvo G88, der von 1970 bis 1978 produziert wurde. Seine vorwärtsverlagerte Vorderachse unterschied ihn von ersterem. (Foto: © Volvo Trucks)

Volvo FH16-Sattelschlepper mit dem Globetrotter-Fahrerhaus als »Road Train« in Australien unterwegs. Um seine Last ziehen zu können, verfügte der Laster zu Beginn der 2000er Jahre wahlweise über 550 bis 610, später 660 PS. (Foto: © Volvo Trucks)

Volvo FM 440 beim Zuckerrohr-Transport. (Foto: © Volvo Trucks)

Volvo FH16 mit 700 PS starkem 16,1-Liter-Sechszylindermotor und schneller I-Shift-Schaltung, die an Steigungen den Lastwagen auf Tempo hält. (Foto: © Volvo Trucks)

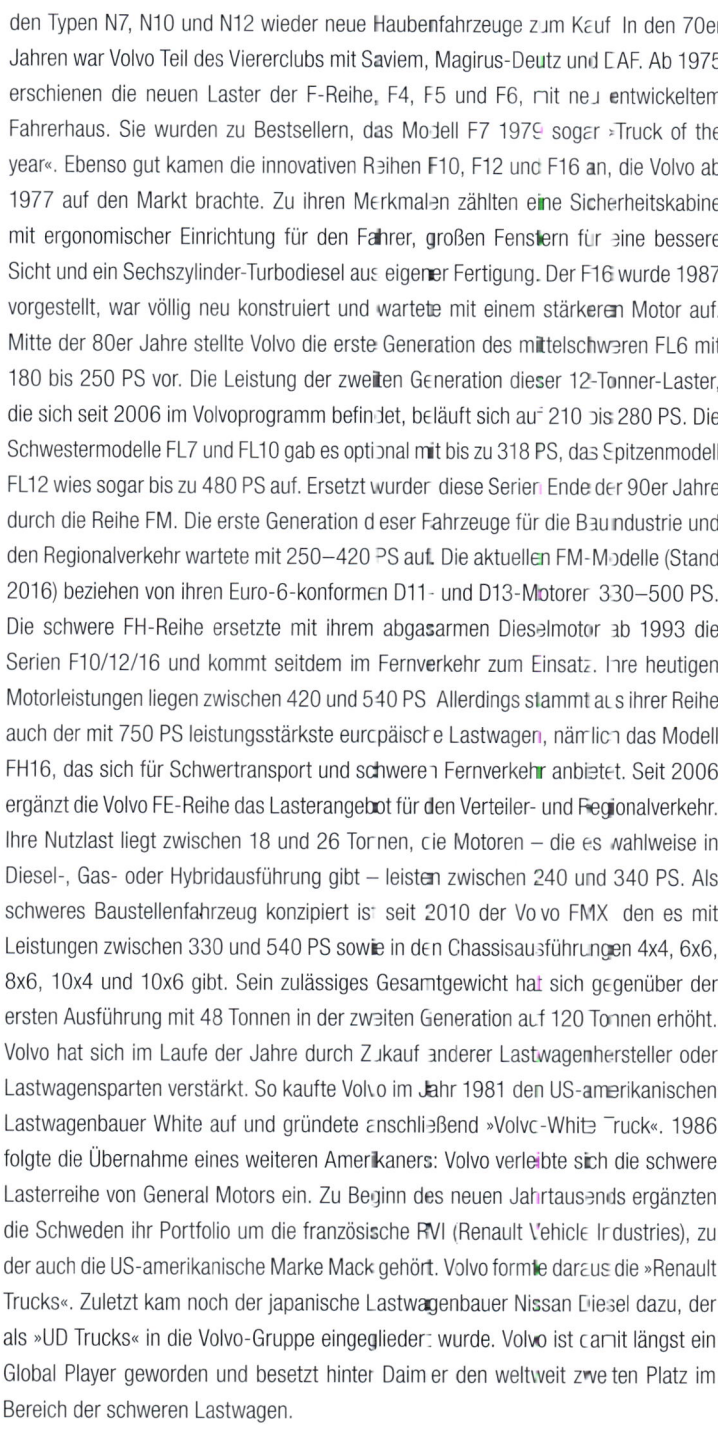

Der FH 480 gehört zur zweiten Generation dieser Reihe und leistet 480 PS.

(Foto: © Volvo Trucks)

den Typen N7, N10 und N12 wieder neue Haubenfahrzeuge zum Kauf. In den 70er Jahren war Volvo Teil des Viererclubs mit Saviem, Magirus-Deutz und DAF. Ab 1975 erschienen die neuen Laster der F-Reihe, F4, F5 und F6, mit neu entwickeltem Fahrerhaus. Sie wurden zu Bestsellern, das Modell F7 1979 sogar »Truck of the year«. Ebenso gut kamen die innovativen Reihen F10, F12 und F16 an, die Volvo ab 1977 auf den Markt brachte. Zu ihren Merkmalen zählten eine Sicherheitskabine mit ergonomischer Einrichtung für den Fahrer, großen Fenstern für eine bessere Sicht und ein Sechszylinder-Turbodiesel aus eigener Fertigung. Der F16 wurde 1987 vorgestellt, war völlig neu konstruiert und wartete mit einem stärkeren Motor auf. Mitte der 80er Jahre stellte Volvo die erste Generation des mittelschweren FL6 mit 180 bis 250 PS vor. Die Leistung der zweiten Generation dieser 12-Tonner-Laster, die sich seit 2006 im Volvoprogramm befindet, beläuft sich auf 210 bis 280 PS. Die Schwestermodelle FL7 und FL10 gab es optional mit bis zu 318 PS, das Spitzenmodell FL12 wies sogar bis zu 480 PS auf. Ersetzt wurden diese Serien Ende der 90er Jahre durch die Reihe FM. Die erste Generation dieser Fahrzeuge für die Bauindustrie und den Regionalverkehr wartete mit 250–420 PS auf. Die aktuellen FM-Modelle (Stand 2016) beziehen von ihren Euro-6-konformen D11- und D13-Motoren 330–500 PS. Die schwere FH-Reihe ersetzte mit ihrem abgasarmen Dieselmotor ab 1993 die Serien F10/12/16 und kommt seitdem im Fernverkehr zum Einsatz. Ihre heutigen Motorleistungen liegen zwischen 420 und 540 PS. Allerdings stammt aus ihrer Reihe auch der mit 750 PS leistungsstärkste europäische Lastwagen, nämlich das Modell FH16, das sich für Schwertransport und schweren Fernverkehr anbietet. Seit 2006 ergänzt die Volvo FE-Reihe das Lasterangebot für den Verteiler- und Regionalverkehr. Ihre Nutzlast liegt zwischen 18 und 26 Tonnen, die Motoren – die es wahlweise in Diesel-, Gas- oder Hybridausführung gibt – leisten zwischen 240 und 340 PS. Als schweres Baustellenfahrzeug konzipiert ist seit 2010 der Volvo FMX, den es mit Leistungen zwischen 330 und 540 PS sowie in den Chassisausführungen 4x4, 6x6, 8x6, 10x4 und 10x6 gibt. Sein zulässiges Gesamtgewicht hat sich gegenüber der ersten Ausführung mit 48 Tonnen in der zweiten Generation auf 120 Tonnen erhöht. Volvo hat sich im Laufe der Jahre durch Zukauf anderer Lastwagenhersteller oder Lastwagensparten verstärkt. So kaufte Volvo im Jahr 1981 den US-amerikanischen Lastwagenbauer White auf und gründete anschließend »Volvo-White Truck«. 1986 folgte die Übernahme eines weiteren Amerikaners: Volvo verleibte sich die schwere Lasterreihe von General Motors ein. Zu Beginn des neuen Jahrtausends ergänzten die Schweden ihr Portfolio um die französische RVI (Renault Vehicle Industries), zu der auch die US-amerikanische Marke Mack gehört. Volvo formte daraus die »Renault Trucks«. Zuletzt kam noch der japanische Lastwagenbauer Nissan Diesel dazu, der als »UD Trucks« in die Volvo-Gruppe eingegliedert wurde. Volvo ist damit längst ein Global Player geworden und besetzt hinter Daimler den weltweit zweiten Platz im Bereich der schweren Lastwagen.

Ein FH16-Laster als 30-Meter-Holztransporter.

(Foto: © Volvo Trucks)

USA

Die Geschichte der amerikanischen Lastwagen lässt sich nicht ohne die Entwicklung der amerikanischen Eisenbahn verstehen: Mitte des 19. Jahrhunderts wurde der Güter- und Personenverkehr in den USA mit Pferdefuhrwerken über die wenigen Straßen abgewickelt. Dann kam die Eisenbahn. Die Railroads wurden zur nationalen Angelegenheit, die Eisenbahnbosse zum Mythos. Darüber verfiel zunächst das Straßennetz. Erst als im Ersten Weltkrieg – und im Krieg gegen Mexiko – deutlich wurde, dass die Eisenbahn gar nicht in der Lage war, die anfallenden Gütermengen zu bewältigen, wurde auf Betreiben des Militärs die Entwicklung des motorisierten Lastkraftwagens vorangetrieben und die Infrastruktur besser. Das war die Geburtsstunde des amerikanischen Truckers, der als selbstfahrender Unternehmer (Trucker-Owner) den Cowboy der Gegenwart verkörpert. Die Truck-Geschichte selbst beginnt mit dem Ford-T-Lieferwagen für den innerstädtischen Lieferverkehr, nach dem Zweiten Weltkrieg begann dann die Entwicklung der schweren, bulligen Haubenlastwagen, die heute so typisch sind für die US-Lastwagenszene.

Dieser International LoneStar ist ein wahrer Blickfang. Navistar, die Nachfolgefirma von IH, hat dieses 600-PS-Kraftpaket mit seinen ca. 27 Tonnen Gesamtgewicht bewusst auf Retro getrimmt. (Foto: © Navistar)

DIAMOND T

Zwar hatte Charles Arthur Tilt, Sohn eines Schumachers, sich bereits seit 1905 in Chicago mit dem Bau von hochwertigen Automobilen abgegeben, doch seine eigentliche Berufung fand er erst sechs Jahre später, als er sich im Kundenauftrag an einen leichten 1,5-Tonnen-Lkw mit 40 PS wagte und zu dem Schluss kam, dass damit weitaus mehr Geld zu verdienen wäre. Wie schon bei seinen Personenwagen setzte Tilt mit seiner »Diamond T Motor Car Company« auch bei seinen Lastern auf hohe Qualität, Robustheit und technische Innovationen, womit er sofort ins Schwarze traf. Ein besonderer Vorteil war von Anfang an das gut ausgebaute Vertriebs- und Werkstattnetz, welches Diamond T aufbaute, zuerst in den USA, später außerhalb. Im Ersten Weltkrieg war Diamond T einer der Mithersteller des von der US-Regierung initiierten Militär-Lasters namens »Liberty Truck«, mit denen die kämpfenden US-Truppen in Europa ausgestattet wurden. Diamond T war verantwortlich für die 3- bis 5-Tonner-Modelle B und C. In veränderter Form ließ Tilt diese Lkw nach Ende des Krieges weiterbauen. Dazu kamen leichtere Fahrzeuge, sodass er in diesen Jahren Trucks zwischen 1 und 5 Tonnen im Angebot hatte, sowohl militärische als auch zivile. Als Tilt merkte, dass Schnelligkeit bei den Lastern ein Wettbewerbsvorteil sein konnte, begann er seine Fahrzeuge neu zu stylen und auszurüsten. Diamond-T-Trucks gaben sich fortan stromlinienförmig wie Schnellzüge, beeindruckten durch einen aggressiven Kühlergrill und glänzten mit viel Chrom. Doch auch unter der Motorhaube hatten Tilts Laster einiges zu bieten. Sechszylinder-Hercules-Motoren und Luft- anstelle von Vollgummireifen taten ein Weiteres, um die Konkurrenz geschwindigkeitsmäßig abzuhängen. Dazu kamen technische Innovationen wie etwa eine geschmiedete Kurbelwelle und hydraulische Bremsen.

In den 30er Jahren befand sich der Lastwagenbauer aus Chicago auf dem Höhepunkt seines Erfolges. 1936 umfasste sein Programm 13 Grundmodelle (T212A–T512DR) mit Nutzlasten zwischen 1,5 und 6,5 Tonnen, ausgestattet mit Hercules-Motoren von 63 bis 119 PS Leistung. Zwei Jahre später waren es bereits 24 Modelle (T401–T804), darunter auch Frontlenker sowie der Pickup T201.

Einen weiteren Höhepunkt stellte für Diamond T der Zweite Weltkrieg dar: Mehr als 50.000 Fahrzeuge lieferte er an die US-Army und ihre Verbündeten, Transporter, Zugmaschinen und Bergefahrzeuge. Neben 4-Tonnern wie den Modellen T967, T968 und T968A 6x6 (98–106 PS) sorgten vor allem die 12-Tonner L980 und L981 (185–240 PS) für Furore, waren sie doch in der Lage, selbst schwerste Panzer abzuschleppen. Von diesen robusten Lastern zehrten Briten und Franzosen, aber auch Italiener noch nach dem Krieg, denn die Amerikaner ließen viele in Europa zurück, um die heimische Industrie nicht zu gefährden.

1944 war es Diamond T erlaubt worden, neben Militärlastern auch wieder zivile Trucks zu bauen; unter den 77 bis 150 PS starken Modellen befanden sich T404N, T509, T614N, T802 und T900 sowie T910. Eine neue Reihe ziviler Laster entstand ab 1947 mit den Modellen T201, T306, T703, T809 und T901 (3,6–16,3 Tonnen). Der Misserfolg des leichten Lkw T222 überzeugte die Firma allerdings davon, in Zukunft nur noch auf schwere Trucks zu setzen. Im militärischen Bereich war man ebenfalls weiter engagiert: Der 5-Tonner M54 6x6 mit 224 PS kam im Korea-Krieg zum Einsatz. Weitere schwere zivile Laster in den 50er Jahren leisteten bis zu 335 PS, dabei brachte Diamond T sowohl Hauber wie auch Frontlenker auf den Markt. Doch die wiedererstarkte Konkurrenz aus Europa sowie preisgünstigere Mitbewerber aus den USA machten Diamond T zusehends zu schaffen. Die Absatzzahlen gingen zurück. 1958 übernahm die White Motor Company den Truckbauer, verlagerte 1960 die Produktion nach Lansing, Michigan, wo sich bereits die zu White gehörende Firma REO befand. Ein paar Jahre ging das gut, dann rückte die Krise Diamond T wieder auf den Pelz. 1967 kam es zur Fusion zwischen Diamond T und REO. Nunmehr hießen die Laster »Diamond-REO«. Doch Mitte der 70er Jahre gingen die Lichter wegen der Ölkrise in Lansing endgültig aus. Diamond T wurde eingestellt, das Modell Diamond-REO C-116 »Giant« mit 240 PS jedoch von einem Übernahmekäufer noch bis Mitte der 90er Jahre produziert.

Bierlaster von Diamond T aus dem Jahr 1925.

Diamond T L 980. Der abgebildete ehemalige Militär-Tanker wurde in einen zivilen Schwertransporter umgebaut. Im Zweiten Weltkrieg auch als Panzerschlepper eingesetzt.
(Foto: © Bahnfrend, CC-BY-SA-4.0)

Diamond T 306 von 1940. Das Modell 306 wurde in den 30er Jahren zum ersten Mal aufgelegt. Nach dem Zweiten Weltkrieg erschien wieder ein Diamond-T-Truck mit dieser Bezeichnung.
(Foto: © sv1ambo, CC-BY-SA-2.0)

Der Fünf-Tonnen-Kipper M51 6x6 wurde von International Harvester entwickelt und anschließend von Diamond T in den Jahren von 1951 bis 1965 gebaut. Das Gefährt brachte es auf eine Spitzengeschwindigkeit von 84 km/h.

Typisch für die ausgehenden Dreißiger war das Design: Fords Kurzhauber-Familie wurde zwischen 1937 und 1948 gebaut. (Foto: © Ford)

Ein 1962er Ford F-850 als Betonmischer; der 6x4-Hauber war die schwerste Ausführung der 1948 eingeführten F-Familie. (Foto: © Ford)

Ein Ford Model V8-51 mit langem Radstand als rollender Hot-Dog-Stand in New Orleans. Die Truck-Version des berühmten Ford V8 erschien 1935 und wurde zwischen 1937 und 1939 auch bei der deutschen Ford in Köln hergestellt. (Foto: © Infrogmation, CC-BY-SA-3.0)

Ford stellte schon früh Kleinlaster her, die bis Anfang der Dreißiger von den jeweiligen Personenwagen abgeleitet waren, den T-, A- und B-Modellen. 1924 tauchte im Prospekt erstmals ein T-Truck auf, vom TT-Truck wurden allein 1925 rund 270.000 Stück gebaut. Dem TT folgte der 1,5-Tonner AA, und diesem wiederum der BB mit dem unglaublichen V8-Motor. Alle drei Truck-Modelle legten die Basis für die Truck-Fertigung bei den Ford-Tochtergesellschaften rund um den Globus, und selbst die russische Automobilindustrie hat mit dem Ford AA ihren Anfang genommen.

Ende der Dreißiger näherte sich das Styling der Ford-Trucks dem der Personenwagen an, in Sachen Gewicht war bei drei Tonnen Schluss: Im Krieg baute Ford alles Mögliche, nur keine Lastwagen. Die F-Serie von 1948 war die erste von Anfang an als Nutzfahrzeug ausgelegte Ford-Serie seit dem BB-Typ; den F-8 als schwersten Vertreter gab es auch als 6x4. Nach 1953 diversifizierte Ford seine breit aufgestellte F-Serie, der Buchstabe »F« wurde für Ausführungen mit konventionellem Fahrerhaus verwendet, die 1957 eingeführte C-Serie hatte F-Technik, war aber ein Frontlenker mit Kippkabine, und die T-Serie hatte das F-Fahrerhaus, aber eine Tandemachse. Insgesamt bot Ford zum Ende des Jahrzehnts über 250 mögliche Motor-, Chassis- und Fahrerhauskombinationen an. Technisch waren in jener Dekade die neuen obengesteuerten Motoren und ein neuer Sechszylinder von Belang, der C-900 als größter Frontlenker hatte als Sattelzugmaschine den 212 PS starken Diesel-V8. Die mittelschwere C-Serie wurde, nach diversen Facelifts, erst 1981 ersetzt und für bestimmte Verwendungen noch bis 1990 angeboten.

Kranwagen der 1957 erneuerten C-Serie mit Kippkabine. Die Diesel-Motoren kamen von Cummins oder Caterpillar. (Foto: © Dave_7, CC-BY-SA-2.0)

Ford-V8 mit Feuerwehraufbau von Howe, 1941. 400 der 500 gebauten Fahrzeuge lieferte Howe an die US Navy. Das Fahrzeug war auf einem Stützpunkt der Marineflieger stationiert. (Foto: © besopha, CC-BY-SA-2.0)

Die schweren Ausführungen der Pickup-F-Serie wurden 1953 in C-Serie umbenannt. Dieses Fahrzeug ist ein C-600 von 1955 und damit ein eher kleiner Vertreter dieser V8-Reihe. (Foto: © JOHN LLOYD, CC-BY-SA-2.0)

FORD

Die Vielfalt an Lastwagenausführungen vergrößerte sich mit Beginn der Sechziger; der T-950 Super Duty war der schwerste Typ. Der V8-Ottomotor kam hier auf 270 PS, es gab Druckluftbremsen und Servolenkung. Das Gesamtgewicht war auf 24 Tonnen gestiegen. Neu hinzu kamen die stupsnasige N-Serie, um die Lücke zwischen F- und C-Serie zu schließen, sowie die H-Serie als Fernverkehrs-Ausführung der C-Serie mit Liege hinter der Kabine, wahlweise zu bestücken mit dem Ford-eigenen 8,5-Liter-V8-Benziner und 266 PS oder aber einem Diesel-Reihensechszylinder von Cummins, dann mit 220 PS. Mitte der Sechziger bot Ford innerhalb seines Truck-Programms über 1000 mögliche Kombinationen an, und die Palette an Dieselmotoren wuchs um weitere V6- und V8-Diesel von Cummins und Caterpillar. 1965 verlagerte Ford die Produktion der schweren Lkws in ein neues Werk in Louisville, Kentucky. Die T-Baureihe lief 1972 aus, ihre Ablösung in Form der L-Serie – die über 30 Motorisierungsmöglichkeiten bot – war zu dem Zeitpunkt schon zwei Jahre auf dem Markt. Die Fernverkehrs-H-Frontlenker waren bereits 1966 renoviert worden, hießen jetzt W-Serie und ließen dem Kunden die Wahl unter acht Diesel-Motoren dreier Hersteller in 20 Leistungsstufen. Hauber wie auch Frontlenker wurden verschiedentlich überarbeitet, der W-Serie folgte die CL-9000-Reihe mit Aluminium-Haus, und die L-Serie erhielt Zuwachs in Gestalt der LTL-9000. Allerdings wurde das Geschäft mit den schweren Trucks – über 15 Tonnen Gesamtgewicht – immer unerfreulicher. Nachdem Ford sich in Europa schon von den schweren Lkw verabschiedet hatte, vollzog sich auch der Ausstieg in den USA. Ford gab seine Schwerlastsparte 1997 an Freightliner ab, das die Ex-Ford dann unter der Bezeichnung Sterling verkaufte. Ganz anders dagegen verlief die Entwicklung im leichten bis mittelschweren Segment, das Ford mit der F-Serie besetzte: Diese Pick-up-Serie, inzwischen in 13. Generation auf dem Markt, startete 1948 und deckte die Gewichtsklasse von 0,5 bis drei Tonnen Nutzlast ab. Heute ist es wieder ähnlich: Die F-Serie deckt den Pick-up-Bereich für private Nutzer ebenso ab wie für Gewerbekunden, letztere greifen zu den Ausführungen mit »Super Duty«-Chassis oder zu den »Commercial Trucks«. Im Lkw-Bereich deckt die F-Serie den Bereich von fünf bis 15 Tonnen Gesamtgewicht ab, zu haben mit V8-Diesel und V10-Benziner im Leistungsspektrum von 270 bis 330 PS. Unabhängig von den amerikanischen Modellen bauten Ford-Werke rund um den Globus über die Jahre und Jahrzehnte eigene Trucks; die schwere Transcontinental-Reihe (1975–1984) oder die mittelschweren Cargos (Premiere 1981) sind dafür gute Beispiele.

Was in Deutschland der Golf, ist in den USA der Ford-Pick-up: Meistverkauftes Auto und Maßstab für die Konkurrenz. (Foto: © Ford)

Ein CL-9000 von 1980, unterwegs in Chile. Mit der CL-Baureihe kam 1977 eine neue, komfortabel gefederte Aluminium-Kabine.

Die erste Generation von Fords L-Reihe (L = Louisville) wurde zwischen 1970 und 1995 gebaut. Dieser LNT-9000 hat eine Tandemachse, unter der Haube (die kürzeste in dieser Serie) sitzt ein Detroit Diesel oder Cummins-Motor. (Foto: © Bahnfrend, CC-BY-SA-4.0)

Die mittelschwere F-Serie erhielt ein eigenes Chassis, nutzte aber noch die Kabine der F-Serie. Hier ein F600 des Jahres 1976; die 1967 eingeführte Optik änderte sich erst 1980. (Foto: © MrChoppers, CC-BY-SA-3.0)

Der Ford Cargo, ursprünglich 1981 eingeführt, rollt heute noch von den Bändern der Ford-Werke in Brasilien, Argentinien und Venezuela, in der Türkei und Indien, dort als Ashok Leyland. Auch Freightliner hat ihn produziert. Dieser brasilianische Cargo 1729 T von 2013 mit Cummins-Sechszylinder und 290 PS ist auf 38 Tonnen Zuggewicht ausgelegt. (Foto: © Ford Brasil)

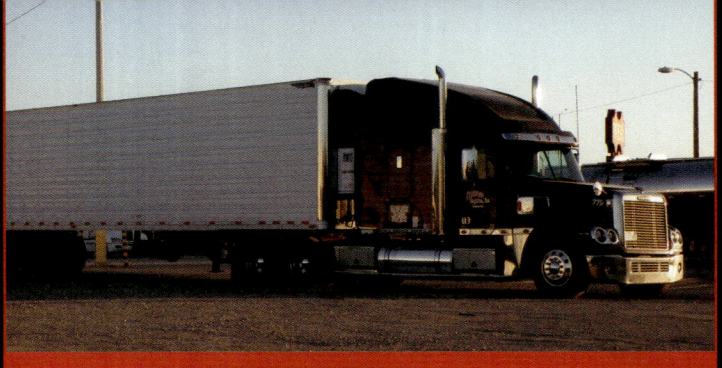

Der Fernlaster Freightliner Coronado kann mit Motoren der Typen DD16, DD15, DD13 und Cummins ISX15 bestückt werden. Seine Schlafkabine lässt sich in ein »Wohnzimmer« umfunktionieren mit Mikrowelle, Kühlschrank, Fernseher, zwei Sitzen und Tisch. (Foto: © Frank Deanrdo, CC-BY-2.0)

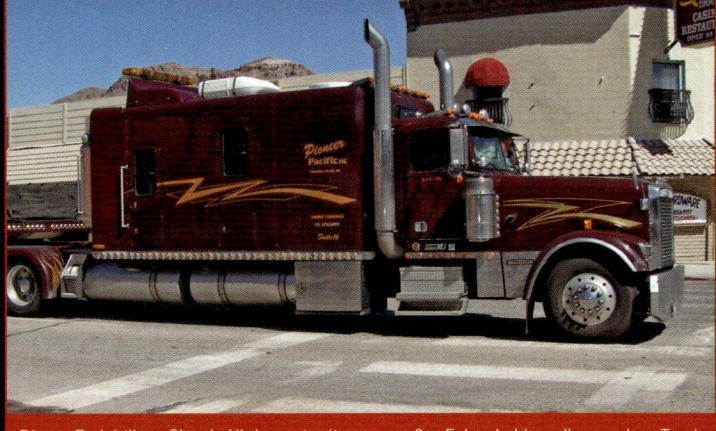

Dieser Freightliner Classic XL kommt mit ex:ra großer Fahrerkabine, die aus dem Truck quasi ein Heim auf Rädern macht. (Foto: © Mark Holloway, CC-BY-2.0)

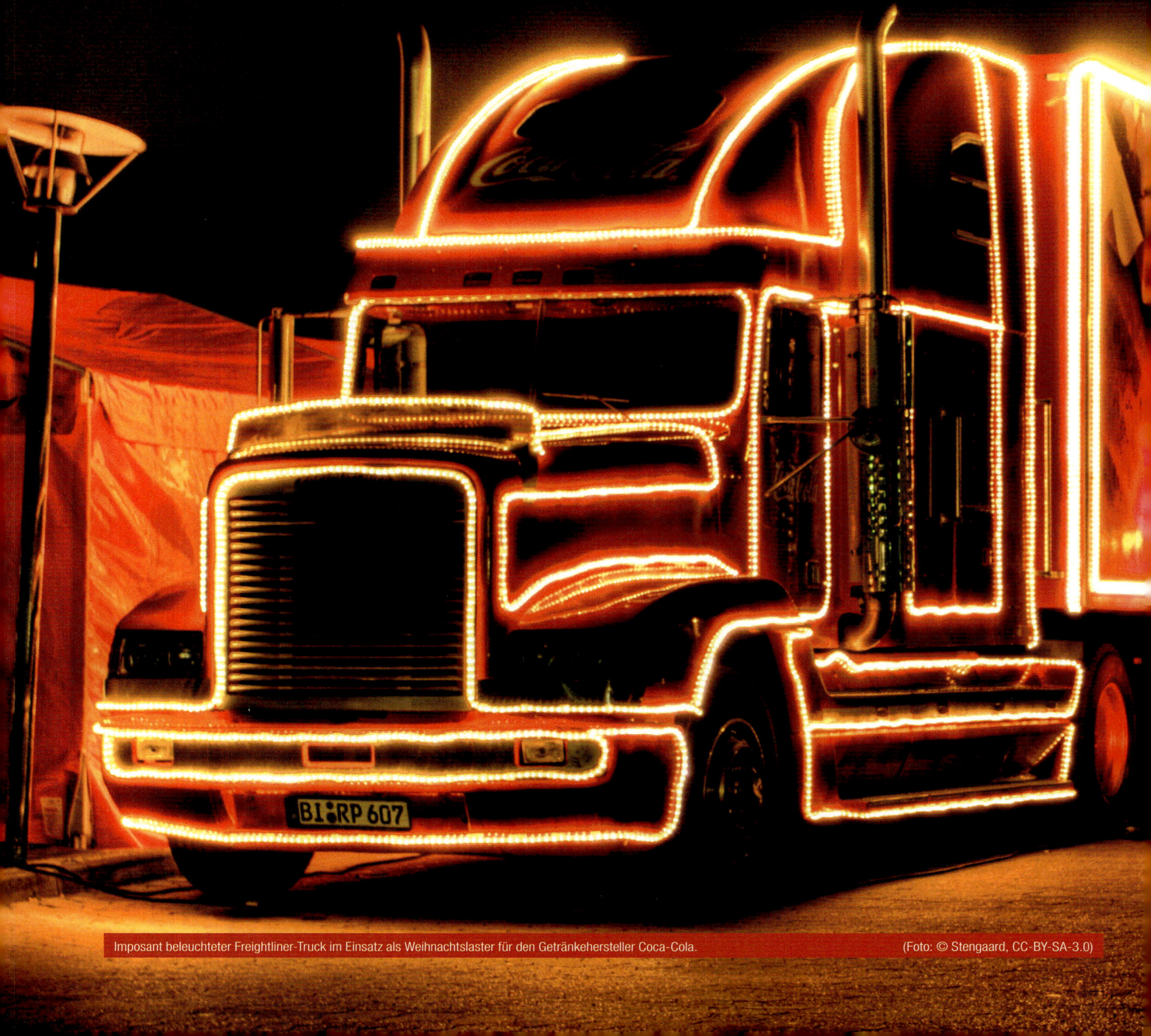

Imposant beleuchteter Freightliner-Truck im Einsatz als Weihnachtslaster für den Getränkehersteller Coca-Cola. (Foto: © Stengaard, CC-BY-SA-3.0)

FREIGHTLINER

Freightliner M2 106 im Einsatz bei der chilenischen Fluggesellschaft Aerocardal.
(Foto: © Aerocardal Chile, CC-BY-SA-2.0)

Im Jahr 1929 gründete Leyland James zusammen mit einigen Mitstreitern in Orgeon das Frachtdienst- und Logistikunternehmen »Consolidated Freightways« (CF). Da die eingesetzten schweren Trucks sich im bergigen Gelände im Westen der USA nicht sehr bewährten, beschloss James, seine eigenen Class-8-Laster zu bauen, die aber leichter werden sollten. Als Basis verwendete er die Fahrgestelle von älteren Fageol-Lastwagen. Zu Beginn der 40er Jahre stellte Freightways seine ersten Frontlenker-modelle fertig und führte für sie den Markennamen »Freightliner« ein. Um Gewicht zu sparen, wurde die Kabine etwa des Modells 600 von 1942 ganz in Aluminium gehalten. Für den Vortrieb sorgte ein Diesel von Cummins. Freightways hatte zu diesem Zeitpunkt nicht vor, diese in Salt Lake City hergestellter Laster zum Verkauf anzubieten; sie dienten lediglich dem Unternehmen für seine eigener Transportauf-gaben. Kriegsbedingt war dann sowieso erst einmal Schluss mit der Lkw-Produktion. Ab 1947 setzte CF die Produktion seiner Trucks in Portland, Orgeon fort. Doch diesmal war von Anfang an beabsichtigt, die Lastwagen auch zu verkaufen. Unter Verwendung des Markennamens wurde das dafür neu gegründete Unternehmen »Freightliner Corporation« genannt. Die ersten Modelle griffen das Design der Frontle-nker von Freightways aus den 40er Jahren mit dem typischen »Bubbelnose«-Gesicht wieder auf. Verfügte noch das 262 PS starke 5-Tonner-Modell 800 im Jahr 1947 nur über eine Tageskabine, erhielt 1950 der Typ 900 als Novum bereits eine integrierte Schlafkabine. Freightliner-Trucks hatten durch ihre Leichtbauweise den Vorteil einer etwas höheren Nutzlast gegenüber ihren Mitbewerbern, aber die Portlander besaßen kein ausreichendes Vertriebsnetz. Deshalb holte man sich 1951 die White Motor Company mit ins Boot. Mit ihr schloss Freightliner einen über 25 Jahre laufenden Vertrag, laut dem White mit Hilfe seines eigenen Vertriebsnetzes sich um den Verkauf und die Wartung der Freightliner kümmern sollte. Zu diesem Zweck wurden die Trucks umgetauft in »White Freightliner«. Diese Rechnung ging voll auf: Die Absatzzahlen wiesen bald steil in die Höhe. Bereits 1950 war die Zugmaschine Eastern Freightliner B-42 vorgestellt worden, drei Jahre später erschien als Reaktion auf die damaligen strengen Längenbeschränkungen in den USA der dreiachsige Frontlenker WF 64, bei dem die Schlafkabine oben auf dem Fahrerhausdach platziert war. Treibstoffmäßig war dieser Laster nicht wählerisch, er schluckte Benzin genauso wie Diesel. Ein Jahr später erschien die allradgetriebene »Mountaineer«-Zugmaschine. 1958 führte Freightliner erstmals eine um 90 Grad kippbare Kabine ein, die einen leichten Zugang zum und damit eine leichte Wartung des Motors ermöglichte. Diese wurde sofort ein großer Erfolg und hatte die Eröffnung eines Werkes in Kalifornien und drei Jahre später eines weiteren in Kanada zur Folge. Weitere Werkseröffnungen fanden in Indi-anapolis statt, in das die Produktion der Frontlenker verlagert wurde, sowie in Chino, Kalifornien. Die 60er Jahre waren für Freightliner ein Boom-Jahrzehnt, er erreichte hohe Produktionszuwächse aufgrund der hohen Nachfrage nach seinen Lastwagen. 1960 erschien der WFT 7242 mit einer 72-Zoll-Schlafkabine. 1965 stellten die Ame-rikaner den experimentellen Truck Turboliner vor, der mit einer Boeing-Gasturbine versehen war und weniger auf die Waage brachte als Vergleichsfahrzeuge. 1968 kam die Vanliner-Reihe mit ihrer besonders geräumigen Fahrer- und Schlafkabine auf den Markt. 1973 stellte Freightliner sein neues Flagschiff vor, den 600 PS starken Schwerlaster Powerliner. Im Jahr darauf versuchte sich der Lastwagenbauer erstmals an einem Haubenfahrzeug, dem Modell Long Conventional. Dies war bequemer als ein Frontlenker, bot einen leichteren Zugang zum Motor und wies ein besseres Fahr-verhalten auf. Darüber hinaus waren diese Hauber an der amerikanischen Westküste sehr gefragt. Wie bisher setzte die Firma auch bei ihm auf Leichtbauweise.

Doch die sorgenfreien Zeiten gingen vorerst zu Ende. Die Energiekrise der 70er Jahre setzte vor allem den schweren Class-8-Lastern zu, die Freightliners Modell-palette prägten. Zudem geriet in diesen Jahren der bisherige Vertragspartner White selbst in finanzielle Schieflage. Nachdem der Vertrag ausgelaufen war, kümmerte sich Freightliner selbst um den Vertrieb seiner Fahrzeuge und strich das »White« aus dem Markennamen. Nunmehr war man selbstständiger Lkw-Produzert. Ab 1976 weitete

FREIGHTLINER

Freightliner seine Modellpalette aus. Da brachte Ende des Jahrzehnts die Deregulierungspolitik Jimmy Carters die Mutterfirma CF in Bedrängnis. CF hatte von den bisherigen Bestimmungen bei Lastern profitiert und sah sich nach den Änderungen derselben in der Existenz bedroht. Deshalb wurde Freightliner zu Beginn der 80er Jahre an Daimler-Benz verkauft. Mit dem deutschen Konzern im Rücken ging es für Freightliner wieder aufwärts. Der Programmumbau führte 1987 zu der mittelschweren Reihe FLD, deren aerodynamische Haubertrucks sich zu den bestverkauften der Class 8 in den USA mauserten. Als Daimler zu Beginn der 90er Jahre seine eigenen, schwer verkäuflichen Mittelklasse-Laster in den USA einstellte, wurden diese von der als »Business-Class« bezeichneten FLN-Reihe von Freightliner ersetzt. 1992 hatte es Freightliner geschafft: Die Verkaufszahlen hatten sich gegenüber denen von vor zehn Jahren verdoppelt, und das Unternehmen wurde pünktlich zu seinem 50-jährigen Jubiläum in den USA Marktführer bei den schweren Trucks der Class 8. Darüber hinaus konnte der Lastwagenbauer seine Exporte kräftig ausweiten. Mitte der 90er Jahre gründete Freightliner extra für den Einstieg in leichtere Klassen die »Custom Chassis Corporation«. Gleichzeitig schluckte er mit »American La France« den ältesten Feuerwehrgerätehersteller der USA. 1998 bot der neue Frontlenker Argosy mit 500 bis 600 PS die Geräumigkeit eines Haubenfahrzeuges. Im selben Jahr übernahm Freightliner das schwere Lkw-Programm von Ford und brachte es unter dem wiederbelebten Markennamen »Sterling« in den nächsten zehn Jahren neu heraus. Im Jahr 2000 kaufte Mutterkonzern Daimler den bisherigen Konkurrenten Western Star ebenso auf wie den Motorenhersteller Detroit Diesel. 2001 erschien die mittelschwere Reihe M2, von der aktuell (2016) die Typen M2 106 mit 200–350 PS und M2 112 mit 260–450 PS zum Verkauf stehen. Der Fernlaster Coronado folgte im Jahr darauf, stand mit seiner rustikalen Erscheinung direkt in Konkurrenz zu Western Star und bietet mittlerweile Leistungen zwischen 450 und 600 PS. Zur Verbesserung der Aerodynamik und damit der Energieeffizienz entstand gemeinsam mit Daimler 2004 der erste LKW-Windkanal in den USA. 2007 erschien der 350–600 PS starke Cascadia. Als Schwerlaster für die Bauindustrie, den Bergbau, aber auch für den kommunalen Bereich kam 2011 die SD-Reihe auf den Markt. Die Modelle 108, 114 und 122 SD verfügen über 200 bis 600 PS Leistung. 2012 folgte im Jahr des 70-jährigen Jubiläums die ganz auf Aerodynamik und Leichtbauweise getrimmte Zukunftsstudie »Revolution« mit ihrer sogenannten »Crossover Cab«, einer Mischung aus Tages- und Schlafkabine. Eine weitere Revolution war das 2015 vorgestellte Modell »Inspiration Truck«, das auf dem Mercedes-Benz-Modell »Future Truck« basiert und bei dem es sich um den ersten autonom fahrenden Laster mit Straßenzulassung handelt. Freightliner hatte in den 2000er Jahren nicht nur Erfolge zu verzeichnen, finanzielle Probleme führten dazu, dass einige Werke geschlossen oder verlagert und Arbeiter entlassen werden mussten. Auch Sterling wurde eingestellt. Dennoch schaffte es das Unternehmen, der in den USA mit Abstand größte Hersteller von schweren Trucks zu bleiben. 2007 hatte Daimler aus der »Freightliner LLC« die »Daimler Trucks North America« gemacht, zu der neben Freightliner selbst noch Western Star, Detroit Diesel sowie Thomas Built Buses gehören.

Der Frontlenker Freightliner FLT 8664 war serienmäßig mit dem Motor Cummins NTC 290 ausgestattet. Bei 525 PS lag seine Le stungsgrenze. Es gab nicht weniger als 24 verschiedene Lackierungen für ihn.

Freightliner Inspiration, der erste in den USA zugelassene autonom fahrende Truck, auf Basis des Cascadia. (Foto: © Daimler AG)

Freightliner-Sattelschlepper mit Tankauflieger der Spedition SS Hert aus Kalifornien.
(Foto: © Mark Holloway, CC-BY-2.0)

Mittelklasse-Freightliner-Truck als mobile Einsatzzentrale des County-Sheri fs von Los Angeles.
(Foto: © Eric Polk, CC-3Y-SA-3.0)

Am 5. Mai 2015 wurde der Freightliner Inspiration erstmals der Öffentlichkeit präsentiert. Dieser autonom fahrende Laster soll künftig Fahrer nicl t ersetzen, sondern sie unters ützen und frei machen für andere logistische Aufgaben.
(Foto: © Daimler AG)

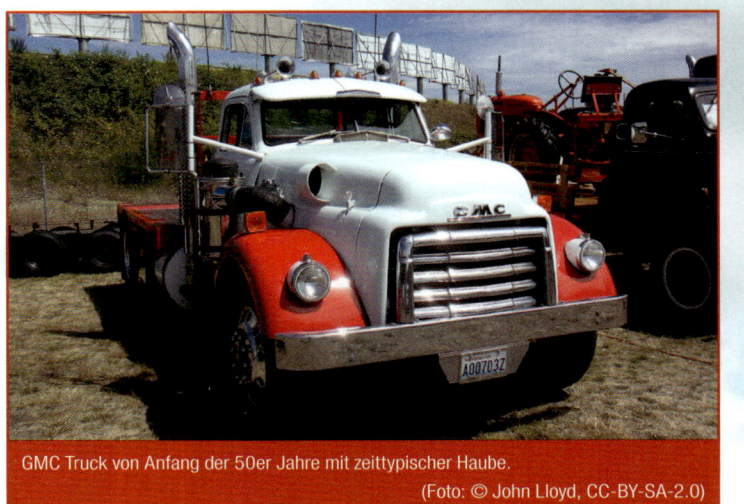

GMC Truck von Anfang der 50er Jahre mit zeittypischer Haube.
(Foto: © John Lloyd, CC-BY-SA-2.0)

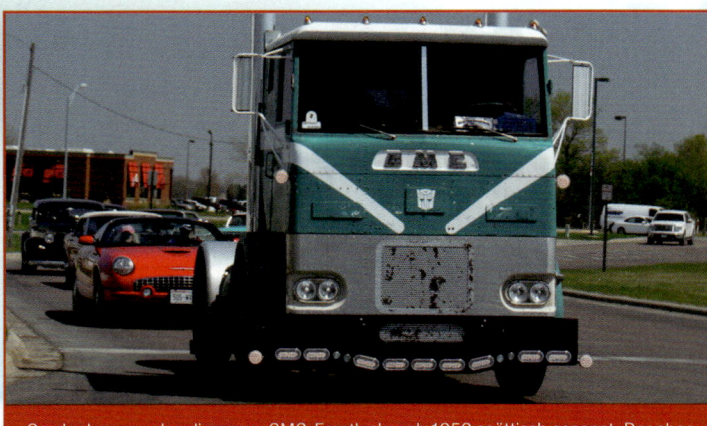

»Crackerbox« wurden die neuen GMC-Frontlenker ab 1959 spöttisch genannt. Der abgebildete Truck stammt wahrscheinlich aus späteren Jahren, denn die Reihe wurde bis 1967 gebaut. (Foto: © Greg Gjerdingen, CC-BY-SA-2.0)

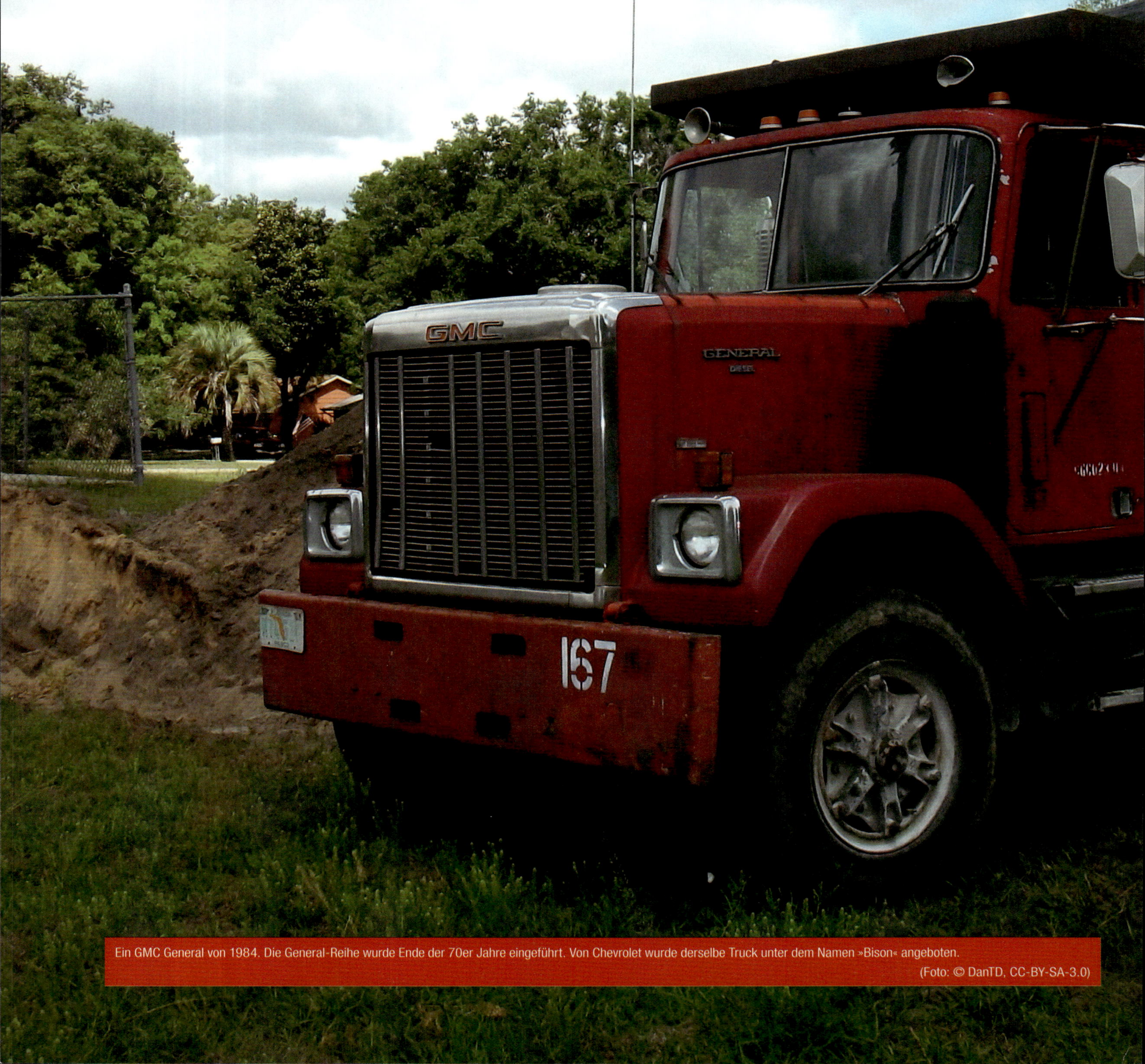

Ein GMC General von 1984. Die General-Reihe wurde Ende der 70er Jahre eingeführt. Von Chevrolet wurde derselbe Truck unter dem Namen »Bison« angeboten.
(Foto: © DanTD, CC-BY-SA-3.0)

Schwerlaster vom Typ Brigadier produzierte GMC von 1978 bis 1988. Von Chevrolet gab es diesen Kurzhauber unter dem Namen »Bruin«, der wurde aber nicht so lange produziert. Die Motorleistungen des Brigadier lagen zwischen 250 und 350 PS.

(Foto: © Hyun Fumio CC-BY-SA-3.0)

Als im Jahr 1908 William C. Durant in New Jersey die »General Motors Company« gründete, existierten schon zwei Lastwagenfirmen, die in der Folge zur Grundlage der GM-Tochter »General Motors Truck Company« (GMC) werden sollten. Zum einen die seit 1902 bestehende »Reliance Motor Truck Company« aus Detroit, die Frontlenker mit 3,5–5 Tonnen Nutzlast fertigte. Zum anderen die – für Durant wichtigere – »Rapid Motor Vehicle Company«, die in Pontiac, Michigan, Haubenlaster mit 2–3 Tonnen Nutzlast baute. Noch im selben Jahr erwarb Durant Reliance, deren Fertigung er nach Owosso in Michigan verlegte, 1909 gelangte zusätzlich Rapid in seinen Besitz. Zunächst produzierten beide Firmen ihre Trucks unter ihrem jeweiligen Namen weiter, ab 1911 erfolgte der Lasterverkauf unter dem Dach von »GMC«. Seit 1912 trugen alle Lkw sowohl aus Pontiac wie aus Owosso den gemeinsamen Markennamen »GMC Truck«, ein Jahr später wurden die ehemaligen Reliance-Laster ebenfalls im Pontiac-Werk hergestellt – die Vereinigung beider Marken war damit vollzogen. Mit dem Jahr 1914 wurden die alten Rapid- und Reliance-Lastwagen durch erste gemeinsame Konstruktionen ersetzt. Dem 0,75-Tonnen-Lieferwagen Modell 15 folgten 1915 die 2-Tonner-Modelle 40 und 41, letzteres bereits mit Kardan- statt Kettenantrieb, beide mit Continental-Vierzylinder-Motor ausgerüstet. Die Modelle 15 und 16 fanden in diesen Kriegsjahren ihren Weg nach Europa zu den alliierten Armeen als Truppentransporter. Der allergrößte Teil der GMC-Trucks ging während des Ersten Weltkrieges an die Militärs. Ab dem Jahr 1920 stellte GMC mit der K-Reihe wieder zivile Lastwagen vor. Bei diesen handelte es sich um Haubenfahrzeuge mit 1–5 Tonnen Nutzlast und 33–51 PS Motorleistung. 1925 wurde diese Reihe überarbeitet und um das schwere 15-Tonnen-Baufahrzeug K101 »Big Brute« ergänzt. Bereits seit 1923 war das Programm um 5- bis 10-Tonnen-Trucks erweitert worden. Im Jahr 1924 ersetzte GMC die eigenen leichten Laster vorerst durch solche der Firma »Yellocab Trucks« und fusionierte mit dieser ein Jahr darauf. Eine neue Serie an leichten Lastern stellten die Amerikaner 1927 in der vollgummibereiften T-Reihe vor. Diese bediente Nutzlasten bis zu 2 Tonnen und avancierte zum »Shooting Star« des Jahres. 1931 präsentierte GMC die Schwerlaster T-110 4x2 und T-130 6x4 mit 38–50 Tonnen Gesamtgewicht und einer Motorleistung von 150 PS. Sie kamen in der Bauindustrie und in Bergwerken zum Einsatz. Mittlerweile machte sich die Weltwirtschaftskrise auch bei GMC mit sinkenden Absätzen bemerkbar. 1934 brachte GMC dennoch seine erste Frontlenkerreihe auf den Markt mit den Modellen T-73, T-75 und T-78. Deren Vorteil bestand darin, dank der kurzen Fahrerkabine mehr Nutzlast transportieren zu können. 15 brandneue Hauber-Trucks erschienen 1936 mit neu gestalteten Kabinen und bedienten die leichten bis schweren Gewichtsklassen. Auch erste Allradfahrzeuge für die US-Army hatte GMC in petto. 1937 entwickelte sich zu einem besonderen Erfolgsjahr: Nie zuvor hatte GMC mehr Laster hergestellt. Und es ging weiter: 1939 erschien bereits die nächste Modellserie, die A-Reihe, die wiederum alle Gewichts- und Größenklassen abdeckte, angefangen beim 0,5-Tonner AC-100 bis hinauf zum 50-Tonner AC-990. Einige Modelle waren nun zusätzlich mit Detroit-Dieselmotoren zu haben, ab 1940 darüber hinaus alle Schwerlaster. In den 40er Jahren ersetzten die CC- und CF-Reihen die Vorgängerserien AC und AF. 1943 durfte der Truckhersteller nur noch Militärfahrzeuge produzieren – darunter den an allen Fronten anzutreffenden CCKW350 6x6 mit 2,5 Tonnen und 105 PS –, im Jahr darauf wurde diese Restriktion ein wenig gelockert. Nach dem Ende des Zweiten Weltkrieges stellte GMC die neue leichte und mittelschwere Reihe E vor sowie die neu gestaltete leichte Reihe F, die größere und komfortablere Kabinen bekamen. 1949 folgte die ebenfalls völlig neu entworfene schwere H-Serie, deren Modelle der Gewichtsbereich zwischen 4,6 und 75 Tonnen abdeckten. Aufgrund des Koreakrieges lieferte GMC ab 1951 den 2,5-Tonnen-Truck M135 6x6 an die US-Army. Im zivilen Bereich erschien 1953 der 63 Tonnen schwere DW-980 6x4 mit 212 PS. Mitte der 50er Jahre brachte GMC die »Blue Chip«-Reihe auf den Markt, die neben vielen Verbesserungen erstmals V8-Motoren aufwies. Besondere Berühmtheit erlangte der dieselbetriebene Frontlenker DF-860 durch sein Erscheinen in der US-Fernsehserie »Cannonball«. Auf ein geteiltes

GMC

Echo stieß 1958 die Luftfederung des D-860, weshalb es ihn als DR-860 bald auch mit Blattfedern gab. Die Modelle DFR-8000 und DLR-8000 besaßen 1959 eine kippbare, ganz in Aluminium gehaltene Fahrerkabine. In den 60er Jahren wurden die meisten Modelle völlig überarbeitet, die Hauben-Trucks basierten nun auf den neu gestalteten Chevrolet-Kabinen. 1964 ergänzte GMC die bislang verwendeten Detroit-Dieselmotoren um den selbstentwickelten V6-Toroflow. 1967 vervollständigte eine neue E-Reihe das Angebot in der Mittelklasse. Zwei Jahre später kam der Frontlenker Astro 9500 mit 230–335 PS auf den Markt. Seine abklappbare Aluminiumkabine war aerodynamisch gerundet. Zu Beginn der 70er Jahre fand eine Vereinheitlichung von GMC- und Chevrolet-Trucks statt. Außerdem hatte der Lastwagenbauer in der leichten Gewichtsklasse der USA den Rang 4 erobert. 1977 ersetzte der schwere, 250–350 PS starke Hauber »General« die alte M-Reihe. Er besaß eine Haube aus Fiberglas und eine geschweißte Aluminium-Kabine. Ihn ergänzte 1978 der Kurzhauber »Brigadier« mit der gleichen Motorleistung, der sich zu einem der erfolgreichsten GMC-Trucks in seiner Klasse entwickelte. Die 80er Jahre brachten einen Einbruch in der bisherigen Erfolgsgeschichte von GMC. Durch die Deregulierungspolitik der US-Regierung und eine schwere Rezession gerieten vor allem die schweren Trucks in Bedrängnis, und allgemein sank der Fahrzeugabsatz. GMC reagierte mit der neuen Mittelklasse-Reihe »Topkick«, die mit einem 222-PS-V8-Diesel von Caterpillar ausgerüstet war. 1984 ersetzte die Reihe »Forward« die alte L-Serie. Gestaltet und gebaut wurden diese Trucks jedoch bei Isuzu in Japan. Am stärksten waren die Amerikaner in der leichten Gewichtsklasse; diese machte mittlerweile 87 % ihres Lkw-Absatzes aus und sorgte 1985 für Rekordverkäufe. Obwohl sich der Absatz der schweren Trucks zu dieser Zeit wieder leicht erholte, ging GMC 1986 ein Joint Venture mit Volvo ein, bei dem die Schweden Gestaltung, Produktion und Vermarktung der schweren GMC-Trucks in der »Volvo GM Heavy Truck Corporation« übernahmen. GMC selber setzte in dieser Gewichtsklasse lediglich sein Erfolgsmodell »Brigadier« fort, aber nur noch bis 1988. Volvo indes erhöhte seine Beteiligung am ursprünglich gemeinsamen Unternehmen immer mehr, bis es schließlich 1997 ganz in schwedischen Besitz überging und fortan »Volvo Trucks North America« hieß. Die »GMC Truck Division of GM Truck & Bus Group«, so der offizielle Name seit 1987, erneuerte Ende der Achtziger die Topkick-Reihe und verlegte die Produktion dieser mittelschweren Hauber nach Janesville in Wisconsin. In der Folge wurde das GMC-Werk in Pontiac geschlossen. 1996 wurde die GMC Truck Division mit der Pontiac Motor Division zur »Pontiac-GMC Division of GM« verschmolzen und die GMC-Zentrale nach Detroit verlegt. Mit Ausnahme der SUVs fand die Herstellung der Nutzfahrzeuge ab 1997 in Flint statt. GM hat 2009 – schwer gebeutelt durch die Finanzkrise – die Sparte der mittelschweren Lkw eingestellt und stattdessen SUVs, Transporter und Pick-ups gebaut. Im Jahr 2015 entschloss sich die Konzernmutter GM allerdings zur Rückkehr in dieses Marktsegment und kam mit Navistar überein, künftig gemeinsam mittelschwere Laster in Springfield, Ohio, zu bauen. Erscheinen sollen diese aber nicht mehr als GMC-, sondern als Chevrolet-Trucks.

GMC-Truck aus der HM-Reihe mit entsprechendem Auflieger für den Einsatz in der Land-wirtschaft.

GMC-Pick-up aus den 50er Jahren.

GMC Brigadier 8000 in der Ausführung 4x2 von 1986. Für den Vortrieb sorgt ein Caterpillar 3208 Diesel V8. Die Brigadier 8000 ersetzten die H/J7500-Serie.

Der GMC T5500 entstammte der Zusammenarbeit mit Isuzu und wurde in Japan hergestellt.

Der GMC Topkick wurde in drei Fahrzeuggenerationen von 1980 bis 2009 hergestellt und meist als Arbeits-Lkw eingesetzt. Er erschien auch von Chevrolet unter der Bezeichnung »Kodiak«.

Dieses Modell G aus dem Jahr 1916 war ein Zweitonner mit 4-Zylindermotor und einer Spitzengeschwindigkeit von 35 km/h.

Als mobiler Kontroll-Tower fungiert dieser IH Loadstar von 1977. Die Leistung dieser von 1962 bis 1979 gebauten Trucks betrug je nach Motor bis zu 200 bzw. 210 PS.

Radlader der Reihe R200 von 1962. IH brachte die R200-Serie schon 1953 auf den Markt und beendete ihre Herstellung 1967. Der im R200 verwendete wassergekühlte Sechszylinder-Benzinmotor stammte von Red Diamond und leistete 182 PS.

(Foto: © Sv1ambo, CC-BY-2.0)

Der Frontlenker International ACCO wurde vom IH-Ableger in Australien ab 1972 gefertigt und entwickelte sich dort zum beliebtesten Modell von IH. Der Name ACCO bedeutet »Australian Constructed Cab Over«. (Foto: © jeremyg3030, CC-BY-2.0)

Im Jahr 1902 schlossen sich die beiden damals dominierenden US-amerikanischen Hersteller von Landwirtschaftsgeräten, McCormick und Deering, in Chicago zur neuen Firma »International Harvester Company« (IHC) zusammen. Vorausgegangen war ein bis aufs Messer geführter Konkurrenzkampf zwischen den beiden. Fünf Jahre nach Gründung des gemeinsamen Konzerns stieg dieser zusätzlich in die Herstellung von Kraftfahrzeugen ein. IHC hatte bei der Konzipierung von diesen die amerikanischen Farmer im Auge und das unwegsame Gelände mit seinen unausgebauten Straßen und Wegen, das diese zu meistern hatten.

Den Anfang machte der leichte »Auto Buggy«, eigentlich eher ein Personenwagen mit hohen Rädern. 1909 folgte der erste echte Truck mit dem »Auto Wagon«, dessen Rücksitze zur Aufnahme von Ladung abklappbar waren. Diese Ladung durfte bis zu 362 kg wiegen. Umbenannt 1910 in »Motor Truck«, wurde dieses Fahrzeug zum Vorläufer der Pick-ups. Während des Ersten Weltkrieges ersetzten neue Trucks von unterschiedlicher Größe diese Vorgänger. Das ausgebaute Vertriebsnetz der Firma diente jetzt auch zur Versorgung der US-Militärs mit Lastern.

In den 20er Jahren stellte IHC die neue S-Reihe vor, innerhalb derer 1922 der erste Schulbus und ein Jahr später der rote Pick-up »Red Baby« erschienen. Weitere neue Modelle kamen ab Mitte der Zwanziger wahlweise mit Ketten- oder Differentialgetriebe auf den Markt. 1928 machte eine Hinterachse die mit zwei Geschwindigkeiten betrieben werden konnte, aus dem Modell »Six-Speed Special«, das eigentlich nur über drei Gänge verfügte, einen Sechsgänger

1933 bauten die Amerikaner mit dem D-40 ihren ersten Vierzylinder-Dieselmotor. Zur Anwendung kam er im selben Jahr in der neuen C-Reihe, die verschiedene Gewichtsklassen abdeckte, die größte davon bot 7 Tonnen Nutzlast. Ein Dreiachser von 1935 mit Tandemhinterachse schob diese Grenze auf 10 Tonner hinauf. Die ersten Frontlenker führte IHC 1937 in der D-Reihe ein, die in der Rekordzeit von einem Monat präsentiert wurde. Diese Trucks ermöglichten Zuladungen von 0,5 bis 10 Tonnen. Eine erste Schlafkabine war ein Jahr später im Angebot.

Während des Zweiten Weltkriegs produzierte IHC die K-Serie, das waren 0,5- bis 40-Tonner, einfach und preiswert gehalten, aber langlebig und in über 40 Modellvarianten verfügbar. Nach dem Krieg wurde diese Serie unter der Bezeichnung KB für zivile Anwendungen weitergebaut. Ihre Ablösung erschien 1949 mit der L-Reihe. Sie umfasste ein komplettes Angebot vom Pick-up bis zum schweren Truck. Mit ihr präsentierte IHC erstmals seine Ganzstahlfahrerkabinen namens »Como-Vision«.

Neu gestylte Frontlenker für den Fernverkehr standen ab 1950 im Programm. Die R-Reihe von 1952 bot ein Facelift der leichten und mittleren Modelle, die 1956 von der S-Serie ersetzt wurden, während die schweren Trucks weitergebaut wurden. Stylisch gestaltet präsentierte sich 1956 die V-Reihe, deren schwere Laster sowohl als Haubenfahrzeuge wie auch als Frontlenker gebaut wurden. Das 50-jährige Jubiläum von IHC im Jahr 1957 feierte das Unternehmen mit der A-Reihe (A = anniversary), die im Grunde eine Fortsetzung der leichten und mittleren Fahrzeuge der S-Serie darstellte.

In den 60er Jahren änderten die Amerikaner ihre Fahrzeugs-Bezeichnungen und modernisierten das Design der Hauber. In der mittleren und schweren Klasse war ab 1962 der LoadStar zu Hause. Er kam gleichermaßen im Regionalverkehr, als Baufahrzeug und in der Landwirtschaft zum Einsatz. Neben Dieselmotoren mit 113–200 PS standen zusätzlich Erdgasaggregate zur Wahl; sie leisteten bis zu 210 PS. Den Erfolg des LoadStar dokumentiert seine lange Bauzeit: bis 1979 stand er im Programm.

Als Hauber und als Frontlenker erhältlich war der FleetStar, ein schwerer Truck mit 15 bis 28 Tonnen Gesamtgewicht für die Bauindustrie und den Schwerlastbereich. Seine Leistung reichte bei Verwendung von Erdgasmotoren bis zu 236 PS, in der Schwerlastausführung war er 335 PS stark. Ende der 60er Jahre ergänzte die M-Reihe die Fahrzeuge für die Bauindustrie, und der Fernlaster TranStar sorgte für die Modernisierung der Frontlenker. 1972 verstärkte noch das Haubenfahrzeug PayStar den Schwerlast- und Baufahrzeugbereich, es war in 4x4-, 6x4- und 6x6-Ausführung zu haben.

Zu Beginn der 70er Jahre stand International Harvester weltweit als einer der großen Lastwagenhersteller da und beschloss, nun auch seine Geschäfte in Europa weiter auszubauen. Es startete deshalb bis zum Ende des Jahrzehnts eine Reihe von Einkäufen und Beteiligungen, die sich letzten Endes aber nicht zum Wohl des Unternehmens auswirken sollten.

Den Anfang machten Verhandlungen mit dem niederländischen Lastwagenhersteller DAF, die zu einer Eindrittel-Beteiligung der Amerikaner an DAF führten. 1974 schließlich kaufte IHC den britischen Lkw-Bauer Seddon Atkinson auf. 1981 beteiligte sich das Unternehmen wiederum mit einem Drittel an der spanischen Firma ENASA, mit der DAF ein Joint Venture eingegangen war.

Durch die schwierigen gesamtwirtschaftlichen Zeitumstände und einen langen, verheerenden Streik bei IHC gerieten die Amerikaner nach all diesen Einkäufen jedoch in Zahlungsnot, und in der Folge musste International Harvester Stück für Stück diese Zukäufe wieder zu Geld machen – am Ende sogar den eigenen Namen. Denn dieser ging zusammen mit dem Landmaschinenbereich 1984 vollständig an das Unternehmen Tenneco. Nichtsdestotrotz wurde die Produktion der Trucks fortgesetzt, die Firma nannte sich 1986 um in »Navistar International« und die Laster erhielten den Markennamen »International«.

Über diese schwierige Zeit hinweggeholfen hatten die erfolgreichen und populären Trucks der neuen S-Reihe. Diese hatten ab 1977 die FleetStar- und LoadStar-Laster ersetzt. Es handelte sich bei ihnen um mittlere und schwere Fahrzeuge, die u. a. im Regionalverkehr eingesetzt wurden und den Wechsel zu Navistar nicht nur überdauerten, sondern sogar bis zum Beginn des neuen Jahrtausends produziert wurden. Ihre Motorleistungen reichten bis hinauf zu 500 PS.

Navistar stellte bereits 1987 mit dem Typ 8300 wieder ein neues Truckmodell vor. In den kommenden Jahren konnte sich das Unternehmen als ein führender Hersteller von Dieselmotoren etablieren und durch Zukäufe, wie etwa des Schulbusherstellers AmTran, auch wieder expandieren. Eine völlig neue Laster-Reihe wurde schließlich 2001 auf den Markt gebracht. Heute (Stand 2016) liegen die Hauptabsatzmärkte von Navistar auf dem amerikanischen Kontinent, von Nord- bis hinab nach Südamerika. Im unteren Leistungsbereich findet sich für den Verteilerverkehr die DuraStar-Serie. Den mittleren und schweren Bereich bedient die WorkStar-Reihe, und auf Baustellen kommen die Trucks mit Namen TerraStar zum Einsatz. Schwerpunkt bei Navistar sind die schweren Sattelzugmaschinen der Serien PayStar, ProStar, 9900 und LoneStar.

Ein Vertreter der höchst erfolgreichen K-Serie von IHC, gebaut zwischen 1940 und 1947. IHC-Trucks werden heute nicht mehr gebaut, ihr Erbe hat Navistar angetreten.
(Foto: Michael Rivera, © CC-BY-SA-4.0)

Zwei Kipper von Navistar nebeneinander: links ein WorkStar, den es in vielen Varianten für den Baubereich gibt, rechts ein PayStar, der auch für schwere Transportaufgaben eingesetzt wird.
(Foto: © Navistar)

IH Cargostar als Militärlaster der US Army im Jahr 1975. Dieser Truck wurde von International Harvester von 1970 bis 1981 produziert.

Dieser IH ACCO 510A beteiligte sich im Jahr 2009 an der Cystic Fibrosis Great Escape Car Rally in Wagga Wagga, Australien.

Ein International der 8000er Serie vom IH-Nachfolger Navistar aus dem Jahr 1989. Navistar hatte vom alten Namen nur das »International« übernehmen können, das nun als Markenbezeichnung der neuen Trucks diente.

Der International ProStar wird von Navistar seit 2006 gebaut. Er ist ein schwerer Truck der Class 8. Die abgebildete Plusvariante gibt es seit 2010, sie unterscheidet sich vom Vorgänger durch eine Reihe von Verbesserungen an der Fahrerkabine wie geringeren Lärm und mehr Stauraum. (Foto: © Navistar)

Die PayStar-Reihe hatte IH schon 1972 begonnen, Navistar setzte sie 1986 fort. (Foto: © Navistar)

Drei International TranStar-Trucks von Navistar. Die Herstellung begann 2002, bislang wurden die beiden Reihen 8500 und 8600 realisiert. Auch Firmenvorgänger IH hatte diesen Namen 1968 für eine Laster-Reihe in Gebrauch. (Foto: © Navistar)

Der International PayStar 5900 SBA wird mit einem Reihensechszylinder-Diesel von Cummins oder einem eigenen des Typs N13 geliefert. (Foto: © Navistar)

Der International LoneStar ist ein schwerer Fernverkehrs-Truck, dessen Cummins ISX15-Reihensechszylinder-Diesel zwischen 450 und 600 PS Leistung bietet. Die Sattelzugmaschine wird in 6x4-Ausführung angeboten. (Foto: © Navistar)

Mit luftgefederter Kabine, verchromtem Kühlergrill und 450–600 PS unter der charakteristischen langen Motorhaube wartet der International 9900ix Eagle auf. Im Bild ist er mit Tageskabine zu sehen. (Foto: © Navistar)

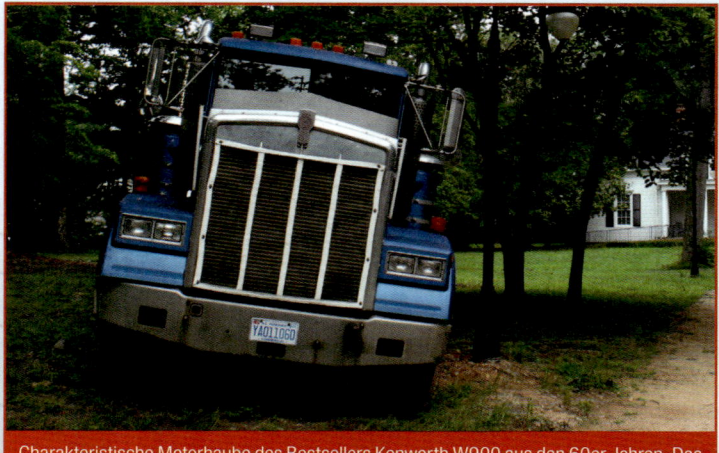

Charakteristische Motorhaube des Bestsellers Kenworth W900 aus den 60er Jahren. Das »W« stand für »Worthington«.

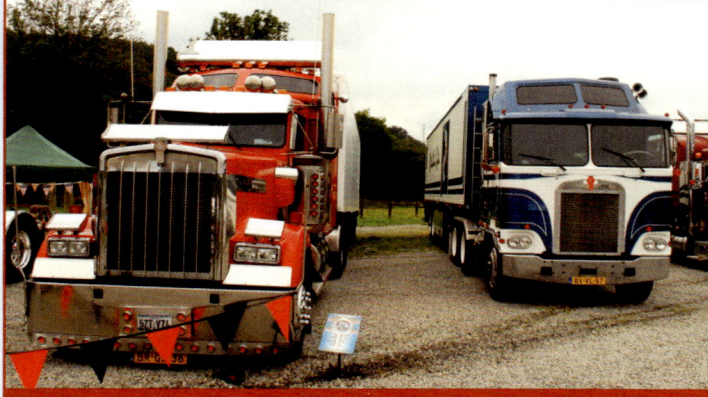

Rechts neben der schweren Hauber-Sattelzugmaschine von Kenworth ist das zweite große Erfolgsmodell der 60er Jahre zu sehen, der Frontlenker K100. Das »K« in seiner Bezeichnung stand für »Kent«. (Foto: © Jean Housen, CC-BY-SA-3.0)

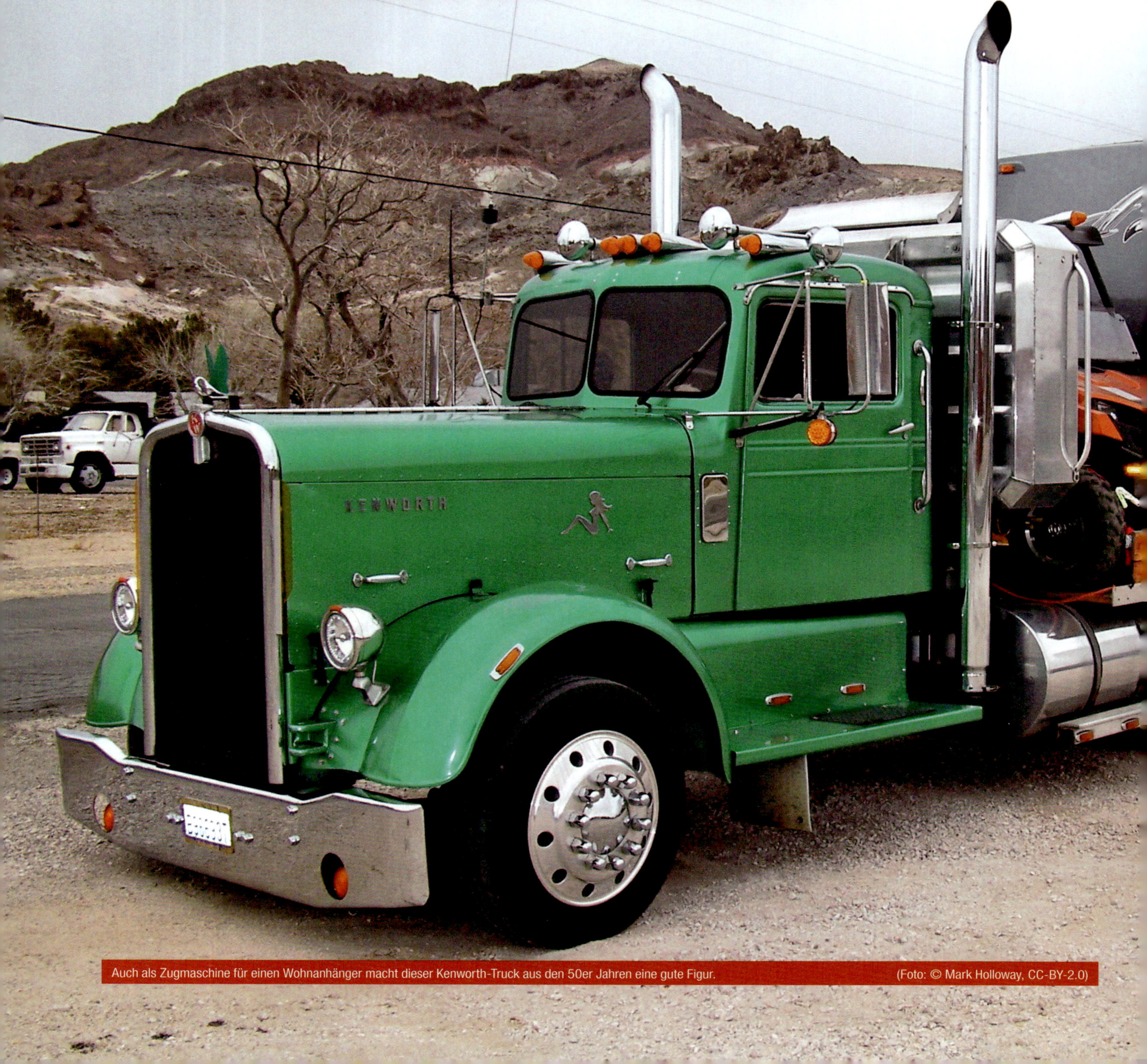

Auch als Zugmaschine für einen Wohnanhänger macht dieser Kenworth-Truck aus den 50er Jahren eine gute Figur. (Foto: © Mark Holloway, CC-BY-2.0)

Der T909 gehört zu den 2011 im australischen Bayswater, Victoria, produzierten Kenworth-Modellen. Er leistet zwischen 485 und 600 PS und wird in den Ausführungen 6x4 und 8x6 angeboten. (Foto: © Bidgee, CC-BY-SA-3.0 AU)

Im Jahr 1912 machten sich die Brüder George und Louis Gerlinger in Portland, Oregon, mit der »Gerlinger Motor Car Works« selbständig und verkauften dort Lastwagen. Das füllte sie allerdings nicht lange aus, zumal sie dachten, selbst bessere konstruieren zu können. So kam es, dass sie bereits drei Jahre später mit dem Modell »Gersix« ihren ersten eigenen Truck präsentieren konnten. Seine Besonderheit war der leistungsstarke Reihensechszylinder-Motor den es bei den Mitbewerbern nicht gab. 1916 verlegten die Brüder den Betrieb nach Tacoma im US-Bundesstaat Washington. Ein Jahr darauf kauften die Geschäftsleute Edgar Worthington und Harry Kent den prosperierenden Lastwagenhersteller auf und machten daraus die »Gersix Motor Company«. Die Trucks hatten sich in der kurzen Zeit schon einen Namen machen können und verkauften sich gut. 1923 verlegten Worthington und Kent die Zentrale nach Seattle und verwandelten den Betrieb in die Aktiengesellschaft »Kenworth Motor Truck Company«. Die neue Firmenbezeichnung leitete sich aus ihren Nachnamen ab. Wie schon zuvor setzte auch die neue Firma nicht auf Serienfertigung, sondern ging bei der Herstellung der Fahrzeuge auf individuelle Kundenwünsche ein. Neben der angestrebt hohen Qualität wurde dies zu ihrem Markenzeichen. Dennoch hatte sich die Produktion von 53 Lastern im Jahr 1922 auf ca. 80 im Jahr 1924 gesteigert, ab 1925 verließen sogar über 100 Trucks das Werk. Trotz individuell ausgestatteter Fahrzeuge verfügte Kenworth zu dieser Zeit über etwa 5 Grundtypen mit bis zu 5 Tonnen Nutzlast und einer Leistung von 78 PS. Weitere Produktionssteigerungen machten eine Expansion unausweichlich, so dass 1927 ein Werk in Kanada eröffnet wurde und 1929 ein weiteres in Seattle. Mit diesem robusten Erfolg im Rücken konnte das junge Unternehmen sogar der Weltwirtschaftskrise trotzen. Dass Kenworth diese problematische Zeit gut überstand, hatte jedoch auch mit Weitblick zu tun. Sein Einstieg in den Bau von Feuerwehrfahrzeugen 1932 füllte nämlich eine Marktlücke, die mithalf, die Krise zu meistern. 1933 baute Kenworth als erster US-Hersteller serienmäßig Dieselmotoren, die von Cummins bezogen wurden, in seine Trucks ein. Bei den Käufern kam dies gut an, konnten sie doch mit dem Dieseltreibstoff kräftig Geld sparen. Weitere innovative Schritte folgten zwei Jahre später, als der Lastwagenbauer auf neue gesetzliche Bestimmungen reagierend zwecks Gewichtseinsparung Aluminium für Kabine und Chassis verwendete, einen Sechsrad-Antrieb sowie erste Schlafkabinen für Fahrer vorstellte. Eine weitere Neuheit, wenn auch nur für Kenworth selber, war die Präsentation seines ersten Frontlenkers im Jahr 1936. Bislang waren nämlich ausschließlich Haubenfahrzeuge hergestellt worden. Längenrestriktionen bei Lastwagen hatten diesen Schritt nahegelegt, um trotz verminderter Fahrzeuglänge höhere Nutzlasten zu erreichen. Trotzdem wurden Frontlenker auch in Zukunft keine dominante Fahrzeuggruppe der Amerikaner. Im Zweiten Weltkrieg stellte Kenworth in hoher Zahl für das Militär u. a. das Schwerlastbergefahrzeug M-1 mit Sechsradantrieb vor, das eine spezielle Ausrüstung für Gefechtssituationen besaß. Noch bevor der Krieg zu Ende war, ging Kenworth in den Besitz von »Pacific Car & Foundry« über und wurde dessen 100-prozentige Tochter. Für dieses ebenfalls in Seattle ansässige Unternehmen wurde Kenworth zum Türöffner im Schwerlasterbereich. 1946 eröffnete ein neues Kenworth-Werk in Seattle. Bis Anfang der 50er Jahre wurden weiterhin gleichermaßen militärische wie zivile Trucks gebaut. Neue Absatzmärkte fand Kenworth beispielsweise auf Hawaii: Die dortigen Zuckerrohrplantagen wurden zu einem Großabnehmer der Amerikaner. Auch an anderen Orten außerhalb der Vereinigten Staaten schätzte man die Trucks aus Seattle, weshalb der Anteil des Exportgeschäfts an den Verkäufen bis zum Jahr 1950 auf 40 Prozent gestiegen war. Die Anzahl der Basistypen der nach wie vor individuell zugeschnittenen Laster belief sich mittlerweile auf um die 30. 1951 stieg Kenworth quasi ins Ölgeschäft ein – mit seinem brandneuen Laster 853, der speziell für die sandigen Böden der Erdölfelder im Nahen Osten konstruiert worden war und zu einem Renner wurde. Eine Variante dieses Trucks für normale Straßen erschien im selben Jahr, es war der Typ 801. Mitte der 50er Jahre überraschte Kenworth mit einem Lastwagen, bei dem die Fahrerkabine neben dem Motor saß. Obwohl wegen des verkleinerten Innenraums nicht bei

KENWORTH

allen beliebt, entwickelte sich auch dieser Truck zu einem großen Erfolg, konnte er doch eine gesteigerte Nutzlast vorweisen und versprach überdies eine bessere Sicht für den Fahrer in bergigem Gelände. Vom 1955 auf den Markt gebrachten Modell 900 wurde eine ganze Flotte eingesetzt, um die 3000 Tonnen schwere Ausrüstung für die Suche nach Erdöl in das nördliche Yukon-Tal in Kanada zu schaffen. Zwei langjährige Erfolgsmodelle, die sich zu echten Klassikern entwickelten und für Rekordverkäufe im Jahr 1965 sorgten, waren der Hauber W900 und der Frontlenker K100. Weitere Expansionen waren die Folge, es entstanden Werke in Kansas City sowie in Melbourne, Australien, in den 70er Jahren schließlich noch in Ohio sowie in Mexiko. 1973 feierte das Unternehmen sein 50-jähriges Bestehen, ein Jahr zuvor hatte sich der Mutterkonzern umbenannt in PACCAR. Für den Nahverkehr gedacht war die Frontlenker-Reihe PD 1971, der schwere Brute C500 6x4 hingegen für die Bauindustrie. In einer 6x6-Version wurde er ab 1972 zusätzlich beim Militär eingesetzt. 1976 stellte Kenworth seine Aerodyne-Schlafkabinen vor, die oben auf das Kabinendach gesetzt wurden und so dem Fahrer mehr Platz und Komfort boten. Einen Wettstreit um eine ständig verbesserte aerodynamische Formgebung startete Mitte der Achtziger der Typ T600A. Mit seiner geneigten Motorhaube zwar etwas ungewöhnlich gestaltet, sparte dieser auf Aerodynamik getrimmte Truck kräftig Treibstoff und verband außerdem den Komfort eines Haubers mit der Manövrierbarkeit eines Frontlenkers; das machte ihn zum Bestseller. Er wurde in drei Typen angeboten, mit 330, 370 und 460 PS. Das Modell T884 von 1991 kam im Bergbau zum Einsatz, denn es besaß Allradantrieb, war sehr geländegängig und konnte extrem enge Kurven bewältigen. 1993 richtete Kenworth ein weiteres Werk ein, und zwar in Renton, Washington. Vom T600 abgeleitet war der ein Jahr später auf den Markt gebrachte T300. Dies war der erste mittelschwere Haubenlaster von Kenworth. Völlig neu konstruierte Kenworth 1996 den T2000, der in puncto Leistung, Komfort, Ausstattung und ganz besonders in seiner aerodynamischen Gestaltung neue Standards setzte. Der Trend zu immer komfortableren, geräumigeren und vor allem aerodynamisch und damit treibstoffeffizient gestalteten Fahrzeugen setzte sich auch in den kommenden Jahren mit Modellen wie T660 (2007), T700 (2010) und T680 (2012) fort. Letzterer wurde 2013 zum »commercial vehicle of the year«, also zum »Nutzfahrzeug des Jahres« gewählt. Das Modellprogramm von Kenworth bedient vor allem die oberen beiden schweren Gewichtsklassen Class 8 und 7. In der Schwerstklasse finden sich die meisten Trucks, darunter beispielsweise das Baustellenfahrzeug T880, der Schwerlaster C500 oder die beiden Fernverkehrslastwagen T680 und T660, alle vier mit dem Paccar-MX-13-Motor versehen, der Leistungen zwischen 380 und 500 PS zur Verfügung stellt. Auch die Legende W900 findet sich nach wie vor im Angebot von Kenworth, sie erschien sogar in einer Sonderedition als Icon 900 mit einem 600-PS-Motor. Die mittelschwere Class 7 beherbergt immerhin die vier Modelle T470, T440, T370 und einen der beiden Frontlenker, den K370. Zwischen 260 und 430 PS liefern die hier verwendeten Motoren PX-9 und MX-11. Für die Abrundung nach unten sorgen in den leichtesten Gewichtsklassen die Modelle T270, T170 sowie der zweite Frontlenker, der T270. Der hier zum Einsatz kommende Motor PX-7 leistet zwischen 200 und 360 PS.

Kenworth K125 mit Kühlcontainer. Nach dem erfolgreichen K100 folgten weitere Ableger des Laderaum-gewinnenden Frontlenkers.

Kenworth-Schwerlastzug mit angehängtem Baufahrzeug beim Überqueren einer Straße in Nevada.

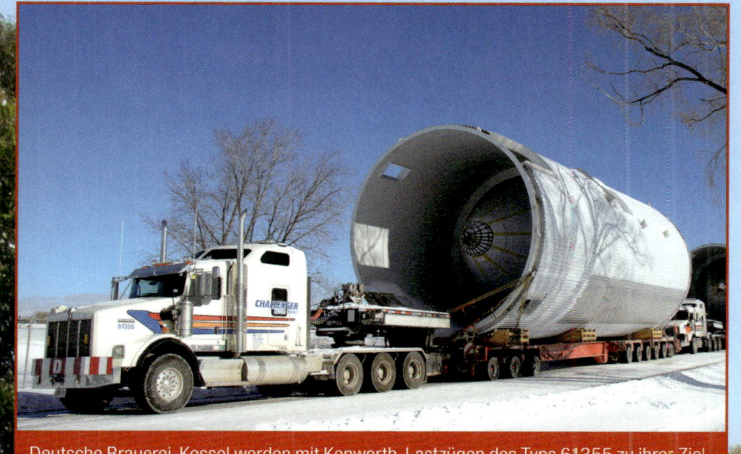

Deutsche Brauerei-Kessel werden mit Kenworth-Lastzügen des Typs 61355 zu ihrer Zielbrauerei in Toronto, Kanada, transportiert. (Foto: © Jonathan Nightingale, CC-BY-SA-2.0)

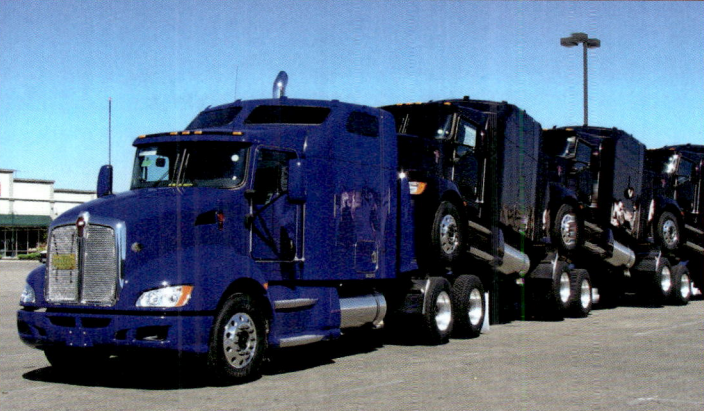

Aufgestapelte Kenworth-Zugmaschinen auf dem Transport von der Werkhalle zu ihrem Bestimmungsort. (Foto: © Don O'Brien, CC-BY-2.0)

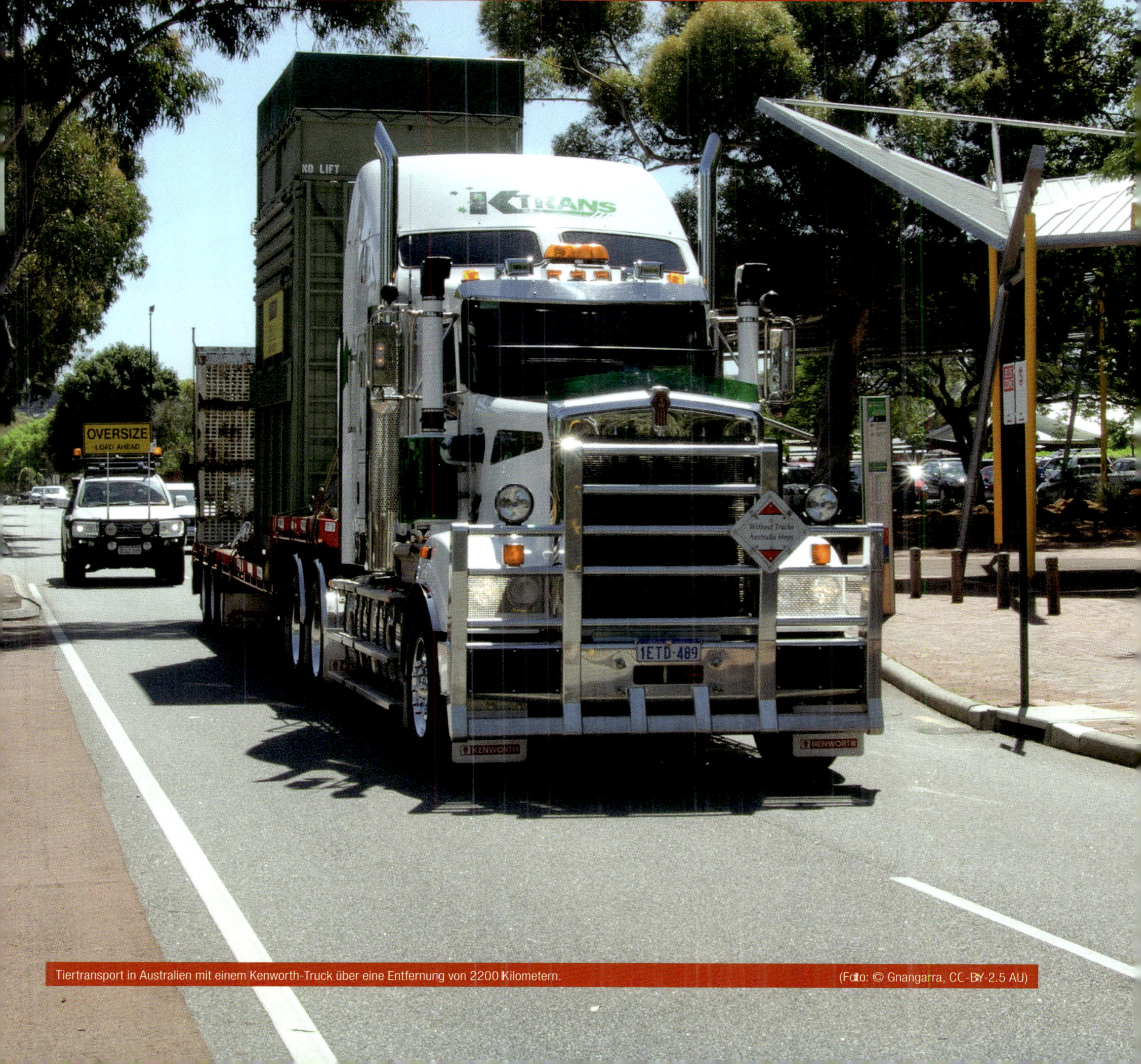

Tiertransport in Australien mit einem Kenworth-Truck über eine Entfernung von 2200 Kilometern. (Foto: © Gnangarra, CC-BY-2.5 AU)

Mack B61 von 1963 mit Thermodyne-Dieselmotor. Die B-Reihe von Mack erschien in den Jahren zwischen 1953 und 1966 und war eine der erfolgreichsten des Herstellers.

Mack-Sattelschlepper der R-Serie von 1967. Diese Reihe ersetzte ab 1966 die B-Modelle und konnte mit einer Bauzeit von 40 Jahren einen noch größeren Erfolg feiern.

Die Mack E- und L-Reihen wurden im Zeitraum zwischen 1936 und 1956 produziert.

MACK

Dieser Mack FS786LST-Frontlenker-Showtruck gehörte dem US-Motorradstuntman Evel Knievel. Bekannt war dieses Modell von 1974 unter dem Namen »Big Red«.

(© Volvo Trucks)

Im Jahr 1893 übernahmen die Brüder Jack und Augustus Mack die im New Yorker Stadtteil Brooklyn angesiedelte Wagnerei »Fallesen & Berry«, in der sie gerade einmal drei Jahre zuvor als Angestellte begonnen hatten. Dann starteten sie Experimente mit dampf- sowie mit Elektromotoren betriebenen Fahrzeugen. Ihr Ziel war die Herstellung von eigenen, motorgetriebenen Lastwagen. Mit Beginn des neuen Jahrhunderts setzten sie diese Vorstellungen in die Tat um: die »Mack Brothers Company« stellte ihren ersten 40-PS-Omnibus vor. Vorerst hießen die Fahrzeuge noch »Manhattan«, um sie von den pferdegezogenen Produkten aus dem eigenen Haus zu unterscheiden. 1905 verlegte Mack die Hauptfertigung nach Allentown, Pennsylvania in ein neues Werk. 1909 erschien der 1- bis 1,5-Tonnen-Laster »Junior«, ein Jahr später ersetzte der Name »Mack« die bisherige Bezeichnung »Manhattan« an den Fahrzeugen. 1911 – mittlerweile waren alle fünf Mack-Brüder im Unternehmen tätig – verkauften sie den Betrieb. Die neue Firmenleitung fusionierte ihn daraufhin mit der »Saurer Motor Company«, die in den USA die Lkw der Schweizer Firma Saurer in Lizenz herstellte, und bildete die Holding »International Motor Company« (IMC). In den Jahren des Ersten Weltkriegs gewann die Lkw-Herstellung an Fahrt: die »Mack Motor Truck Company« belieferte die Armeen der USA und Großbritanniens und landete ihre ersten Bestseller. Mack AB nannte sich der erste in hoher Auflage produzierte mittelschwere Laster, der bis 1937 gebaut wurde. Zur besonderen Legende aber geriet 1916 das Modell AC, dessen hohe Zuverlässigkeit und Langlebigkeit die Soldaten in den Kriegsgebieten faszinierte und an eine Bulldogge erinnerte – das kommende Markenzeichen und Emblem von Mack war geboren. Stolze 40.000 Stück wurden insgesamt von ihm verkauft. 1918 endete die Herstellung von Saurer-Lastern, über den Umweg »International Motor Truck Company« entstand 1922 die »Mack Truck Inc.« als neue Holding. AP hieß 1926 der erste Muldenkipper von Mack. Den Bedarf an höheren Ladekapazitäten und höheren Geschwindigkeiten bediente im Jahr 1927 die beiden Erfolgsmodelle BJ und BB. 1936 brachte Mack die stromlinienförmige mittelschwere E-Serie auf den Markt, deren Trucks ein Gesamtgewicht von jeweils bis zu 23 Tonnen aufwiesen. Bis 1951 erschienen in dieser Reihe sowohl Haubenfahrzeuge als auch Frontlenker. Ende der 30er Jahre entwickelte Mack – untypisch für US-amerikanische Truckhersteller – den ersten eigenen Dieselmotor. Ein neues »Junior«-Modell ließ Mack nach eigenen Vorgaben bei »Reo Motor Car« fertigen. Im Zweiten Weltkrieg fungierte Mack erneut als großer Lastwagen-Lieferant – nicht nur der US-Army –, lieferte aber zudem Bergefahrzeuge, Panzertransporter und Mannschaftswagen. Über 35.000 Fahrzeuge gingen an die Alliierten. Zu diesen Trucks gehörten die N-Serie sowie ab 1940 u. a. das Modell L und ab 1943 der Typ LR. Letzterem folgte ab 1948 der Mack LV nach. Produziert wurden diese Schwerlaster bis ins Jahr 1956, der LV bis 1961. In den 50er Jahren stellten die Amerikaner die neuen Laster-Modelle G, H und B vor. Das Frontlenkermodell G, das vor allem für die Westküste gedacht war, überraschte mit einer Kabine, die zwecks Gewichtseinsparung ganz aus Aluminium bestand, und der Typ H – ebenfalls ein Frontlenker – bekam wegen seiner ungewöhnlich hohen Fahrerkabine den Spitznamen ›Cherry Pickers‹ (Kirschpflücker) verpasst. Besondere Berühmtheit erlangte jedoch der Mack B. 1953 eingeführt, entwickelte er sich zu einem der erfolgreichsten Fahrzeuge des Unternehmens. Sein neues Design gefiel der Kundschaft, außerdem erhielt er mit dem »Thermodyne« einen kraftstoffsparenden direkteinspritzenden Dieselmotor. Darüber hinaus wurde er in einer besonders großen Modellvielfalt angeboten. Erst 1966 stellte Mack seine Produktion ein. Ihn ersetzte von da an die neue, bis zu 440 PS starke Reihe R, die nicht weniger gut ankam und sage und schreibe 40 (!) Jahre lang produziert wurde. Mitte der Fünfziger war zudem ein neuer Mack-Militärlastwagen erschienen, der 10-Tonner M 123 6x6. Die gutgehenden Geschäfte hatten zu dieser Zeit die Übernahme der »Brockway Motor Company« erlaubt, deren Fahrzeuge bis ins Jahr 1977 weitergebaut wurden. Hohe Absatzzahlen und eine lange Fertigungszeit (1962–1979) konnte auch die F-Serie aufbieten. Der Fernverkehrs-Frontlenker war sehr beliebt und kam mit einer Vielzahl von Motoren: Von Cummins und Thermodyne über Detroit Diesel bis

Caterpillar waren Leistungsstärken von 250 bis 430 PS lieferbar. Außerdem war er mit Tages- oder Schlafkabine erhältlich. Mack expandierte nach diesen Erfolgen in den 60er Jahren und baute weltweit Montagewerke. Gegen Ende des Jahrzehnts geriet das Unternehmen allerdings in Zahlungsnot und musste sich mit der »Signal & Oil Company« zusammentun. So gestärkt, gelangen weitere Innovationen wie der Maxidyne-Diesel, das Maxitorque-Getriebe sowie die patentierte luftgefederte Fahrerkabine. 1970 verlegte Mack seine Firmenzentrale an den Produktionsstandort Allentown. In diesem Jahrzehnt brachten die Amerikaner als Frontlenker-Flaggschiffe für den Fernverkehr die Cruise-Liner-Serie W auf den Markt sowie die neuen Haubenfahrzeuge namens Super-Liner; das waren Schwerlaster, die bis Anfang der 90er Jahre produziert wurden und deren Kabinenkonstruktion besonderen Wert auf das Wohlbefinden des Fahrers legte. 1978 stellte Mack mit der MC/MR-Reihe Lastwagen mit niedriger Kabine und einer hohen Manövrierfähigkeit vor. Ein Jahr danach begann der Einstieg von Renault in den amerikanischen Betrieb, zunächst nur mit einem zehnprozentigen Anteil. Diesen allerdings erhöhten die Franzosen in den kommenden Jahren ständig, bis schließlich 1990 Mack Trucks vollständig in den Besitz der Renault-Tochter RVI überging, wodurch in den USA einer der größten Anbieter von Schwerlast-Dieselfahrzeugen entstand. Noch in den Achtzigern hatte Mack die 500 PS starke Ultra-Liner-Serie MH auf den Markt gebracht, deren Fahrerkabine vollständig aus Verbundmaterial bestand. Für den Nahverkehr erschienen die Mack Midliner, erstmals von RVI in Frankreich gebaut, und für den Fernverkehr die neue CH-Reihe. Ende der 90er Jahre stellte Mack sein neues Premium-Modell für den Fernverkehr vor, den Sattelschlepper Mack Vision. Mit seinem aerodynamischen Styling stand er für hohe Leistung, Komfort, Zuverlässigkeit und geringe Betriebskosten.
Der Beginn des neuen Jahrtausends bedeutete für Mack nicht nur das Begehen seines 100-jährigen Firmenjubiläums. Im Jahr 2000 zeichneten sich neue Veränderungen ab: RVI – und damit auch Mack – gingen in den Besitz des schwedischen Fahrzeugherstellers Volvo über. In den kommenden Jahren erschienen die neuen Lastwagen-Reihen, die – überarbeitet – im Wesentlichen bis heute (Stand 2016) die Modellpalette von Mack bilden. Gleichzeitig zog die Unternehmenszentrale um nach Greensboro, wo bereits die Firmenmutter Volvo saß. Darüber hinaus werden seit 2009 erstmals alle Mack-Lastwagen in einem Werk produziert: in Macungie, Pennsylvania. Im Bereich der Baufahrzeuge erschien schon 2001 (erneuert 2011) die robuste, mittelschwere Granite-Reihe, ausgestattet mit den neuen MP-Motoren und Leistungen bis zu 505 PS. Ihr zur Seite stehen die Frontlenker der Terrapro-Serie, die auch in der Abfallwirtschaft zum Einsatz kommen. Speziell für kommunale Aufgaben gedacht sind die Laster der LR-Reihe mit bis zu 300 PS Leistung. Bis zu 605 PS stark, sind im Schwerlastbereich die Trucks der Titan-Reihe unterwegs. Ihre typischen Einsatzgebiete liegen in der Holzwirtschaft, im Bergbau, auf Ölfeldern und in überschweren Transportaufgaben. Den Fernverkehr bedient die Pinnacle-Reihe mit komfortabler Kabine (wahlweise Tages- oder Schlafkabine), Zwölfgang-mDrive-Getriebe und kraftstoffsparsamem MP-Dieselmotor.

Mack R686 RSX-Instandsetzungs-Truck von 1977.

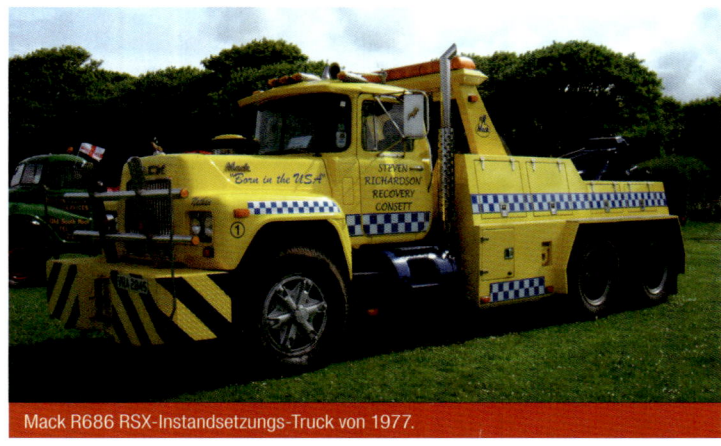

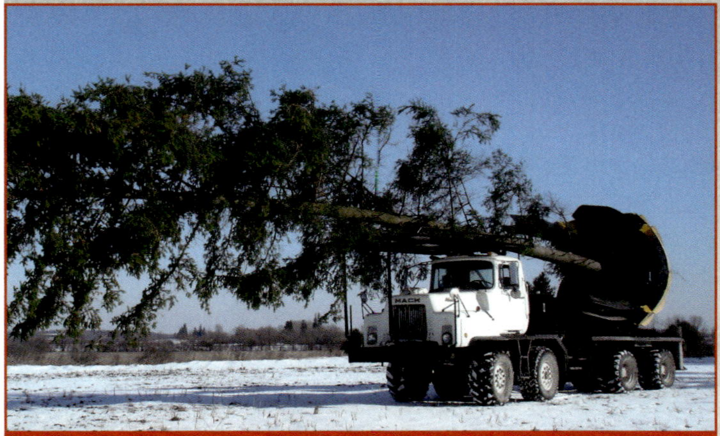
Dieser Mack-Truck transportiert einen Baum mit Hilfe eines 110 Dutchman Truck Spade. (Foto: © Dutchmanindustries, CC-BY-SA-3.0)

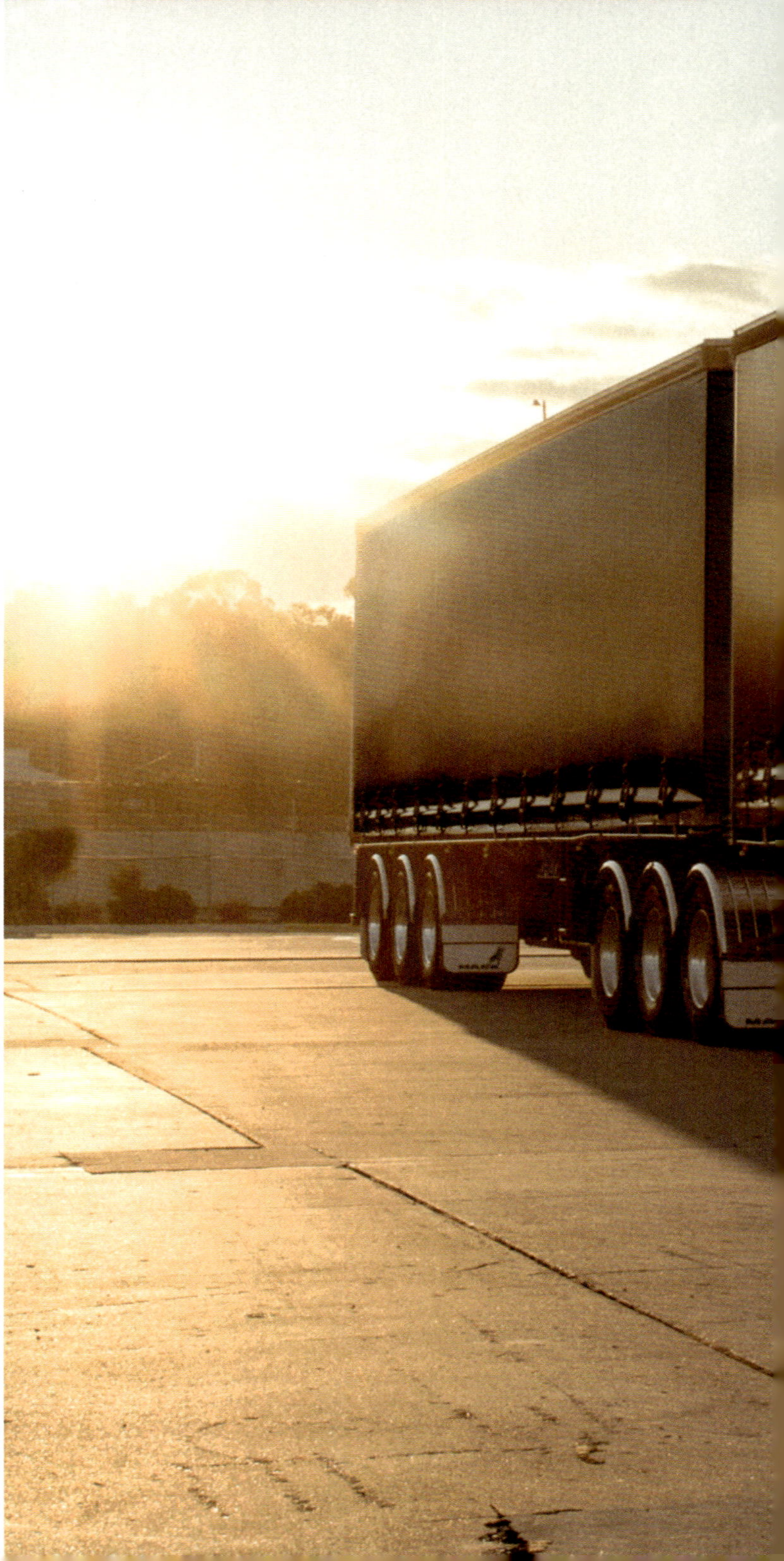

Zwei Generationen von Mack-Trucks in der Ausstellung »National Road Transport Hall of Fame« in Australien: ein Super-Liner links und ein B61 rechts.

(Foto: © Bahnfrend, CC-BY-SA-4.0)

Schwere Transportaufgaben gehören zu seinem Metier: der Mack Titan mit seinem 16-Liter-MP10-Motor mit 605 PS.

(© Volvo Trucks)

Nur noch in Australien werden Mack Super-Liner hergestellt. 600 bis 685 PS beziehen sie aus ihrem 16-Liter-MP10-Dieselmotor. Damit sind sie auch für schwerste Transport- und Zugaufgaben gerüstet.

(© Volvo Trucks)

Der australische Super-Liner verfügt über das mDrive-Getriebe mit 12 Vorwärts- und 2 Rückwärtsgängen. Alternativ bietet das Eaton-Getriebe 18 Vorwärts- und 4 Rückwärtsgänge. (© Volvo Trucks)

Der Mack Pinnacle wurde 2006 auf den Markt gebracht. Bei dem abgebildeten Laster handelt es sich um die Version, die in Venezuela und Peru unter dem Namen Mack Vision Elite verkauft wird. (© Volvo Trucks)

Gerätepark verschiedener Laster von Mack. Während Mack in Australien nur Haubenfahrzeuge baut, hat das US-amerikanische Mutterhaus zumindest einen Frontlenker im
Angebot. (© Volvo Trucks)

Mack Granite als Müllfahrzeug. Die Granite-Reihe kommt darüber hinaus im Baustellenbe-
reich z. B. als Betonmischer oder Muldenkipper zum Einsatz. Ihre 11- und 13-Liter-Motoren
leisten 405 bis 505 PS. (© Volvo Trucks)

Der Mack Pinnacle wird in verschiedenen Ausführungen angeboten. Bei dem abgebildeten Truck handelt es sich um den Pinnacle Rawhide mit wuchtiger Haube im Retrosti.. (© Volvo Trucks)

Allradgetriebener Oshkosh W709 C-T-5, der als Militärlaster im Zweiten Weltkrieg von den Amerikanern eingesetzt wurde.

Dieser Oshkosh-Truck von 1968 wurde von Australien importiert. Er gilt als der zweite eingeführte Oshkosh-Truck in Downunder und ist im National Road Transport Hall of Fame ausgestellt.

(Foto: © Bahnfrend, CC-BY-SA-4.0)

»Air Refueller Wheeled« Tanklaster von Oshkosh. Bildet in der britischen Armee das Rückgrat in der Treibstoff- und Wasserversorgung. Er wurde schon in den Kriegen im Irak und in Afghanistan verwendet.

(Foto: © Peter Davies/MOD, OGL)

OSHKOSH

Zur Ausrüstung der amerikanischen Streitkräfte in Afghanistan gehören auch Trucks von Oshkosh wie der auf diesem Bild von 2013.

Im Jahr 1917 stellte die neu gegründete Firma »Wisconsin Duplex Auto Company« ihr erstes Fahrzeug vor, einen allradgetriebenen Truck namens »Old Betsy«, der sofort den Nerv der Kundschaft traf und noch heute fahrfähig bei Oshkosh steht. Die beiden Konstrukteure William Besserdich und Bernhard Mosling hatten im Jahr zuvor die Grundlagen für den Bau eines solchen Fahrzeugs geschaffen, das es mit den schlechten heimischen Straßen aufzunehmen verstand. Der Erfolg forderte bald den Umzug in ein größeres Werk. Nach der Stadt, in der sie sich befanden, nannte sich der Betrieb nun »Oshkosh Motor Truck Manufacturing Company«. 1920 stellte Oshkosh mit dem 2-Tonner Modell A seinen ersten Serientruck her. Ihm folgten in den kommenden Jahren das Modell B mit 3,5 Tonnen und das Modell F mit 5 Tonnen nach. 1925 wartete Modell H mit Doppelplanetenachsen, einer überlegenen Traktion und höherer Leistung auf. Sieben Jahre später konnten die Modelle FC und FB hydraulische Systeme vorweisen. Einen schweren Radlader für die Bauindustrie stellte 1933 das gummibereifte Modell TR dar. Es fand ebenso in Bergwerken Verwendung. Die Ende der 30er Jahre auf den Markt gebrachte W-Reihe kam sowohl zum Schneepflüger als auch auf Mülldeponien zum Einsatz. Während des Zweiten Weltkrieges produzierte Oshkosh Allrad-Trucks für die US-Army und etablierte dabei einen Geschäftszweig, der in Zukunft noch sehr lukrativ werden sollte und für die Firma zu einem sicheren Standbein bis heute geworden ist. In den 50er Jahren weiteten sich die Anwendungsbereiche der Oshkosh-Laster aus. So entwickelte man 6x6-Trucks für den Einsatz auf Ölfeldern und im Bergbau, präsentierte aber auch ein erstes Feuerwehrlöschfahrzeug für Flughäfen (ARFF). Eine weitere Neuheit bei Oshkosh war 1955 das Modell 50-50. Diesen Betonmischer gab es in der Version 45-45 zusätzlich in einer Dieselversion. Kennzeichnend für ihn waren seine lange Vorderhaube und die zurückgesetzte Vorderachse. Weitere Betonmischer kamen in den frühen 60er Jahren mit den Reihen C, F und D auf den Markt. Zur Feuerbekämpfung auf den Decks von Flugzeugträgern diente das Modell MB-5 von 1968, im zivilen Bereich firmierte es als M-Reihe. Einer Flugzeugschlepper namens U 30 stellte Oshkosh im selben Jahr vor. In den 70er Jahren baute das Unternehmen seine Modellpalette weiter aus. Die R- und E-Reihen wurden auch international verkauft, in der J-Reihe von 1974 gab es einen Riesen-Truck für Wüsteneinsätze, die B-Reihe beinhaltete erstmals Betonmischer, die vorne entladen und dadurch von nur einem Mann bedient werden konnten. Der Auftakt einer langen Zusammenarbeit mit dem US-Militär bildete der Schwerlasttransporter M911 von 1976. Viele mittlere und schwere Trucks gingen in den kommenden Jahrzehnten an die Armee und kamen wie die HEMTT-Fahrzeuge auch in Kriegen (z. B. Irak) zum Einsatz. Gerade die vierachsigen HEMTT-Mehrzweck-Trucks, die es sowohl als Transporter wie auch als Tanker, Sattelzugmaschinen und Bergefahrzeuge gab, wurden zum Rückgrat der US-Army. Mit Beginn der 90er Jahre diversifizierte Oshkosh durch Aufkauf bestimmter Firmen kontinuierlich sein Programm, ein Anhängerhersteller machte den Anfang. 1996 übernahm man dann einen führenden US-Feuerwehrhersteller, zwei Jahre später kam ein Produzent von Müllsammelaufbauten und Betonmischern hinzu, es folgten die Hersteller von Ambulanzfahrzeugen, Abschlepp- und Bergungsgeräten sowie von Hubarbeitsbühnen und Teleskopladern. Diese Veränderungen im Schwerpunkt des angebotenen Programms fanden schließlich 2003 ihren Niederschlag in einer erneuten Namensänderung: Man ließ das »Truck« wegfallen und nannte sich nur noch »Oshkosh Corporation«. Gleichzeitig expandierte Oshkosh weltweit.

Deutscher ABC-Spürpanzer Fuchs auf einem Oshkosh-Truck der US-Army im Irak.

PETERBILT

Theodor A. Peterman war in der Holzindustrie an der Westküste der USA tätig und benötigte dafür speziell angepasste Laster. Zunächst modifizierte er für seine Zwecke Armee-Trucks, doch für sein Geschäftsaufkommen waren diese Fahrzeuge nicht ausreichend. Ende der 30er Jahre ergab sich für ihn die Gelegenheit, den Fahrzeughersteller »Fageol Motors Company« in Oakland zu übernehmen, der ein Opfer der Weltwirtschaftskrise geworden war, dessen Fertigung aber dank Banken und Konkursverwalter bislang hatte weiterlaufen können. Nun ergab sich für Peterman die Möglichkeit, sich seine Trucks in der erworbenen Fabrik maßgeschneidert selber zu bauen. Den Namen, den er für sein neues Unternehmen wählte, setzte er aus seinem eigenen Namen Peterman und dem Slogan von Fageol, »Bill-built« (von Bill, dem Inhaber, gebaut), zusammen: Peterbilt.

Die ersten beiden Laster waren die Typen 334 und 260, letzterer ausgestattet mit Kettenantrieb. Während des Zweiten Weltkrieges baute Peterbilt diese Schwerlaster und weitere Modelle wie den Typ 364 für die Armee und ließ die so gewonnenen Erfahrungen später in seine zivilen Nachkriegs-Trucks fließen.

Firmeninhaber Peterman überlebte das Jahr 1945 nicht. Einige seiner Mitarbeiter übernahmen daraufhin die Leitung des Betriebes. Anders als Mitbewerber Ford setzte Peterbilt von vornherein auf Klasse statt Masse. Statt 100 Lkw am Tag produzierte er lediglich 100 im Jahr, diese aber ganz auf Qualität getrimmt und genau auf die Bedürfnisse der Kunden abgestimmt, die zu diesem Zweck vorher erfragt wurden. Diese Rechnung ging vollständig auf. Peterbilt etablierte sich sofort in der amerikanischen Kraftfahrzeugszene, die Kundschaft war bereit, für Peterbilt-Laster einen höheren Anschaffungspreis zu entrichten als für Vergleichsprodukte, weil sie sich davon überzeugen ließ, dass diese Trucks geringere Betriebskosten aufwiesen, darüber hinaus zuverlässig, langlebig und wertbeständig sowie von höchster Qualität waren. 1949 entstand der erste Nachkriegsbestseller von Peterbilt, das Modell 350. Seine Besonderheit bestand darin, dass er im Gegensatz zu allen bisherigen Lastern der Firma ein Frontlenker-Modell war. Mit diesem hatte Peterbilt pragmatisch auf neue Lkw-Längenbeschränkungen in den USA reagiert. Eine weitere Neuerung war die Verwendung von Aluminium in der Karosserie und der Fahrerkabine, um Gewicht zu sparen. Eine Strategie, die Peterbilt noch ausbauen sollte.

Den nächsten Erfolg bescherte das Modell 351, das 1954 auf den Markt kam und am längsten von allen Peterbilt-Trucks gebaut wurde. Auch das Firmenemblem, wie es heute noch existiert, wurde damals entworfen. Weltweite Bekanntheit erlangte außerdem der aus dieser Zeit stammende Typ 281 wegen seiner Verwendung in Steven Spielbergs Thriller »Duell« von 1971.

Ende der 50er Jahre kam es zu einem Konflikt zwischen der Geschäftsführung von Peterbilt und der Witwe Peterman. Peterbild war zwar Eigentümer der Fabrik, das Gelände aber, auf dem sie stand, gehörte der Witwe des Firmengründers. Als Frau Peterman eine andere Verwendung für dieses Grundstück vorschwebte, verkauften die Firmeneigner Peterbilt an das Unternehmen »Pacific Car and Foundry«, die sich in den 70er Jahren umbenannten in »PACCAR«. Dieses hatte die finanziellen Mittel, um in Newark, Kalifornien, eine neue Fabrik aufzubauen, in der ab 1960 die Produktion weiterging.

Bereits 1959 waren die Typen 282 und 352 erschienen. Im selben Jahr präsentierte Peterbilt seine erste um 90 Grad kippbare Fahrerkabine, die eine leichtere Wartung des Fahrzeugs ermöglichte. Trotz des hohen Anschaffungspreises überstieg die Nachfrage nach Peterbilt-Trucks die Fertigungskapazitäten, weshalb ein weiteres Werk in Madison, Tennessee, errichtet wurde. Weitere Expansionen folgten in den kommenden Jahren. Mitte der Sechziger konstruierte der Truckbauer erstmals seine Fahrerkabinen und die Motorhauben ganz aus Aluminium.

1967 entstand mit dem Typ 359 »Bullnose« ein neuer Klassiker. Leistungsstark, anpassungsfähig und mit viel Chrom versehen, wurde er zum Inbegriff des amerikanischen Trucks. Seine Motoren kamen wahlweise von Caterpillar, Cummins oder Detroit Diesel. Erst 1987 wurde die Herstellung dieses Lastwagens eingestellt.

Einer der ersten Trucks von Peterbilt war im Jahr 1939 dieses Modell 334. Von diesem und dem zweiten Modell 260 produzierte Peterbilt in diesem Jahr nicht mehr als 14 Stück. 1940 stieg die Gesamtzahl bereits auf 82.   (Foto: © Mahanga, CC-BY-2.0)

Ein Peterbilt 379 beim vorsichtigen Andocken an ein mobiles Fertighaus. Das Modell 379 erschien 1987, wurde zur Legende und blieb bis 2007 in Produktion.

Der mit drei Antriebsdüsen versehene Truck »Shockwave« von Peterbilt hält mit 605 km/h den Geschwindigkeitsweltrekord.

Der Peterbilt 377 war ein aerodynamisch gestalteter Lastwagen mit einer Motorhaube aus Fiberglas, gebaut in den Jahren zwischen 1986 und 2000.   (Foto: © Bob Adams,

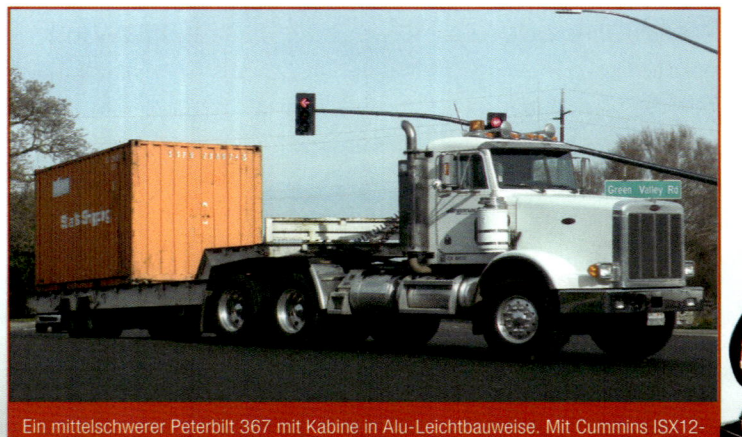

Ein mittelschwerer Peterbilt 367 mit Kabine in Alu-Leichtbauweise. Mit Cummins ISX12-Motor leistet er zwischen 310 und 425 PS. Er ist jedoch auch mit noch stärkeren Aggregaten zu haben. (Foto: © Frank Deanrdo, CC-BY-2.0)

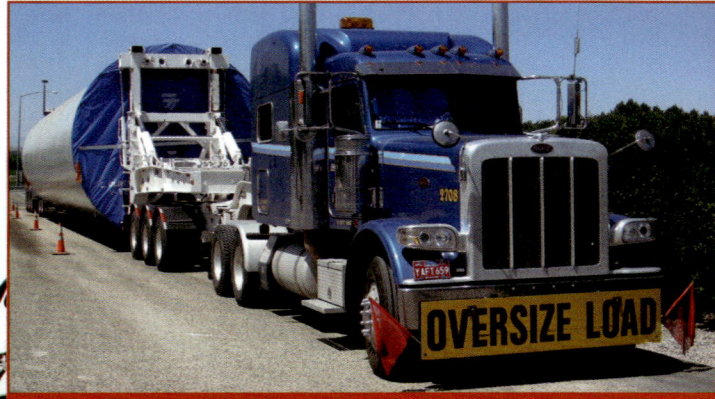

Ein Peterbilt 389 beim Transport eines Windturbinenmastes. Der Typ 389 wurde 2006 auf den Markt gebracht. Als Motoren stehen zur Wahl ein PACCAR MX-13 oder alternativ ein Cummins ISX15. (Foto: © J Brew, CC-BY-SA-2.0)

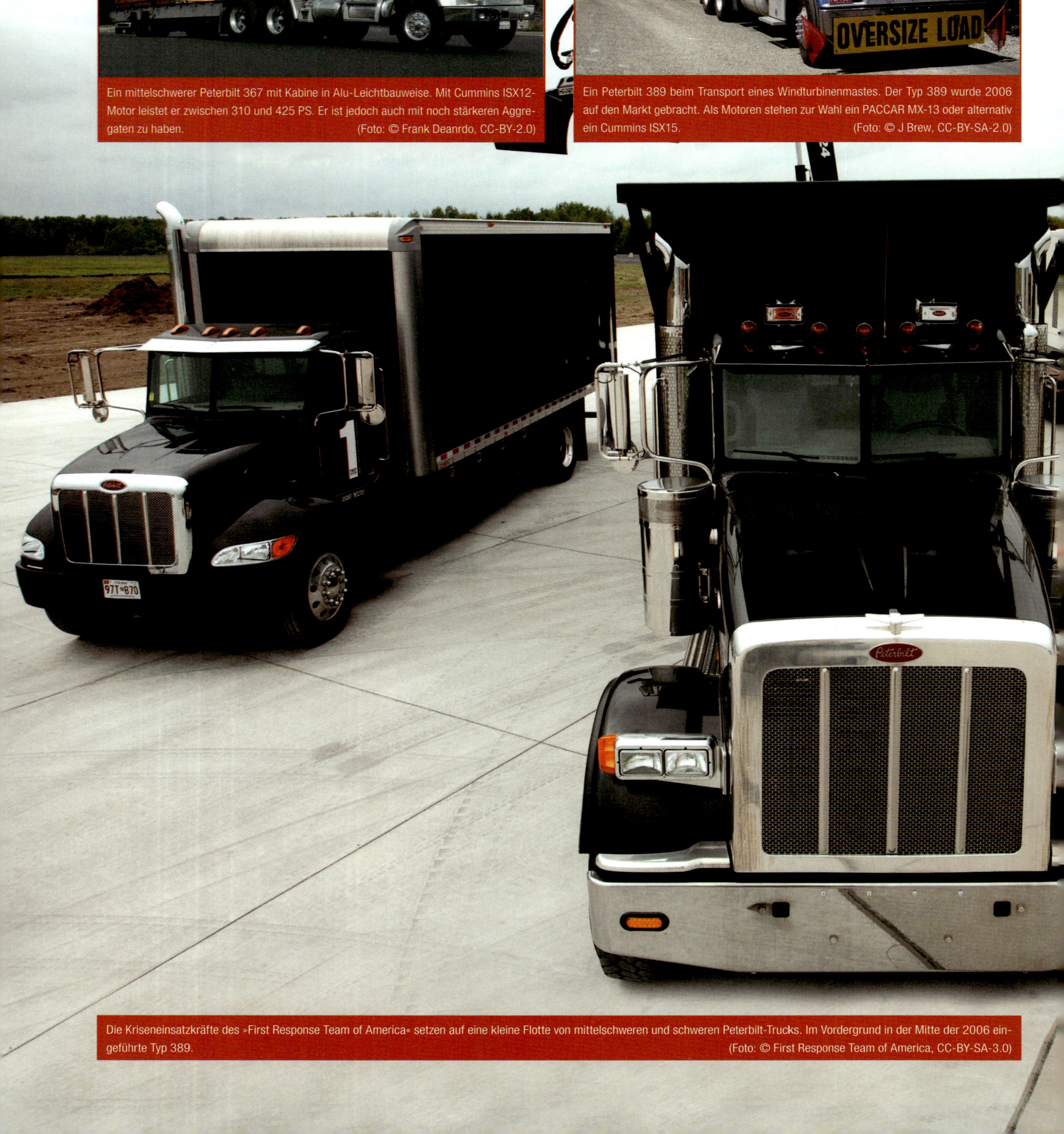

Die Kriseneinsatzkräfte des »First Response Team of America« setzen auf eine kleine Flotte von mittelschweren und schweren Peterbilt-Trucks. Im Vordergrund in der Mitte der 2006 eingeführte Typ 389. (Foto: © First Response Team of America, CC-BY-SA-3.0)

PETERBILT

Schwerlasttransport mit Peterbilt-Zugmaschine.   (Foto: © Mark Holloway, CC-BY-2.0)

In den 70er Jahren wurden erstmals im 320 PS starken Modell 343 geräumige Schlafkabinen und geneigte Fiberglas-Fahrerhäuser eingeführt. Um die eigenen Laster besser in Kanada vertreiben zu können, gründete das Unternehmen dort die »Peterbilt of Canada«. Waren bislang nur Schwerlaster im Programm gewesen, so erweiterte Peterbilt dieses nun um leichtere Fahrzeuge zur Müllentsorgung. Den Anfang machte der Typ CB300, dem 1978 das Modell 310 nachfolgte, das nach zehn Jahren vom bis zu 400 PS starken Typ 320 mit niedrigem Fahrerhaus ersetzt wurde. 1980 entstand in Denton, Texas, ein weiteres Werk. Dreizehn Jahre später zog dorthin die Firmenzentrale um. Innovativ zeigte sich 1984 das Modell 349 mit seiner hinteren Motorzapfwelle und der selbstlenkenden Liftachse. Wert auf eine vorteilhafte Aerodynamik legte Peterbilt bei den Trucks 362 und 377. Der Typ 379 ersetzte ab 1987 den erfolgreichen Vorgänger 359 als neues Flaggschiff bis zum Jahr 2007. Auch bei ihm hatte Peterbilt Wert gelegt auf eine kraftstoffsparende, aerodynamische Gestaltung. Er mauserte sich zum beliebtesten Sattelschlepper der USA und kam wahlweise mit 600 PS starkem Reihensechszylinder-Turbodiesel von Caterpillar oder Cummins; auch ein Detroit-Diesel-Aggregat stand zur Wahl.

In den 90er Jahren stellte das Unternehmen das Unibilt Cab Sleeper System vor. In diesem waren Fahrerhaus und Schlafkabine vorteilhaft und platzsparend miteinander verbunden. Eine völlige Integration von Fahrerhaus und Schlafkabine wies der damals fortschrittlichste und energieeffizienteste Truck von Peterbilt auf, das Modell 387 im Jahr 1999. Dieser und der Typ 330 hatten in den Neunzigern den Einstieg der Amerikaner in die mittelschwere Klasse begründet.

In den 2000er Jahren wurde das Modell 336 vor der US-amerikanischen Umweltbehörde EPA als umweltfreundlich und treibstoffsparend ausgezeichnet. Bei seinen Bemühungen um eine immer bessere aerodynamische Gestaltung seiner Trucks, und damit einen sparsameren Betrieb, legte Peterbilt 2011 mit dem Typ 587 die Messlatte wieder ein Stück höher. Außerdem verfügte dieser Laster erstmals über Druckluftscheibenbremsen. Ausgestattet war er entweder mit Cummins- oder PACCAR-Motoren. PACCAR hatte ein Jahr zuvor mit dem MX ein neues effizientes und sehr zuverlässiges Aggregat geschaffen. Es bot Leistungen zwischen 380 und 500 PS. Übertroffen wurde der Typ 587 2012 vom 579, der noch kraftstoffeffizienter war und eine sehr große Fahrerkabine mit erhöhtem Sichtbereich aufwies. Entweder mit einem 500-PS-PACCAR-Motor oder mit einem von Cummins (Leistungsbereich zwischen 320 und 400 PS) wurde 2013 das Modell 567 angeboten. Bereits seit 2006 auf dem Markt war der Peterbilt-Truck mit der längsten Motorhaube, der Typ 389.

2014 konnte Peterbilt bereits sein 75-jähriges Bestehen feiern. Fast von Anfang an hatte er zu den führenden Truckherstellern in der USA gehört. Bis heute geht sein Konzept, Klasse statt Masse zu bieten, in beeindruckender Weise auf.

1967 entstand der Klassiker Peterbilt 359, der das breite Haubendesign begründete und deshalb auch den Spitznamen »Bullnose« trug   (Foto: © Barry Skeates, CC-BY-2.0)

REO

Ranson Eli Olds, Jahrgang 1864, hatte sich gerade erst wegen geschäftlicher Differenzen von seiner alten Firma Oldsmobile getrennt, als er noch im selben Jahr, 1904,
in Lansing, Michigan, bereits sein zweites Unternehmen gründete, die »R. E. Olds Motor Car Company«. Weitere Tochterfirmen dienten ihm als Zulieferer. Olds hatte bislang
erfolgreich Pkw und Benzinmotoren hergestellt und wollte das nun fortführen, musste
aber zuvor seinen Namen wegen Verwechslungsgefahr umändern in »REO Motor Car«.
Vom darauffolgenden Jahr an rollten erfolgreich Automobile aus seiner Werkshalle.
Im Jahr 1907 avancierte REO sogar zum dritterfolgreichsten US-Hersteller. Doch
gegen die in den folgenden Jahren einsetzende Konkurrenz von Ford und GM konnte
REO nicht ankommen. Ab 1910 ergänzten hochwertige und robuste Lastwagen die
Produktpalette. Zunächst erschien das leichte Modell F mit 0,6 Tonnen, ab 1913 der
große Vierzylinder-2-Tonner Modell J. Zu einem besonderen Erfolg wurde 1915 das
erstmals in Großserie produzierte Modell F, der berühmte REO Speedwagon, der bis
in die End-Dreißiger gefertigt wurde. Olds baute darüber hinaus Löschfahrzeuge,
Abschleppwagen, Muldenkipper und Lieferwagen. Er war der Erste, der dafür ein
(allerdings im Gegensatz zu Ford nicht automatisiertes) Laufband verwendete.

1928 stand REO auf dem Höhepunkt seines Erfolges – um dann bereits ein Jahr
später mit Beginn der Weltwirtschaftskrise um so tiefer zu fallen! Weil er das Unternehmen retten wollte, kehrte Olds, der sich eigentlich zurückgezogen hatte, nochmals
für eine kurze Zeit zu REO zurück. Eine der Konsequenzen dieser Krise war 1936 die
Einstellung der unrentabel gewordenen Pkw-Produktion.

Seit Ende der 20er Jahre hatte REO schwere 3- bis 4-Tonner mit Sechszylinder-
Motoren im Angebot gehabt, in den Dreißigern folgte ein 4-Tonner mit Achtzylinder-
Benzinmotor. Seit 1934 konnten die Trucks zudem mit dem selbst entwickelten
Sechszylinder Gold Crown bestückt werden. Allen Bemühungen zum Trotz musste
sich der Betrieb vier Jahre später für bankrott erklären und einen Treuhänder ein-
bestellen. Zwei Jahre lang wurden in Lansing keine Trucks mehr gebaut, ab 1940
konnte REO die Produktion jedoch wieder aufnehmen und sich mit Militärfahrzeugen
die nächsten Jahre über Wasser halten.

Nach dem Zweiten Weltkrieg setzte REO erneut auf zivile Laster, doch die wirtschaftliche Situation der Firma blieb prekär. Die Haubenfahrzeuge REO 30 und 31 von 1947
boten 10 Tonnen Nutzlast und bezogen bis zu 200 PS aus Continental-Motoren.
Zwei Jahre später wurde der selbstentwickelte Motor Gold Comet 331 vorgestellt.
Im selben Jahr ergatterte REO noch einmal einen Militärauftrag; 5000 2,5-Tonner
des Typs M34 6x6 – auch bekannt als »Eager Beaver« – gingen an die US-Army.
Fünf Jahre lang baute das Unternehmen diesen Lkw, dann wurde dessen Produktion
bei GMC fortgesetzt.

1953 führte REO den Zivilschutz-Laster »Calamity Jane« ein, ein Jahr danach kam
der V8-Motor Gold Comet. Doch ohne weitere Militäraufträge war der Betrieb nicht
überlebensfähig. 1954 wurde er von Bohn Aluminium & Brass übernommen, was die
Lage aber ebenfalls nicht verbesserte. So folgte drei Jahre später schon die nächste Übernahme, diesmal durch die White Motor Company. In den folgenden Jahren
produzierte REO weitere Laster, darunter Modelle wie den AC 403 von 1958, den
D-303 von 1960 und im Jahr 1962 das Modell E-400 sowie den dieselbetriebenen
Sattelschlepper D-703D 90. In der DC-Reihe erschienen in den 60er Jahren schwere
Frontlenker mit kippbarer Kabine.

Mittlerweile hatte der Mutterkonzern White mit Diamond T einen zweiten Lastwagenbauer nach Lansing geholt. Da sich bei beiden zugekauften Firmen die Situation
nicht besserte, fusionierte White die beiden 1967 zu »Diamond REO«. Fortan entstanden unter dieser Bezeichnung gemeinsame Trucks, darunter der C-101 mit 289 PS
Leistung von 1969. Dieser Lkw wurde die Basis des 600 PS starken Nachfolgers
Diamond REO Giant, dessen Produktion ein Aufkäufer der Vermögenswerte von
Diamond REO ab 1978 bis in die 90er Jahre hinein in Harrisburg fortsetzte, nachdem Diamond REO, bereits seit 1974 endgültig insolvent, die Truckherstellung hatte
aufgeben müssen.

Ein schöner REO-Truck aus dem Jahr 1929 als das Unternehmen unter der Weltwirtschaftskrise zu leiden hatte. (Foto: Thames New Zealand, © CC-BY-2.0)

Ein Diamond REO von 1970 mit beladener Pritsche. Die beiden Firmen Diamond und REO waren 1967 zusammengelegt worden, ihre Namen erschienen nun gemeinsam auf den Trucks. (Foto: sv1ambo, © CC-BY-2.0)

Der M35 2,5 Tonnen wurde 1944 von REO als allradgetriebener Dreiachser für das Militär konzipiert, ab 1950 produziert und in viele Länder exportiert. Herstellung und Weiterentwicklung dieses Militärfahrzeugs wurden später von anderen Herstellern übernommen.

Der M36 gehörte zur M35-Serie und wurde von REO noch im Jahr 1955 hergestellt. Die abgebildete Variante M36A2 entstand unter einem der REO-Nachfolgeproduzenten, nämlich unter »Kaiser Motors«.

Das Modell Sterling DDS 235 war ein schwerer Militär-Abschleppwagen aus dem Zweiten Weltkrieg.
(Foto: © Joost J. Bakker, CC-BY-2.0)

Dieser Sterling-Truck gehört zur L-Line, mutmaßlich ein Typ 9500, und kommt in Neuseeland zum Einsatz.
(Foto: © 111 Emergency, CC-BY-2.0)

Sterling Sattelzugmaschine der A-Line aus den 2000er Jahren mit schwerem Sattelauflieger. Zu den Tugenden der A-Line gehörten ihre hohe Manövrierfähigkeit und die Verwendung vieler gewichtsparender Komponenten.

STERLING

Die Sterling L-Line hatte sich aus dem Ford Louisville entwickelt und bildete mit ihren drei Typen die oberste Gewichts- und Leistungsklasse unter den Trucks der von Freightliner/Daimler wiederbelebten Marke Sterling. (Foto: © Daimler AG)

Bevor es die Firma Sterling gab, gab es »Sternberg Motor Truck«. Dieser Betrieb war beheimatet in Milwaukee, Wisconsin, und von William Sternberg im Jahr 1907 gegründet worden. Bis 1915 stellte Sternberg Frontlenker-Laster mit bis zu 5 Tonnen Nutzlast her. Dann forderte der Erste Weltkrieg seinen Tribut: Sternberg sah sich gezwungen, den deutsch klingenden Namen seines Unternehmens wegen der kriegsbedingt antideutschen Stimmung in den USA abzuändern und wählte die Bezeichnung »Sterling«. 1917 beteiligte sich Sterling zusammen mit anderen Firmen am Bau eines Transportlasters für die US-Army, gedacht für den Kriegsschauplatz in Europa, des »Liberty Truck«. Das war ein Pritschenwagen mit 0,75–5 Tonnen Nutzlast und einem Vierzylinder-Benzinmotor.

Nach dem Krieg stellte Sterling weiterhin kettengetriebene 5- bis 7-Tonner mit eigenen Vierzylinder-Motoren und Hartgummireifen her, 1928 wechselte er auf Sechszylinder-Motoren mit höherer Geschwindigkeit. Ergänzend baute er Zugmaschinen mit bis zu 20 Tonnen Gesamtgewicht. Zu Beginn der Dreißiger kamen mit der F-Serie auch Haubenlaster auf den Markt, gleichzeitig stellte Sterling ein neues Frontlenker-Design mit nach hinten kippbaren Kabinen vor. Damit reagierte er auf die erhöhte Nachfrage nach Frontlenkern in dieser Zeit.

Nach der Übernahme der »La France Republic Corp.« im Jahr 1932 wurde Sterling zu einem der frühesten Anbieter von (Cummins-)Dieselmotoren. Dem Ausbau seines Vertriebsnetzes diente sechs Jahre später der Aufkauf von »Fageol Truck« in Oakland. Zu dieser Zeit ergänzten die Frontlenker der G-Reihe mit bis zu 125 PS die Modellpalette. Während des Zweiten Weltkrieges belieferte der Lastwagenbauer die US-Army mit schweren Trucks von 7,5 bis 15 Tonnen.

Nach dem Krieg setzte Sterling die Produktion seiner 1941er Modelle zunächst fort. Außerdem stellte er mit dem T26 EI einen 12-Tonnen-Experimentier-Truck mit einem 426-PS-Motor aus einem Sherman-Panzer vor. Nach anfänglich guten Nachkriegsverkäufen setzte eine Absatzkrise ein und Sterling musste verkauft werden. Mitbewerber White übernahm 1951 den Hersteller, schloss allerdings ein Jahr später das Werk in Milwaukee und führte bis 1953 unter dem Namen »Sterling White« die Produktion von dessen Trucks in Cleveland, Ohio, fort. Dann setzte White, der sich mit seinen Einkäufen zu dieser Zeit ein wenig übernommen hatte, einen Schlussstrich unter den Sterling-Lastwagenbau. An dieser Stelle hätte die Geschichte eigentlich zu Ende sein können; sie war es aber nicht. 1997 übernahm der amerikanische Truckhersteller Freightliner, der 1981 selbst von Daimler-Benz gekauft worden war, die schweren Ford-Class 8-Trucks und brachte sie im Jahr darauf unter dem Markennamen »Sterling« neu heraus. Volvo – seit 1981 im Besitz von White und damit Sterling – hatte die Erlaubnis zur Verwendung des Namens gegeben. Aus der Ford L(ouisville)-Reihe wurde so die Sterling L-Line. Zur ihr gehörten die Typen 7500, ein 215–315 PS starker Haubenlaster für den Nahverkehr mit 5-Gang-, später 10-Gangschaltung, der schwerere Allzweck-Truck 8500 und der in der Bauindustrie, als Tankfahrzeug und im Kommunalbereich eingesetzte Typ 9500.

Aus dem Ford Aero Max wurde die Sterling A-Line für den Fernverkehr mit ihrem Spitzenmodell »Silver Star«, ausgestattet mit Motoren von Cummins, Caterpillar oder Detroit Diesel. Waren die vorgenannten Trucks allesamt Haubenlaster, so bestand die fortgesetzte Cargo-Reihe aus mittelschweren Frontlenkern für den Nahverkehr mit kippbarem Fahrerhaus.

Später erschien der Sterling Acterra, ein sehr populärer Mittelklasse-Hauber mit 365-PS-Cummins-Diesel oder wahlweise einem Äquivalent von Mercedes-Benz. Ergänzt wurden diese Reihen 2007 von dem leichten Frontlenker Sterling 360 mit 185 PS und 12,5- bis 18 Tonnen Gesamtgewicht, der eigentlich ein Mitsubishi Fuso war, sowie den Sterling-Bullet-Typen 4500 und 5500, bei denen es sich schlicht um die Pick-up-Modelle von Dodge Ram handelte. Als einhergehend mit der Finanzkrise 2008 die Wirtschaft in den USA einbrach, stellte der Mutterkonzern Daimler die Produktion der Sterling-Trucks 2009 ein, um sich in den USA fortan auf die Marken Freightliner und Western Star konzentrieren zu können.

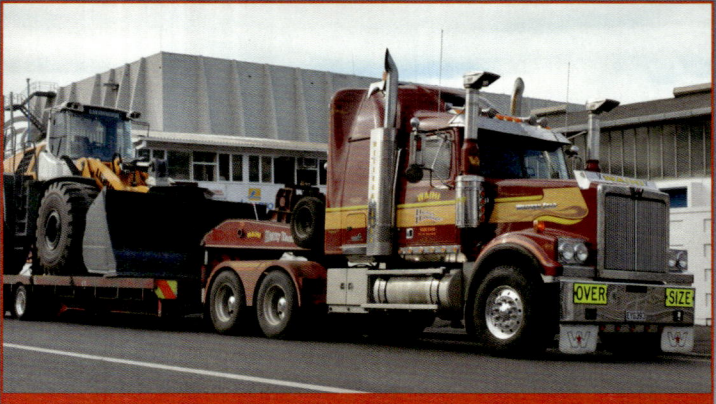

Der Western Star 4964XF gehört zur Reihe 4900. Je nach verwendetem Motor – Detroit-Diesel oder Cummins – ist dieses Modell 430 bis 600 PS stark.
(Foto: © GPS56, CC-BY-2.0)

Dieser Western Star 4800 Betonmischer in 6x6-Ausführung bezieht 470 PS von einem Detroit-DD13-Motor. (Foto: © Mr.choppers, CC-BY-SA-3.0)

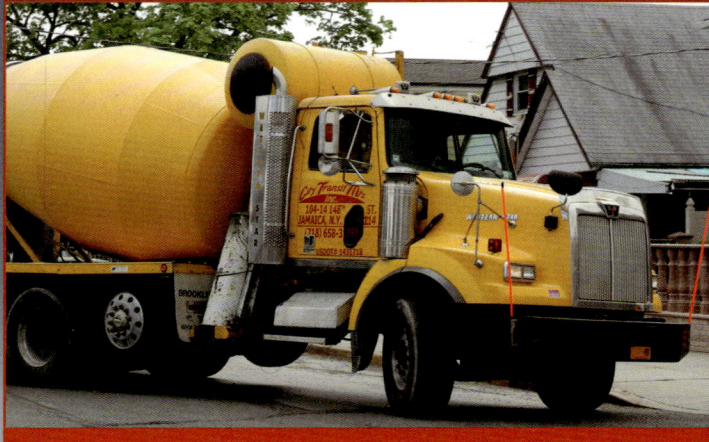

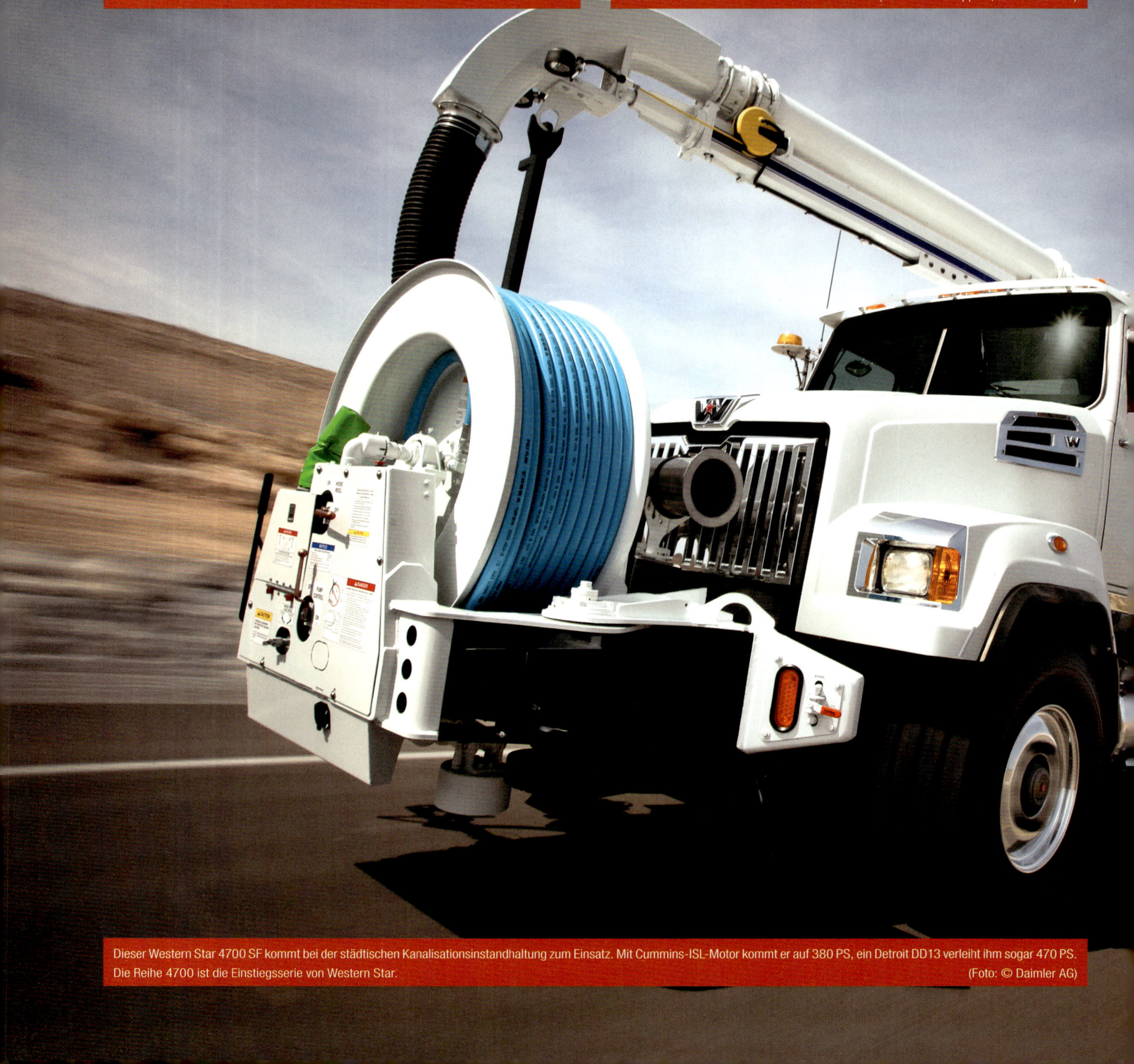

Dieser Western Star 4700 SF kommt bei der städtischen Kanalisationsinstandhaltung zum Einsatz. Mit Cummins-ISL-Motor kommt er auf 380 PS, ein Detroit DD13 verleiht ihm sogar 470 PS. Die Reihe 4700 ist die Einstiegsserie von Western Star.
(Foto: © Daimler AG)

WESTERN STAR

Ein Tanker der Reihe 4900. Sie ist eine der bekanntesten und wichtigsten Baureihen von Western Star und bis heute im Programm. Angeboten wird sie in den Ausführungen 4x2, 4x4, 6x4 und 6x6. (Foto: © Daimler AG)

Die in Oregon beheimatete Firma Western Star Trucks Inc. wurde 1967 gegründet und spezialisierte sich von Anfang an auf das Schwerlastsegment jenseits der 15 Tonnen Gesamtgewicht, was nach US-Normen der Klasse 8 entspricht. Während Forschung und Entwicklung in Cleveland, Ohio, beheimatet waren, wurde für die Produktion in der kanadischen Provinz British Columbia ein neues Werk gebaut, denn in Kanada waren die Gewerkschaften schwach. Kapital und Knowhow kamen von der White Motor Company, die mit Western Star eine neue Premium-Marke schaffen wollte. Vertrieb und Marketing konzentrierten sich nach 1970 dann auf die amerikanische Westküste. White Star entwickelte sich zum Inbegriff eines gut ausgestatteten, unkaputtbaren – wenn auch nicht billigen – Fernverkehrs-Lkws, wobei die Technik von White stammte. Der Anteil an Handarbeit war ungewöhnlich hoch, die Käufer hatten sehr viel mehr Möglichkeiten zur Individualisierung als bei den Großserien-Baureihen. In dem halben Jahrhundert seines Bestehens durchlief das Unternehmen eine bemerkenswerte Anzahl von Besitzerwechseln und Fusionen, die eng mit den Hochs und Tiefs bei Konzernmutter White zusammenhingen. Diese hatte bereits in den Siebzigern mit sinkenden Absatzzahlen zu kämpfen und ging 1980 in die Insolvenz. Volvo übernahm 1981 die Aktiva, während Namensrechte und Produktionsanlagen an zwei branchenfremde kanadische Energieversorger gingen, ohne dabei die Wurzeln zu kappen: Das Unternehmen verkaufte Volvo-White-Frontlenker in den Neunzigern unter White-Star-Label auf dem kanadischen Markt. Während White 1987 an GMC ging, wahrte White Star seine Unabhängigkeit und ging drei Jahre später an den australischen Fuhrunternehmer und Selfmade-Milliardär Terry Peabody, der ein guter Western-Star-Kunde war: Im australischen Wacol (Queensland) wurden seit 1983 White-Star-Lkw montiert, wobei die Teilesätze aus Kanada stammten. Bis zur Übernahme durch den Australier 1991 waren auf dem fünften Kontinent 707 Einheiten der Baureihen 4864 und 4964 verkauft worden. Der Australier fädelte eine Zusammenarbeit mit DAF ein, gliederte 1995 einen kanadischen Bushersteller an und übernahm 1996 den englischen Produzenten ERF. Peabody trat seine Anteile – abgesehen vom Werk in Australien – im Jahr 2000 an Daimler-Chrysler ab. Im Zuge dieser Aufspaltung erwarb MAN die britische Western-Star-Tochter. Allerdings stellte sich heraus, dass die ERF-Bilanzen frisiert gewesen waren, MAN zog vor Gericht und es kam zu einem Vergleich, der die Amerikaner 370 Millionen Euro kostete. Western Star als Teil der Nutzfahrzeugsparte von DaimlerChrysler verschmolz 2007, nach der Trennung der deutsch-amerikanischen Traumehe, mit der nordamerikanischen Nutzfahrzeugtochter Freightliner. Die Produktion erfolgt nun bei Freightliner. Wichtigstes Modell der ersten Jahrzehnte war die Hauben-Baureihe 4900. Dieser klassische Hauber steht, mit Detroit-Diesel- oder Cummins-Motor, noch heute im Programm. Eine Alternative zu den klassischen eckigen Haubern ergab sich erst 1986 mit den »Supertilt«-Hauben, die durch ihre aerodynmisch nach vorn abfallende Form einen Hauch von Fortschritt in die konservative Owner-OperatorSzene brachte (die noch immer die Hauptklientel stellt). Neue Kundengruppen sollte 1987 die neue 4800er-Reihe (»Cornerstone«) ansprechen, die leichter und wirtschaftlicher im Unterhalt sein sollte. Außerdem gab es auch Frontlenker auf Basis der Road-Commander-Serie von White. Die Zusammenarbeit mit DAF führte Anfang der Neunziger zur 1000er Serie, Vierachsern mit DAF-95-Kabine, aber amerikanischem Antriebsstrang. Die Übernahme von ERF bescherte Western Star die Commander-Serie, die in England gebaut wurde. Auf dem Gebiet der schweren Hauber war die wichtigste Neuerung die Constellation-Reihe mit GFK-Haube und großer Kunststoff-Schlafkabine. Das Programm heute besteht aus fünf Baureihen mit kurzen und langen Hauben bis 55 Tonnen Gesamtgewicht, Topmodell ist ein Allrad-Vierachser der Baureihe 6900. Die Motoren stammen überwiegend von Detroit Diesel; wenn sie nicht gerade im Fernverkehr unterwegs sind, findet man Western-Star-Trucks in der Holz- und Bauwirtschaft, im Bergbau und in der Mineralölindustrie. Dennoch: Die Turbulenzen am Markt haben auch bei den Premium-Lkw ihre Spuren hinterlassen: im Februar 2016 gab Daimler bekannt, bei der US-Lkw-Sparte rund 1250 Stellen abbauen zu wollen.

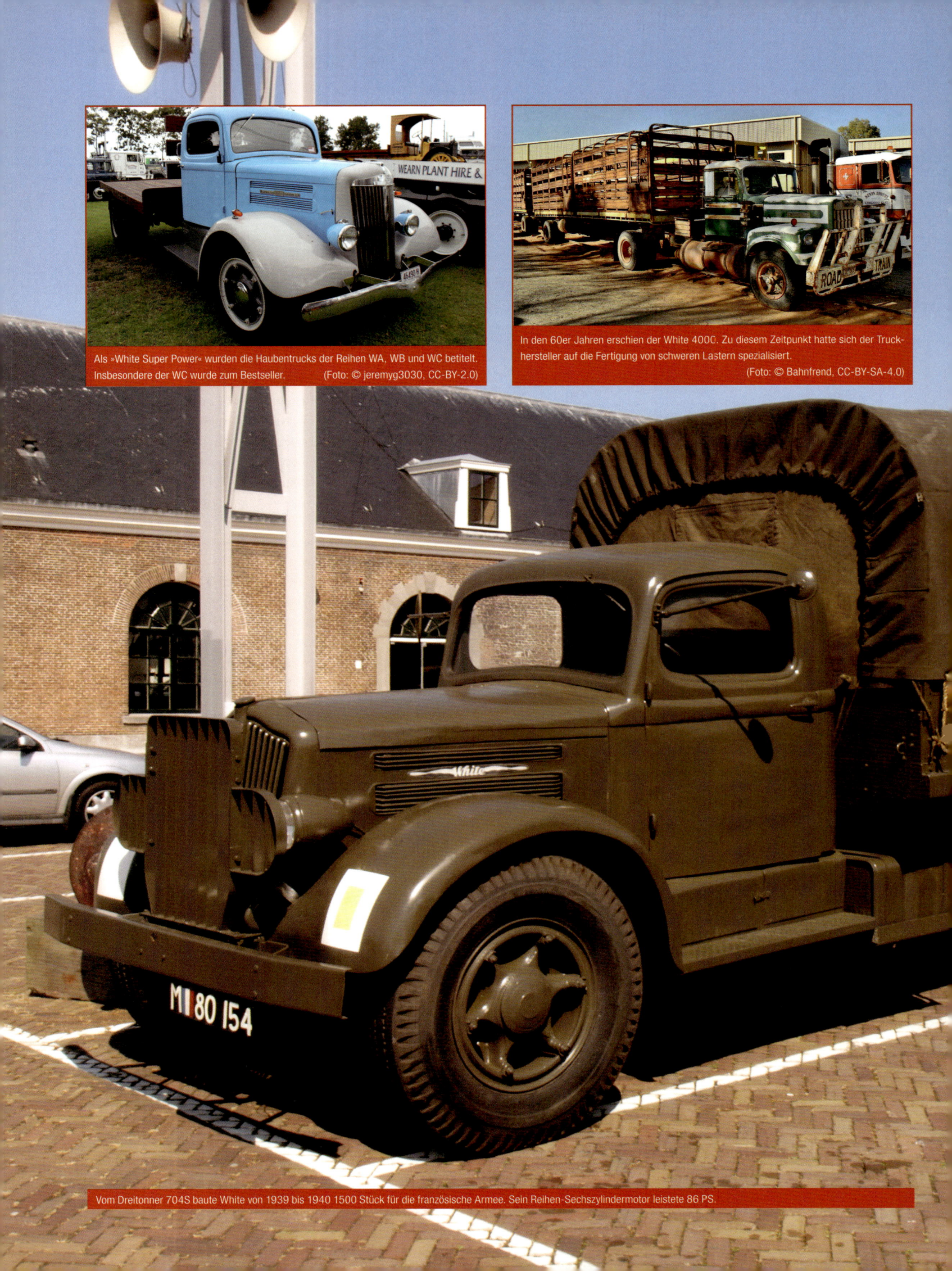

Als »White Super Power« wurden die Haubentrucks der Reihen WA, WB und WC betitelt. Insbesondere der WC wurde zum Bestseller. (Foto: © jeremyg3030, CC-BY-2.0)

In den 60er Jahren erschien der White 4000. Zu diesem Zeitpunkt hatte sich der Truckhersteller auf die Fertigung von schweren Lastern spezialisiert. (Foto: © Bahnfrend, CC-BY-SA-4.0)

Vom Dreitonner 704S baute White von 1939 bis 1940 1500 Stück für die französische Armee. Sein Reihen-Sechszylindermotor leistete 86 PS.

WHITE

Den »Road Commander«, serienmäßig mit Cummins-250-Motor, stellte White von 1972 bis 1983 her. Bereits 1975 erschien eine verbesserte zweite Version. Rechts neben ihm auf dem Bild steht ein Freightliner FL 112. (Foto: © bidgee, CC-BY-SA-3.0 AU)

Thomas H. White gründete im Jahr 1859 in Massachusetts eine Nähmaschinenfabrik, die sieben Jahre später nach Cleveland, Ohio umsiedelte. Ab 1876 firmierte sie unter »White Sewing Machine Company«. Als einer von Whites Söhnen, von einer Tour durch Europa inspiriert, sich Ende der 1890er Jahre an den Bau eines dampfgetriebenen Automobils machte, war das der Anfang eines neuen Produktionszweigs, aus dem einmal einer der größten Lastwagenhersteller der USA werden sollte. Zuerst wurden die Fahrzeuge nur in einer Ecke der väterlichen Nähmaschinenfabrik zusammengebastelt, doch ab 1905 reichte dafür der Platz nicht mehr aus. Es entstand zusätzlich und eigenständig die »White Company«, deren Fahrzeuge sehr erfolgreich wurden. 1909 stieg White um auf Benzinantrieb. Die ersten Lkw-Modelle mit den neuen Motoren waren der 3-Tonner GTA mit 30 PS sowie ab 1912 der 5-Tonner TC, die beide bis zum Ende des Ersten Weltkriegs hergestellt wurden. Während des Krieges sorgte die US-Armee mit ihrer Großbestellung von White-Lastern für volle Auftragsbücher in der Firma. Nach 1918 entschieden sich die Amerikaner, auf Personenwagen, die bislang ebenfalls im Programm standen, künftig zu verzichten und als »White Motor Company« nur noch Lastkraftwagen zu produzieren, und zwar die ganze Palette von leichten bis schweren Modellen. In den folgenden Jahren bis in die Dreißiger hinein sollten schließlich bis zu 10 % aller verkauften Lkw in den USA von White kommen. Unter den in dieser Zeit vorgestellten Trucks befanden sich z. B. der 1928 erschienene Typ 59 mit Sechszylinder-Benzinmotor und 3–4 Tonnen Nutzlast, außerdem der erste White-Frontlenker im Jahr 1935, der Typ 730, der mit seiner innovativen Technik allerdings zu teuer und zu unzuverlässig war, um erfolgreich zu werden. 1937 brachte White die Serie 800 auf den Markt, einen Frontlenker mit Reihensechszylinder. Während des Zweiten Weltkriegs belieferte White erneut die US-Armee, z. B. mit dem Spähwagen M3 Scout Car. Im Jahr 1940 führte White in Hauben- und Frontlenkerausführung das Modell WA ein. Nach dem Krieg erschien bereits der Nachfolger, das Modell WB. Die Haubenversionen beider Typen wurden 1949 weiterentwickelt zum Modell WC, das im anstehenden neuen Jahrzehnt zum Verkaufsschlager wurde. Eine weitere erfolgreiche Reihe war der Frontlenkertyp 3000, dessen teures und kippbares Fahrerhaus der damaligen Öffentlichkeit futuristisch erschien. Sein Nachfolger 1500 gab sich äußerlich bescheidener. White hatte sich mittlerweile vollständig auf den Bau von schweren Lkw konzentriert.

Schon 1932 hatte White die Indiana Truck Corp. aufgekauft. In den 50er Jahren übernahm White nun den Vertrieb der Freightliner-Laster bis ins Jahr 1977, kaufte Sterling Trucks, die Autocar Company, Diamond T sowie 1961 zusätzlich die REO Motor Company. Alle bis auf Sterling (lief noch kurz als »Sterling White«) wurden eine Zeit lang als selbstständige Marken weitergeführt. 1968 gründete White mit »Western Star« eine zweite Marke, um mit speziellen Trucks besser auf die Bedürfnisse der amerikanischen Westküste reagieren zu können. Der Höhepunkt des Erfolges war für White mittlerweile jedoch überschritten. Seit den 60er Jahren sanken die Absatzzahlen beständig. Die Idee, sich mit der ehemaligen Mutterfirma, der Nähmaschinenfabrik von White, die mittlerweile unter dem Namen »White Consolidated Industries« firmierte, zu verbinden, scheiterte an einem Verbot der US-Regierung. Um das Ruder noch einmal herumzureißen, nahm White in den späten Siebzigern viel Geld in die Hände, um neue Fabriken zu bauen sowie neue Baureihen zu entwickeln. Dabei übernahm sich das Unternehmen und musste 1980 Insolvenz anmelden.

Ein Jahr darauf kaufte der schwedische Fahrzeughersteller Volvo White, allerdings ohne Western Trucks, die nun selbstständig wurden. Es entstand die Volvo-Tochter »Volvo White Truck Company«. Die Schweden vertrieben sowohl alte Lkw-Modelle von White, bauten aber auch neue wie 1983 den White Conventional und den White High Cabover oder 1987 den Aero. 1988 fusionierte Volvo White mit GMC von General Motors zu »White GMC«. Im Jahr 2000 verschwand mit Autocar die einzige Lkw-Marke, die Volvo neben White in den USA noch betrieben hatte. Mitte der 90er Jahre ließ Volvo die Bezeichnung White unter den Tisch fallen und bietet seither seine Lastwagen in den USA unter dem Namen Volvo an.

AUS ALLER WELT

Wie viele Kraftfahrzeughersteller es in den vergangenen 125 Jahres gegeben hat, das lässt sich bis heute nicht mehr mit letzter Gewissheit klären. Um die 10.000 dürften es gewesen sein, und rund ein Drittel davon hat Last- und Lieferwagen gebaut. Die Mercedes-Benz, Iveco, MAN, Scania, Volvo und Co., die uns heute auf der Straße begegnen, sind also nur die Überlebenden einer nach Tausenden zählenden Schar von Lkw-Herstellern aus aller Herren Länder. Das folgende Kapitel versucht, natürlich ohne einen Anspruch auf Vollständigkeit zu erheben, einen kleinen Überblick darüber zu vermitteln, was andernorts die Wirtschaft in Gang hielt und hält. Und auch wenn diese Marken uns unbekannt sind oder nicht über die hierzulande hochentwickelte Technik verfügen, so sollten wir uns hüten, sie zu unterschätzen: Auch in anderen Teilen der Welt verstehen Lastwagenbauer ihr Handwerk. Sie haben nur andere Absatzmärkte und Zielgruppen im Auge.

1979 übernahm Volkswagen das ehemalige brasilianische Chrysler-Werk. Hier der 13-130 von 1981. Der heutige Delivery geht auf diese Konstruktion zurück.

MAN Latin America produziert unter dem Markennamen Volkswagen für die Armee. In großen Stückzahlen beschafft wurden die mittelschweren Worker-Typen in 4x4- und 6x4-Konfiguration. (Foto: © Andre Gustavo Stumpf Filho, CC-BY-SA-2.0)

Der VW Constellation 31.370 erschien zum Modelljahr 2014 und war für den Off-Road-Einsatz und den Gütertransport entwickelt worden. (Foto: © MAN SE)

BRASILIEN

VOLKSWAGEN DO BRASIL

Die ersten Pläne, einen Volkswagen zum Lieferwagen oder auch Transporter umzubauen, existierten bei Professor Porsche bereits in den 30er-Jahren, doch erst 1946 befasste man sich ernsthaft mit dem Thema, weil es keine Transportmöglichkeiten innerhalb des Werkes gab. So entstand der Platterwagen, der wiederum Ben Pon zu seiner berühmten Skizze eines Kastenwagens inspirierte. Der VW-Transporter ging 1950 in Serie und schrieb eine bis heute andauernde Erfolgsgeschichte. Volkswagens Versuch, in höhere Nutzlastklassen vorzustoßen, gelang aber erst durch die Zusammenarbeit mit MAN. Im Frühjahr 1975 begann im Transporterwerk Hannover-Stöcken die Produktion eines völlig neu entwickelten leichten Nutzfahrzeugs. Die Baureihe hieß niedersächsisch-nüchtern »LT«, war in der Klasse ab 2,8 Tonnen Gesamtgewicht und damit oberhalb des Volkswagen-Transporters angesiedelt. Der größte LT der ersten Generation, der LT 50, stellte zugleich den Anschluss an die Fahrzeuge der Gemeinschaftsreihe MAN-VW sicher. Diese G-Baureihe hatte das LT-Fahrerhaus und bediente das Segment zwischen sechs und neun Tonner Gesamtgewicht. Motor, Chassis und Vorderachse stammten von MAN, VW lieferte Fahrerhaus und Hinterachse. Die ab 1979 produzierte Gemeinschaftsbaureihe endete 1993 nach 72.000 gebauten Exemplaren. Nach dem Auslaufen der G-Reihe führte Volkswagen ab August 1994 den L 80 ein. Dieser deckte die Nutzlastklasse bis 5,6 Tonnen ab und entstand bei der brasilianischen Tochtergesellschaft VW co Brasil, ursprünglich für den südamerikanischen Markt entwickelt. Nutzfahrzeuge baut Volkswagen dort seit 1979, als die Wolfsburger zunächst 67 % der Chrysler Motors do Brasil Ltd. übernahmen und das Unternehmen kurz darauf ganz schluckten. Die nunmehrige Volkswagen Caminhões Ltda führte wiederum ein Jahr später ihre ersten Lastwagen auf Basis des LT ein. Für Vortrieb sorgten im 11.130 und 13.130 MWM-Diesel, die noch unter Chrysler-Ägide entstanden waren. 1995 fiel der Startschuss für den Bau eines großen Werkes in Brasilien, die Nutzfahrzeugfabrik Resende ging 1996 in Betrieb; als Hersteller der VW-Lastwagen fungiert heute die MAN Latin America. Doch unter welchem Logo auch immer: Zunächst konzentrierte sich Volkswagen dort auf die Entwicklung und die Montage zugelieferter Komponenten, baute aber den Local Content – also den Anteil der vor Ort produzierten Komponenten – stetig aus. Seit 2000 werden in Brasilien auch schwere Lastwagen gebaut. Das VW-MAN-Spektrum umfasst drei Lkw-Familien: Die leichten Delivery bis etwa zehn Tonnen Gesamtgewicht haben Cummins-Motoren. Die mittelschwere Worker-Reihe umfasst Modelle von acht bis 31 Tonnen. Der Kunde kann zwischen den mechanisch und elektronisch gesteuerten Cummins- und MWM-Motorisierungen wählen, wobei moderne Common-Rail-Kraftstoffeinspritzer ebenso lieferbar sind wie mechanisch gesteuerte Diesel. Oberhalb der Worker-Familie angesiedelt ist die 2006 präsentierte Constellation-Reihe mit Cummins-Motoren. Die Schwerlastwagen decken das Spektrum von 13 bis 57 Tonnen ab und sind in Brasilien allgegenwärtig, werden aber auch in Südafrika und Mexiko gebaut. Die Motoren stammen aus dem MAN-Baukasten, die Lastwagen werden aber unter dem VW-Markenzeichen verkauft. Seit über einem Dutzend Jahre ist Volkswagen Truck & Bus Marktführer bei den Lkw, drei der zehn meistverkauften Lkw in Brasilien stammen von MAN Latin America, wobei normalerweise ein »VW Constellation« an der Spitze steht.

Flugfeldtanker Volkswagen Worker 17-210 vor einem Airbus A320 der brasilianischen Fluggesellschaft TAM.

Das untere Ende der mittelschweren Worker-Baureihe markiert der 8-120; hier mit Rechteck-Scheinwerfern 2007 beim Einsatz in Chile.

CHINA

DAYUN

Dayun Trucks in Yuncheng, Provinz Shanxi, ist eine sehr junge Firma. Gegründet 2004 für die Produktion von mittleren und schweren Lastwagen, ist das Unternehmen kein Automobilhersteller im klassischen Sinne, sondern eher ein Konfektionär, der angelieferte Fremdkomponenten montiert. Der Lkw-Bau wurde im Oktober 2009 aufgenommen, im Angebot stehen Verteiler- und Fernverkehrs-Lkw und schweres Gerät für die Bauwirtschaft. Verwendet werden Komponenten der Weichai-Gruppe, die auch bei Shaanxi zum Einsatz kommen.

DONGFENG

Dongfeng, eigentlich »Dongfeng Commercial Vehicle Co.«, ist Chinas größter Lastwagenhersteller und hat einen Marktanteil von 21,5 % (2013). Das Unternehmen wurde 1969 in Shiyan, Zentralchina, als »Second Auto Works« weitab vom Schuss am Fuße der Gebirgsregion der Provinz Hubei gegründet, angeblich in der Hoffnung, so weit genug von der sowjetischen Grenze entfernt zu sein, falls es zum Krieg zwischen den beiden kommunistischen Staaten kommen sollte. In Betrieb ging das Werk 1975, erster Lastwagen war ein 2,5-Tonner nach Vorbild von KamAZ. Erst 1990 hielt, dank freundlicher Unterstützung von Nissan, moderne Frontlenker-Technik Einzug in China. Mitte der 2000er-Jahre setzte Dongfeng (so firmiert das Unternehmen seit 1992, 1999 wurde die Truck-Sparte ausgegliedert) zum langen Marsch an: Die neuen Kinland-KL- und Kingrun-KR-Baureihen waren moderne Frontlenker im europäischen Stil und mit eigenen wie auch Cummins-Dieseln bestückt und besser und moderner als alles, was die chinesische Konkurrenz zu dem Zeitpunkt zu bieten hatte. 2013 kam mit dem Kinland-KX-Flagship eine neue Fahrzeuggeneration auf den Markt, die der europäischen Konkurrenz nur wenig nachsteht, aber in China nur ein Drittel dessen kostet, was ein vergleichbarer europäischer Truck kosten würde. Nicht zuletzt die Kinland-KL-Bauserie hat Dongfeng zum Marktführer gemacht, Chinas Nummer 1 hat 2013 über 775.000 Lastwagen auf Asiens Straßen entlassen, davon über 240.000 in der Klasse über fünf Tonnen. Im Weltmaßstab baut nur Daimler mehr schwere Lastwagen. Ein Import nach Europa aber ist für die nächsten Jahre nicht geplant. Um jedoch zu lernen, wie der europäische Markt tickt, ist Dongfeng Anfang 2015 eine Partnerschaft mit Volvo eingegangen, wobei die Schweden 45 % übernahmen. Andere Kooperationen existieren mit Honda, Kia und Peugeot.

FAW

Die Wurzeln dieses Unternehmens liegen im Jahre 1953, als noch Eintracht herrschte zwischen den Kommunisten in Russland und denen in China. Die sozialistische Bruderhilfe führte zur Gründung der »China First Automotive Works«, die 1956 zunächst unter der Bezeichnung CA10 einen russischen Viertonner nachbauten und dann auch unter der Bezeichnung »Dong Feng« und »Hongqi« Personenwagen für hohe Parteikader fertigte. Allerdings war die Geschichte nicht unbedingt von Erfolg gekrönt, einmal mehr waren es politische und industriepolitische Verirrungen, die dazu führten, dass FAW zwei Mal beinahe in den Abgrund schlitterte. Erst 1977/78 waren echte Fortschritte zu verzeichnen, die Produktion verdoppelte sich von 30.000 auf 60.000 Fahrzeuge, und im Jahr darauf wurden ernsthafte Anstalten unternommen, diese erste Lastwagen-Serie zu erneuern. 1983 war man damit immer noch nicht fertig, daher fasste die Partei den Beschluss, unter geänderten politischen Rahmenbedingungen, Nägel mit Köpfen zu machen: FAW erhielt moderne Produktionsanlagen und ein an japanischen Vorbildern orientiertes Produktionssystem. 1988 lief schließlich der neue CA141 im zeitgenössischen Frontlenkerdesign vom Band. Die Neuausrichtung der chinesischen Wirtschaftspolitik bescherte FAW eine größere Eigenständigkeit und ein neues Gemeinschaftsunternehmen mit der Volkswagengruppe, später mit Toyota (FAW-Toyota) und Mazda (FAW-Mazda). Um die Jahrtausendwende baute FAW erstmals mehr schwere als mittelschwere Lkw, gegenüber 1988 hatte sich der Ausstoß mehr als verfünffacht. Weitere Kooperationen erhöhten das Tempo der Expansion und

Dayun brachte seine schwere N8-Baureihe 2009 unter der Bezeichnung »Big Win«. 2012 erfolgte ein Facelift mit jetzt farbiger Kühlermaske.
(Foto: © Dayun)

1983 begann Dongfeng die Zusammenarbeit mit Nissan, bei den Motoren handelte es sich um Diesel der B-Serie von Cummins. (Foto: © Vmenkov, CC-BY-SA-3.0)

FAW und Dongfeng bauten zeitweise identische Fahrzeuge. Der FAW-Fünftonner (Dongfeng EQ 140) rollte erstmals 1978, war aber so schlecht verarbeitet, dass erst die zweite Facelift-Variante von 1988 als ausgereift gelten durfte. Er wurde bis in die 2010er-Jahre hinein gebaut. (Foto: © Christcferb, CC-BY-SA-3.0)

Mit der im Mai 2006 präsentierten Kinland-Serie hat Dongfeng den Abstand zu den etablierten europäischen Marken spürbar verringert. Lieferbar in zwei Grundtypen, crei Radständen, elf Bauserien und 51 Modellen liegt das Gesamtzuggewicht bei 56 Tonnen. Der Kinland ist eine Gemeinschaftsentwicklung mit Nissan Diesel, der 420-PS-Motor ist ein Renault dCi 1. Kabine und Chassis stammen aus eigener Herstellung, das Getriebe von ZF, die Kupplung von Sachs und die Achsen von Dana. (Foto: © Dongfeng)

Dieser fröhliche Geselle des Mackay Memorial in Taipeh ist ein Foton Aumark C mit 2,8- oder 3,8-Liter-Cummins-ISF und 107 beziehungsweise 140 PS.

Die China National Heavy Duty Truck Group als Muttergesellschaft fährt in Form des Dreiecks-Logos auf jedem Sinotruck mit. Die Handelsmarke lautet Howo, hier ein A7.

Rund 1000 8x4-Trucks kann JAC pro Jahr produzieren, das Unternehmen hat nach eigener Aussage Kapazitäten zum Bau von 50.000 Fahrzeugen, 10.000 Spezial- und Sondertypen sowie von 50.000 Kabinen.

Hinter dem Shacmann-Kipper von Shaanxi verbirgt sich unzweifelhaft ein MAN F-2000. Für Vortrieb sorgt der WD12.375 von Weichai-Steyr.   (Foto: © order_242, CC-BY-SA-2.0)

führten zu einer Ausweitung des Lkw-Programms: 1996 erschien die mittlere Lkw-Baureihe FK, 2004 die J5P-Serie in der schweren Klasse, 2006 kam es zu einem Joint-Venture auf dem Motorensektor mit Deutz. Dalian Diesel begann mit der Produktion der Deutz-Motorenserien 1013 und 2012 (120 bis 300 PS). Schwere Motoren liefert FAW-Tochter Wuxi-Diesel, die Motorenpalette reicht von 7,7 bis 12,5 Litern Hubraum und bis zu 500 PS. Die neuen J5M- und J6-Fernverkehrslastwagen zeigen, wie weit FAW inzwischen zu den europäischen Topmarken aufgeschlossen hat.

FOTON

Auman – so heißen die schweren Lastwagen der Beiqi Foton Motor Co., Ltd., die seit 2002 gebaut werden. Das Werk selbst ist nicht viel älter, es wurde 1996 aus der Taufe gehoben zur Produktion von Lastkraftwagen, Transportern, Bussen und Traktoren. Das Geld dafür stammt von der staatlichen Beijing Automotive Industry Holding. 2001 verließ der erste eigene schwere Lkw die Produktionsstraße, 2002 folgte die besagte Auman-Reihe, die leichter – Aumark – folgten 2006. Wie stets bei chinesischen Herstellern wird Zusammenarbeit – samt Technologietransfer – auch bei Foton großgeschrieben: Am 26. März 2008 kam es zum Abschluss eines Joint Venture von Foton und Cummins, am 18. Februar 2012 kam es zur Gründung der Foton Daimler Automotive Co., an der die Partner hälftig beteiligt sind. Im Gemeinschaftswerk werden mittlere und schwere Lastwagen mit Mercedes- oder Cummins-Dieseln bestückt, der erste Auman-Mercedes rollte im Juli 2012 aus den Werkshallen im Pekinger Vorort Huairou. Die Jahresproduktion liegt bei rund 120.000 Einheiten.

JAC

Die Automobilfabriken konnten den Bedarf des gigantischen Landes nicht decken. So wurden auf Befehl der Partei neue Werke aus dem Boden gestampft. Bei der Jianghuai Automobile Co. von 1964 ging das aber gründlich schief, ungelernte Arbeiter murksten von Hand ab 1968 schlechte chinesische Kopien eines russischen Weltkriegs-Lkw zusammen. Erst in den Achtzigern begannen Qualität und Produktivität zu stimmen, der Bau von modernen schweren Lastwagen begann in den 2000ern. Heute gehört JAC zu den größten Autobauern Chinas.

SINOTRUK

Die Muttergesellschaft China National Heavy Duty Truck Group Co., Ltd. entstand 1956 und darf als erste chinesische Lastwagenmarke angesehen werden; der erste China-Truck von 1960 war ein Achttonner mit russischen Genen und hieß Huanghe JN150. Erstmals international zur Kenntnis nahm man die Chinesen durch die Lizenzvereinbarung mit Steyr: Sinotruk war 1983 somit der erste Hersteller, der europäische Lastwagen- und Fertigungstechnik nach China brachte, wobei die Sechszylinder-Triebwerke bei Weichai vom Band liefen. Nach der Umwandlung 2007 in eine Aktiengesellschaft (der Firmensitz befindet sich inzwischen in Hongkong) kam es 2009 zu einer Allianz mit MAN, das sich mit 25 % bei Sinotruck einkaufte und den Chinesen drei Modelle (D20, D26 und D08) und technologischen Fortschritt brachte. Zur Sinotruk-Gruppe gehören zahlreiche Hersteller von Bussen und Spezialfahrzeugen; die Marken heißen Sitrak, Howo, Steyr, Huanghe, Ho Han, Wangpai, Fupo und Weipo.

SHAANXI

Weichai wurde 1946 gegründet und ist einer der größten Automobilzulieferer und Anlagenbauer weltweit. Der Konzern baut Motoren und Antriebsstränge, Achsen und Getriebe, kooperiert mit KamAZ und Kögel, hat den italienischen Hersteller von Luxusyachten Ferrettti gekauft – und mischt über die Tochtergesellschaft »Shaanxi« im Schwerlastbereich mit. Rund 100.000 Trucks der Marke Shacman verlassen die Werksanlagen jährlich, wobei es sich um eine Mischung aus abgelegter Steyr-Technik und MAN-Kabinen handelt. Motoren und Achsen stammen meist aus eigenem Haus, wobei teilweise westliche Hersteller die Vorlage (und die Lizenzen) geliefert haben.

Anfang der Fünfziger baute Sisu die Lastwagentypen Jyry, Kontio und Winnie, wobei der Kontio-Kipper das mittlere Segment abdeckte.   (Foto: © Gwafton, CC-BY-SA-2.0)

Zwischen 1948 und 1968 baute Vanaja die Sisu-Lkw. Die Motoren waren in der Regel von AEC oder Leyland, die Getriebe kamen von Z= oder Fuller, die Hinterachsen von Rockwell. Dieser 505 von 1967 hat einen 165-PS-Diesel von AEC.

(Foto: © Juha Kämäräinen, CC-BY-SA-3.0)

2005 begann Sisu mit der Produktion einer neuen Generation von Schwerlastwagen mit Renault-Fahrerhaus. Das hier ist ein C500 Timber 6×4 mit 13-Liter-Caterpillar-Motor und 500 PS; mit Renault-Motor lautet die Bezeichnung dann R500. Renault und Sisu arbeiten auf dem Gebiet der Militärlastwagen eng zusammen.   (Foto: © Freetrack Expedition 2013, CC-BY-SA-3.0)

Die Zusammenarbeit mit Mercedes führte zur Polar-Baureihe auf Actros-Basis. 8x4-Kipper, Tridem-Hinterachsaggregat, Mercedes-Aggregat. (Foto © Daimler AG)

SISU

Sisu ist ein finnisches Wort und gilt als unübersetzbar. Es steht für Mut, Hartnäckigkeit, Beharrlichkeit, Rechtschaffenheit, Eigensinn – und trifft es doch nicht ganz. Sisu gilt aber als finnische Nationaleigenschaft, und daher passt dieser Name besser als jeder andere für Finnlands einzigen Lastwagenhersteller. Seit acht Jahrzehnten widersetzen sich die Schwerlast-Spezialisten aus Karjaa dem Trend zur Konzernmarke und wahren ihre Eigenständigkeit, verwenden aber Motoren, Getriebe und Kabinen vor Mercedes-Benz. Die Achsen stammen aber aus eigener Fertigung, und ein Sisu hat deren mindestens drei, häufiger vier und gerne auch einmal fünf davon. Sisu geht zurück auf das Jahr 1931, als die O/Y Suomen Autoteollisuus A/B (Finnische Automobil Industrie) gegründet wurde, die wiederum aus dem Zusammenschluss zweier Aufbauhersteller hervorging. Treibende Kraft dahinter war der Ingenieur und Automobilmanager Tor Nessling, der an die Perspektiven einer heimischer Automobilindustrie glaubte. Gebraucht wurden in erster Linie Nutzfahrzeuge, und für den zu bauenden Lastwagen wurde ein Wettbewerb ausgelobt, der zur Markenbezeichnung »Sisu« führte. Und jede Menge Sisu war notwendig, um das Überleben zu sichern. Der erste Lastwagen, weitgehend aus Volvo-Komponenten zusammengesetzt, wurde dann in der Mitte 1933 anlaufenden Serie der Dreitonner SH mit amerikanischem Sechszylinder-Motor. 1934 kam der Bau von Schienen- und Straßenbahnfahrzeugen hinzu, wobei schwedisches und britisches Know-how ins Land floss. Das unterstrich Nesslings Ansicht von der strategischen Bedeutung einer heimischen Fahrzeugindustrie. Die finnische Regierung war davon nicht weiter beeindruckt und senkte stattdessen die Einfuhrzölle für ausländische Lastwagen. Das änderte sich schlagartig mit Kriegsausbruch. Ausländische Lastwagen kamen nicht mehr ins Land, ebensowenig Motoren, Achsen und dergleichen. Nun konnte es nicht schnell genug gehen, die Regierung machte Druck. Sisu erhöhte daraufhin den Anteil an heimischen Komponenten und konnte 1942 mit dem S-15 den ersten Lkw aus finnischer Fertigung vorstellen. Die Armee bestellte 7000 Lastwagen, was 1943 zur Gründung eines Gemeinschaftunternehmens mit dem unaussprechlichen Namen Yhteissisu führte, das auf Basis des Sisu S-21 1945 einen ersten Lastwagen mit acht Tonnen Nutzlast baute, während Sisu den Lkw-Bau einstellte und sich auf Busse konzentrierte. Bei Kriegsende stornierte die Armee alle Bestellungen, damit war dieses Unternehmen eigentlich erledigt, aus ihren Resten formierte sich aber 1948 die Vanajan Autotehdas Cy, die die Vanaja-Lkw auf Sisu-Basis baute. Achsen, Getriebe und Motoren wurden meist zugekauft, Fahrerhäuser und Rahmen stammten aus Eigenproduktion. Bei Vanaja wurde auch die berühmte elektrohydraulisch liftbare Nachlaufachse entwickelt, die nach 1958 zum Markenzeichen aller Sisu-Lkw werden sollte. An Motoren verwendete Sisu zunächst in Lizenz gebaute Hercules-Diesel, weitere Lieferanten waren Leyland, Rolls-Royce, Caterpillar, Valmet und Cummins. Anfang der Sechziger erschienen mit der KB-Serie die ersten europäischen Frontlenker mit Kippkabine. Die K-Hauber des Jahres 1966 waren die ersten europäischen Trucks mit Hauben und Kotflügeln aus GfK. Schwerstes Modell im Sisu-Programm der frühen Siebziger war ein 6x6-Schlepper für ein Zuggewicht bis 180 Tonnen. Inzwischen war das Staatsunternehmen Vanaja in Schwierigkeiten, die Regierung erzwang eine Zusammengehen mit Sisu, was 1968 de facto bedeutete, dass das so entstandene Gesamtunternehmen 1974 in Staatsbesitz überging. Die folgenden Jahrzehnte waren von den Versuchen geprägt, durch strategische Allianzen mit großen europäischen Herstellern die Eigenständigkeit zu wahren, so Anfang der Neunziger mit Kamaz und 1996 die Kooperation mit Renault. Eine Auswirkung dieser Zusammenarbeit war eine Bestellung der französischen Armee über die Lieferung von 110 Schwerlastwagen ab 2004. 2010 begann dann die Kooperation mit der Daimler AG über die Lieferung von Actros-Komponenten an Sisu. An den grundsätzlichen Stärken der Marke als Marktführer und Pionier im Segment der schweren Vier- und Fünfachser speziell für die Anforderungen in den nordischen Breitengraden, hat sich dadurch nichts geändert. Rund 500 Sisu dieser Polar-Baureihe entstehen jährlich mehr oder weniger in Handarbeit.

INDIEN

AMW

Asia Motor Works Ltd. (AMW) in Indien ist ein vergleichsweise junger Hersteller und wurde erst 2002 gegründet, obwohl der erste Lkw erst im Jahr 2005 aus den Werkshallen rollte. AMW ist die Gründung eines cleveren, 36-jährigen Inders aus reicher Familie, der in den USA studiert hatte. Man muss den Mut bewundern, abseits der üblichen Industriezentren ein komplett neues Werk zu erstellen, um in einen Markt einzusteigen, der von den beiden Giganten Tata Motors und Ashok-Leyland mit 63 und 22 % beherrscht wurde. Mit weitem Abstand folgte Volvo-Eicher auf dem dritten Platz mit 10,3 %. Aber in weniger als sechs Jahren hatte sich AMW zur Nummer vier hochgearbeitet und dabei etablierte Branchengrößen wie Mahindra-Navistar, Kraft-MAN und Daimler-Benz überholt. Das Erfolgsrezept der Himmelstürmer war die geringe Fertigungstiefe, anders als bei den Etablierten. AMW kaufte überall zu, die Motoren von Cummins, die Getriebe von ZF, die Achsen von Eaton und Kabinen aus China. Diese Modulmontage, die sich AMW bei Paccar abgeschaut hatte, führte 2011 zum Jahresausstoß von über 9000 Schwerlastwagen. Es schien absehbar, dass das mitten im Nichts aufgebaute Werk an seine Kapazitätsgrenze von 50.000 Fahrzeugen im Jahr gelangen würde, doch nachdem der Markt einbrach und die Konkurrenten die Ausstattung wesentlich verbesserten – kein AMW-Truck verließ ohne Klimaanlage und Radioanlage das Werk – verloren die Newcomer an Boden: 2015 war der Jahresausstoß auf rund 3000 Trucks gesunken, und AMW steckte in Verhandlungen mit Kamaz. AMW ist vor allem in dem Gewichtsbereich oberhalb der 15 Tonnen tätig und bietet ein Programm von Zwei-, Drei- und Vierachsern sowie Sattelzugmaschinen.

ASHOK LEYLAND

1948 gegründet als Montagewerk für Austin-Fahrzeuge im indischen Chennai, ist der Ashok-Leyland heute der zweitgrößte Nutzfahrzeughersteller Indiens und Teil der Hinduja-Gruppe, einem milliardenschweren Technologiekonzern mit über 70.000 Beschäftigten in 37 Ländern. Nachdem bei Ashok 1949 die Produktion der Austin A40 angelaufen war, bestand der nächste Schritt in der Lizenzproduktion von Leyland-Trucks, zunächst von Lastwagen der Comet-Reihe, dafür wurde 1955 das Gemeinschaftsunternehmen Ashok-Leyland gegründet. In den Folgejahren wuchs der Anteil von Komponenten aus heimischer Produktion stetig; der Titan von 1967 war nicht nur der erste indische Doppeldecker-Bus, sondern auch der erste, bei dem mehr als die Hälfte aller Komponenten und Bauteile aus indischer Produktion stammte. Zwei Jahre später stattete Ashok dann erstmals Lastwagen mit Servolenkung aus. Angesichts der Größe, die das Unternehmen inzwischen erreicht hatte, begann dann 1970 die Lieferung an das Militär; ein erstes Kontingent von 1000 6x4-Kippern namens »Hippo« ging 1970 an die Armee. Weitere Meilensteine waren der »Tusker« von 1980, der mit 13 Tonnen bis dahin schwerste Lkw aus indischer Produktion, und die »Taurus«-Baureihe, Drei- und Vierachser der schweren Klasse für inzwischen 31 Tonnen. 1987 kauften sich Hinduja und Iveco bei Ashok ein, Hinduja brachte das Geld, Iveco den Ford Cargo mit, der dann als Ashok Leyland Ecomet weitergebaut wurde. Während Iveco 2006 seine Anteile an Hinduja abtrat – und Ashok Leyland sich in jenem Jahr die tschechische Firma Avia einverleibte – begann 2007 die Zusammenarbeit mit Nissan im Segment von 2,5 bis 7,5 Tonnen. Erstes sichtbares Ergebnis war der für den Binnenmarkt bestimmte 2,5-Tonner namens »Dost«. Die Modellpalette von Ashok-Leyland deckt heute den Gewichtsbereich von 3,5 Tonnen bis 27 Tonnen Gesamtgewicht ab, das Zuggewicht liegt bei 49 Tonnen. Leichte Lastwagen heißen bei Ashok Partner, mittelschwere Boss – und haben ein Avia-Fahrerhaus –, während in der schweren Klasse die Captain-Baureihe an den Start geht.

TATA MOTORS

Tata Motors ist Indiens größter Automobilhersteller und Teil eines 1868 gegründeten Handelsunternehmens, das in den Folgejahren und Jahrzehnten zu einem Konzern

Ashok Leyland Hippo 6x4 (Zuggewicht bis 49 Tonnen, 180 PS) mit Mittelstreckenrakete Agni-II 2004 bei einer Militärparade in Neu-Delhi.

AMW (hier ein früher 2518-Kipper) ist eine relativ junge Firma mit Sitz in Mumbai. Die Ausstattung war überdurchschnittlich gut. (Foto: © Enthusiast10, CC-BY-SA-3.0)

Die Comet-Serie von Ashok Leyland ist in Indien außerordentlich populär. Der Muldenkipper ist auf 15,8 Tonnen Gesamtgewicht ausgelegt, die Motoren stammen entweder von AL oder Iveco. (Foto: © Rehman Abubakr, CC-BY-SA-4.0)

Die Cargo-Serie baute Ashok Leyland unter Iveco-Lizenz zwischen 1987 und 2004 in fünf Basis-Ausführungen. Die erste Zahl steht für das zulässige Gesamtgewicht, die nächsten beiden für die Motorleistung. Für Vortrieb sorgt ein Iveco-Sechszylinder. Foto von 2007, aufgenommen im Irak.

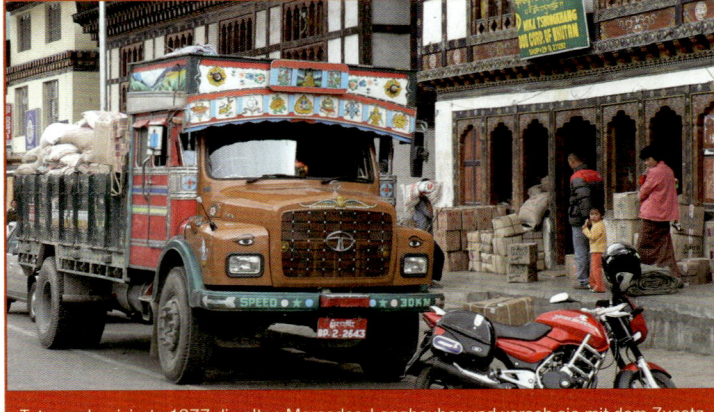

Tata modernisierte 1977 die alten Mercedes-Langhauber und versah sie mit dem Zusatz »S«, später »Se«. Die Hauber überdauerten den Jahrtausendwechsel.

(Foto: © Stephen Shepard, CC-BY-SA-2.5)

Die FJ-Serie ist die Transporter-Ausführung des Willys-Jeeps. Mahindra baute ihn, wie auch den Geländewagen selbst, in Lizenz nach. (Foto: © Armstrongvimal, CC-BY-SA-3.0)

Tata produzierte zwischen 1954 und 1969 Lastwagen nach Mercedes-Benz-Lizenz. Als der Lizenzvertrag auslief, ersetzte das Tata-Signet den Mercedes-Stern. Die LP-Reihe, die bei Mercedes-Benz zwischen 1965 und 1984 vom Band lief, hatte in der Tata-Ausführung nicht nur das andere Markenzeichen, sondern auch eine geteilte Frontscheibe, die im Fall eines Schadens viel leichter auszuwechseln war als das einteilige Exemplar des deutschen Pendants.

(Foto: © Paul Arps, CC-BY-SA-2.0)

Buntes aus Bollywood: Mahindra-Kalenderblatt 2016 mit dem Loadking Tipper (Nutzlast 3,6 t) im Vordergrund und dem schweren Traco 35 im Hintergrund. (Foto: © Mahindra)

heranwuchs, der von Luxushotels über Lebensmittel bis hin zu Versicherungen so ziemlich alles anbietet, was das Herz begehrt. Natürlich fehlen da auch Autos nicht. Tata besitzt seit 2008 die Marken Jaguar und Land Rover, hat aber schon ein halbes Jahrhundert zuvor mit dem Autobau begonnen: 1954 schloss der Teil des Konzerns, der auch Lokomotiven baute, mit Mercedes-Benz einen auf 15 Jahre angelegten Vertrag zur Montage von Hauben-Lastwagen wie dem L 3500 für den Inlandsmarkt, später kamen auch mittelschwere Frontlenker hinzu, die sich, abgesehen vom Firmenzeichen, auch durch die zweigeteilte Frontscheibe anstelle der in Europa längst üblichen einteiligen auszeichneten. Seit den Siebzigern finden auch die modifizierten Kabinen der Mercedes-NG-Reihe Verwendung, etwa bei den Baulastern der M- und HCV-Serie. Seit 2004 gehört die Nutzfahrzeugsparte des südkoreanischen Daewoo-Konzerns zu Tata; mit der von dort übernommenen Novus-Baureihe begann die Neuzeit, die Tata-Baureihen Prima, Prima LX und Ultra decken das Segment jenseits von sechs Tonnen Gesamtgewicht ab. 2016 ist die neue Signa-Reihe mit bis zu 49 Tonnen Gesamtgewicht dazugekommen, für Vortrieb sorgen bei Tata gebaute 5,9-Liter-Commons-Rail-Sechszylinder von Cummins und 180 bis 230 PS Leistung. Tata deckt heute den Bereich vom Verteilerfahrzeug über Kipper bis hin zu Fernverkehrssattelzugmaschinen für Zuggewichte von bis zu 50 Tonnen ab. Auf der Nutzfahrzeugmesse in Jaipur im Februar 2016 stellte Tata nicht weniger als 32 mittelschwere und schwere Trucks aus, wobei die Prima-Familie den Schwerpunkt bildete. Die Inder bauen in der schweren Klasse jährlich rund 75.000 Fahrzeuge. Weltweit arbeiten rund 580.000 Menschen bei Tata und seinen verschiedenen Tochterunternehmen.

MAHINDRA

Mahindra ist ein indischer Großkonzern und beschränkt sich längst nicht mehr nur auf den Bau von Fahrzeugen, ist aber der Hersteller mit der längsten Tradition im Fahrzeugbau: Das 1945 von den Mahindra-Brüdern gegründete Stahlhandelsunternehmen begann bereits 1947 mit dem Import von amerikanischen Willys-Jeeps nach Indien und nahm 1949 die Montage von Jeep-CJ-Modellen aus importierten Teilen von Willys-Overland auf. Fünf Jahre nach Abschluss eines Lizenzvertrages mit Kaiser-Jeep und American Motors begann die gemeinsame Produktion von Jeep-CJ-Modellen in Indien; wobei der Anteil von Teilen aus eigener Fertigung kontinuierlich wuchs und 1962 bereits bei über 70 % lag. Nach 1970 begann der Export von Mahindra-Jeeps, am Ende des Jahrzehnts nahm Mahindra die Produktion von Peugeot-Dieselmotoren auf. Traktoren und leichte Nutzfahrzeuge entstehen bei Mahindra seit den frühen Sechzigern. Während es sich bei diesen vornehmlich um abgelegte japanische Entwürfe handelt, erfolgte der Markteintritt bei den mittelschweren und schweren Nutzfahrzeugen erst 2005 im Rahmen eines Joint Venture mit Navistar. Das Lkw-Programm beginnt im Bereich von 3,5 Tonnen Gesamtgewicht und reicht hoch bis zu 49 Tonnen. Die leichten Baureihen umfassen die LoadKing- und DI3200-Serien, im Bereich der mittelschweren und schwerer Lastwagen sind die Baureihen Truxo (25–27 Tonnen), Torro (25–31 Tonnen) und Traco (35–40 Tonnen) am Start. Erste Neuentwicklung nach der Trennung von Navistar 2013 ist die Blazo-Serie vom Februar 2016.

Die Blazo-Serie entstand nicht mehr in Zusammenarbeit mit Navistar. Zu haben ist sie mit einem 7,2-Liter-Sechszylinder (Leistung 170 bis 260 PS). (Foto: © Mahindra)

JAPAN

HINO

Hino ging aus einem 1910 gegründeten Gas- und Elektrizitätsunternehmen hervor und begann 1942 im großen Stil mit dem Bau von Diesel-Motoren. Ab 1949 entstanden 7-Liter-Diesel für Lastwagen und Autobusse, 1951 6x6-Allrad-Lkw für das amerikanische Militär und ab 1953 Personenwagen. Ihr erstes Produkt war – staatlich gefördert – der Lizenzbau des Renault 4 CV, des »Cremeschnittchens«. Da in Japan Linksverkehr herrscht, nahm Hino allerdings nicht die französische, sondern die britische Ausführung zum Vorbild.

Nach 1961 versuchte sich Hino an einem eigenen Fahrzeugentwurf, dem Contessa mit Vierzylinder-Heckmotor. Während die erste Contessa-Auflage, 35 PS stark und mit 0,9 Litern Hubraum, für den japanischen Inlandsmarkt bestimmt war, wagte Hino mit der zweiten Contessa-Generation von 1965 den Schritt in den Export. Die von Michelotti gezeichneten Personenwagen mit wassergekühltem 1,3-Liter-Vierzylinder im Heck waren allerdings keine Verkaufsschlager. Auch im Export war damit, ganz im Gegensatz zu den Lastwagen, die Hino bereits im Ausland wie etwa Griechenland montierte, kein Blumentopf zu gewinnen. Die Firma selbst machte ihr Hauptgeschäft mit schweren Lastwagen, und das war der Grund, warum Toyota 1966 bei Hino einstieg. Danach wurde der unrentable Pkw-Bau eingestellt. Toyota übernahm aber erst im August 2001 die Aktienmajorität des Lastwagenbauers, der heute eine Jahresproduktion von rund einer halben Million Nutzfahrzeuge aufweist. Bei Hino erfolgt beispielsweise die Endmontage der Dyna- und Toyoace-Baureihen; produziert wird dort auch der Hilux.

Im Jahr 2002 vereinbarten Hino und Scania eine Zusammenarbeit; Hino übernahm den Vertrieb in Japan. Seit Frühjahr 2007 erfolgt der gemeinschaftliche Vertrieb in Südkorea.

Hino gehört inzwischen längst schon zu den Global Playern im Truck-Business, 2007 verkaufte Hino erstmals mehr Fahrzeuge im Ausland als innerhalb Japans. Rund 130.000 Nutzfahrzeuge setzen die Japaner pro Jahr ab; 2009 überstieg der kumulierte Absatz von Lkw und Bussen die 3-Millionen-Marke. In Japan unterhält Hino vier Werke. Weitere Produktions- und Montagestätten zur Herstellung von Lkw, Bussen und Komponenten befinden sich in Thailand – dort ist das älteste Werk, das 1964 gegründet wurde und Achsbaugruppen für Toyotas IMV-Projekt produziert –, Indonesien, Vietnam, China, Pakistan, Kolumbien und den Vereinigten Staaten. Dort hat man 2004 mit der Lastwagen-Produktion begonnen; außerdem fertigt Hino als verlängerte Werkbank des Mutterkonzerns auch Fahrzeuge wie den Land Cruiser Prado und den FJ Cruiser sowie leichte Nutzfahrzeuge wie den Toyota Dyna und den Toyoace. Auch technisch ist man ganz vorne mit dabei: Im Jahr 1991 brachte Hino den weltweit ersten in Serie gefertigten Bus mit einem Diesel-Hybrid-Antrieb auf den Markt; ein Dutzend Jahre später begann die Produktion von leichten Hybrid-Lastwagen der 300er-Serie, und seit 2008 werden auch Überlandbusse damit ausgestattet. Außerdem laufen inzwischen auch Busse mit Brennstoffzellen-Technologie im Versuch.

Hino der TA- oder TH-Serie, wie er zwischen 1964 und 1968 gebaut wurde.

Hino Ranger 4D (3. Generation) im Jahre 2009 in Afghanistan. Bei der Anlieferung von Material für den US-Stützpunkt Geronimo kam es zu diesem kleinen Missgeschick.

Hino 1124 aus der mittelschweren Serie 500 (die in Japan Ranger heißt) des Mackay-Memorial-Klinikums in Taipeh, der Hauptstadt von Taiwan. 7,4-Liter-Common-Rail-Diesel, 240 PS. (Foto: © Solomon203, CC-BY-SA-3.0)

Ein bis auf die Unkenntlichkeit dekorierter »Dekotora«-Hinotruck. (Foto: © Masaru Kamikura, CC-BY-SA-2.0)

In Asien mag man es gerne bunt: Hino Ranger FL 6x2 in der seit 2001 gebauten fünften Generation. Dieser pakistanische Truck dürfte in Indonesien produziert worden sein. 7,7-Liter-Diesel, 235 PS. (Foto: © Alexandros Papadoupolos, CC-BY-SA-2.0)

Die Nachkriegs-Geschichte von Isuzu beginnt 1947 mit den TX-Haubern, der internationale Durchbruch gelang der zweiten Generation von 1959 mit ihren Doppelscheinwerfern. Dieser TWD 50 war 1993 in Somalia unterwegs.

Verschiedentlich überarbeitet stand die TX-Reihe bis Ende der Achtziger in Produktion und wurde auch in der Türkei montiert. Diese Frontgestaltung kam Ende der Sechziger.
(Foto: © Marcel Oosterwijk, CC-BY-SA-2.0)

Mit himmlischem Beistand unterwegs: »El Shaddai« fährt in diesem Fall einen Isuzu aus der zwischen 1989 und 1994 gebauten Serie 810 Super II, der je nach Absatzmarkt auch als C- oder E-Serie vermarktet wurde. Nicht nur auf den Philippinen, auch in Russland ist dieser Typ häufig anzutreffen.
(Foto: © Judgefloro, CC-BY-SA-3.0)

ISUZU

Die mittelschwere F-Serie, hier ein Vertreter der dritten Generation in der Ausführung zwischen 1981–1984, wurde unter diversen Bezeichnungen verkauft.

Die Geschichte von Isuzu Motors beginnt 1916 mit einer Kooperation zwischen einer Werft und einem Energieversorger, welche 1918 zu einer Lizenzvereinbarung mit Wolseley zur Produktion und zum Vertrieb von Wolseley-Fahrzeugen führte. 1922 erschien mit dem A-9 ein erster Pkw, 1924 mit dem CP ein erster Lastwagen. Der Anderthalbtonner mit 3,1-Liter-Vierzylindermotor und 26 PS wurde 550 Mal gebaut und blieb bis 1927 im Programm. Gekauft hat ihn die kaiserliche Armee. Er gilt als der erste in Großserie gebaute japanische Lastwagen, wenn man den Subventions-Lkw TGE-A von 1917 nicht mitzählt. Das Lkw-Programm der Dreißiger umfasste die Typen TX40, ein Zweitonner, und den 1,5-Tonner TX35, wobei diese Typen überwiegend aus japanischer Fertigung stammten und entsprechend von der Behörden bevorzugt wurden, was damals noch wichtiger war als heute. 1933 schloss man sich mit einem anderen Hersteller zusammen, verkaufte 1934 seine Produkte unter der Bezeichnung »Isuzu« und gründete für die Motorenentwicklung zusammen mit jener Firma, die den TGE-A gebaut hatte, ein Gemeinschaftsunternehmen, das 1936 mit einem luftgekühlten 5,3-Liter-Motor Japans ersten Diesel hervorbrachte. 1942 ging aus der Motorenfirma die Hino Heavy Industries hervor. Nach 1945 hatten Lastwagen für den Wiederaufbau höchste Priorität, die Typen TX40 und TU60 waren wieder aufgelegte Vorkriegsentwürfe. Größter Vertreter war der Fünftonner TX80 mit 4,4-Liter-Sechszylinder und 85 PS, der im November 1946 in Serie ging. Ein Jahr später kam der TX61-Diesel hinzu. Anfang der Fünfziger erweiterte Isuzu sein Programm dann um (Lizenz-) Personenwagen, doch der Schwerpunkt lag weiterhin auf den Lastwagen und Bussen. Typisch für Isuzu (und die gesamte japanische Nutzfahrzeugindustrie) waren schwere Hauber wie der TX550 mit einer Nutzlast von sechs Tonnen, 6,1-Liter-Diesel-Sechszylinder und 125 PS. Größtes Modell Anfang der Sechziger war der TD150 mit neun Tonnen Traglast, 10-Liter-Sechzehnzylinder-Diesel und 180 PS. Dieses Jahrzehnt brachte neben einem kontinuierlichen Wachstum an Gewicht und Leistung auch eine neue Lieferwagen-Baureihe hervor, die ihren Namen — »Elf«, Elfe — der Zusammenarbeit mit der britischen Rootes Gruppe (und damit Wolseley) verdankt. Diese Reihe lief im August 1959 an und überraschte die japanische Konkurrenz durch die Tatsache, dass hier ein kleinvolumiger Dieselmotor zum Einsatz kam: Isuzu galt im Japan jener Jahre als Vorreiter in Sachen Diesel-Technik. Isuzu war im globalen Maßstab aber zu klein, um allein überleben zu können, 1971 wurde General Motor neuer Anteilseigner, das diverse Pkw- und Pickup-Typen über seine Vertriebsnetze vermarktete. Für bestimmte Märkte wurden Isuzu-Trucks auch unter Leyland-Logo verkauft. 1989 war Isuzu der weltweit größte Anbieter für schwere Lastwagen in der Klasse über 6,1 Tonnen Gesamtgewicht. Unter eigenem Markennamen verkauft Isuzu in Europa und den USA erst seit 1981, 1999 stockte GM seine Beteiligung auf 49 % auf, ohne sich aber übermäßig ins Zeug zu legen. Gerade die Nordamerika-Geschäfte gingen immer schlechter, woraufhin die Japaner Ende 2002 begannen, in großem Stil Anteile zurückzukaufen, was den GM-Anteil auf zwölf Prozent drückte. Andererseits sicherte sich GM die Rechte an den Isuzu-Dieselmotoren. Während die Pkw- und SUV-Geschäfte davon nicht profitierten, stieg die US-Nachfrage nach den Leichtlastwagen der N- (Elf-) Serie, wobei Isuzus »Elfen« in Japan über Jahrzehnte die meistverkaufte Baureihe in der Gewichtsklasse von 3,5 bis 7,5 Tonnen war. Bei den mittelschweren Lastwagen gehört die 1970 eingeführte F- (oder auch »Forward«) Serie zu den Bestsellern, bei den schweren Lkw ist Isuzu — wenn auch vor allem im asiatisch-pazifischen Raum — mit der Giga-, C- oder E-Serie vertreten. Die Diesel-Sechszylinder haben bis zu 14,3 Liter Hubraum und bis zu 390 PS Leistung. Nach der Jahrtausendwende lockerte sich die Zusammenarbeit zwischen GM und Isuzu, GM begann im April 2006, seine letzten Isuzu-Beteiligungen abzustoßen. Stattdessen griff Toyota zu und übernahm 5,9 Prozent der Isuzu-Anteile, was den größten Automobilhersteller Japans zu einem der drei Hauptaktionäre machte. Außerdem begannen die beiden eine Zusammenarbeit auf dem Dieselmotor-Sektor, während GM das deutsche Dieselmotoren-Entwicklungszentrum für die Pkw-Entwicklung behielt.

JAPAN

MITSUBISHI FUSO

Als Schifffahrtslinie 1870 gegründet und bis zur Jahrhundertwende zum größten japanischen Industriekonzern aufgestiegen, stellte die »Mitsubishi Shipbuilding & Engineering Co. Ltd« 1917 das erste Mitsubishi-Automobil auf die Räder, das Modell A. Der hochbeinige Siebensitzer mit rotem Holzaufbau und schwarzen Kotflügeln erinnerte stark an zeitgenössische Fiat- oder Ford-Typen. Insgesamt 20 Exemplare wurden gebaut, damit gebührt Mitsubishi der Ruhm, die erste japanische Firma gewesen zu sein, die ein Automobil in mehrfacher Ausfertigung gebaut hat. Nach dem Krieg begann Mitsubishi Anfang der Zwanziger mit dem Bau von leichten Lkws bis zu 2,5 Tonnen Nutzlast in kleinen Stückzahlen und nach ausländischen Vorbildern. Eine Großserienfertigung von Nutzfahrzeugen begann erst 1930. Zuerst konzentrierte sich die Produktion auf Busse, doch Mitte der Dreißiger erschienen auch Lastwagen, von der Armee gefördert, mit bis zu drei Tonnen Zuladung. Bestückt waren diese mit eigenen Dieselmotoren.

Mitsubishis Jupiter war der erste japanische Lkw im Segment von 2,5 bis 4 Tonnen. Die ersten Modelle (je nach Nutzlast als T10 oder T11 bezeichnet) hatten im Grunde genommen den auf Dieselbetrieb umgebauten Benzin-Motor des Willys-Jeep.
(Foto: © Mitsubishi Heavy Industries)

Im Zweiten Weltkrieg baute Mitsubishi Schiffe, Flugzeuge, Panzer und weiteres Rüstungsmaterial, Lastwagen nur in sehr geringem Umfang. 1946 wurden zunächst der schwere Kriegs-Hauber KT1, ein Viertonner, und die B1-Busse wieder aufgelegt, jeweils mit 120-PS-Benzinmotor. Sprit war aber knapp, was dazu führte, dass Mitsubishi mit Hochdruck an einem Dieselmotor arbeitete. 1948 lief der DB0-Diesel, ein wassergekühlter Sechszylinder mit 100 PS, der den Grundstein legte für eine lange Reihe von Dieseln und die schweren Hauber mit sechs bis sieben Tonnen Nutzlast antrieb. Im Zuge der Neuordnung der Nachkriegsgesellschaft wurde der Mitsubishi-Konzern 1951 zerschlagen, der Fahrzeugbereich in zwei Unternehmen aufgeteilt. Das eine baute leichte Nutzfahrzeuge und ab 1953 den Willys-Jeep in Lizenz, später – nach 1958 – dann die leichte Jupiter-Reihe mit bis zu 4,5 Tonnen. Alles, was darüber lag, war Sache der Mitsubishi Nippon Heavy Industries, die unter der Bezeichnung »Fuso« firmierte und 1951 die Hauber der T31-Serie auf den Markt brachte. Parallel dazu wurde mit der W-Serie die Basis gelegt für den Spezialfahrzeugbau von Mitsubishi, für Zwei- und Dreiachs-Kipper, 6x6-Muldenkipper und Sattelzugmaschinen, Feuerwehrfahrzeuge und Mobilkräne. Verbaut wurden Sechszylinder-Diesel aus der DB-Serie mit einer Leistung von bis zu 200 PS.

Der andere Betriebszweig nahm dagegen 1959 wieder den Pkw-Bau auf. Der Typ 500 A von 1959 war ein typischer japanischer Kleinwagen, allerdings mit aerodynamischem Feinschliff: getestet im firmeneigenen Windkanal. Eine Nummer größer fiel 1962 der Colt 600 aus. Auf den 600er folgte 1965 der 45 PS starke Colt 800, übrigens die erste japanische Limousine mit Schrägheck. »Mitsubishi Fuso« dagegen überarbeitete seine Baureihen, die Hauber erhielten eine frischere Optik, und eine Lenkunterstützung stand zumindest optional zur Verfügung, während 1959 mit dem T380 Japans erster schwerer Frontlenker erschien. In den frühen Sechzigern bot Mitsubishi diese erste Frontlenkergeneration mit kippbareren Fahrerhaus in allen möglichen Ausführungen an; je nach Konfiguration stieg das zulässige Gesamtgewicht auf bis zu 32,6 Tonnen. 1964 taten sich die beiden separaten Unternehmen Mitsubishi Fleavy Industries und Mitsubishi Nippon Heavy Industries wieder zusammen und firmierten fortan als Mitsubishi Heavy Industries Ltd. Motor Vehicle Division.

Mit steigenden Erfolgen wurde das Nutzfahrzeugprogramm ausgebaut, 1962 kam die Frontlenker-Baureihe Canter auf den Markt, zehn Jahre später machte der Canter die erste Million voll, 1972 erschien die erste Fernverkehrs-Zugmaschine. Anfang der Siebziger erwarb die Chrysler Corporation einen 15-prozentigen Anteil an Mitsubishi, und es begann eine technische Zusammenarbeit; mittlerweile deckte das Mitsubishi-Bauprogramm die meisten Gewichtsklassen ab. 1998 erfolgte die Fusion von Chrysler mit Daimler-Benz zur Daimler-Chrysler, noch vor der Trennung der beiden Partner 2007 übernahmen die Stuttgarter 2003 die Anteilsmehrheit an der Lkw-Sparte von Mitsubishi und führten diese als eigenständige Marke weiter. Mitsubishi Fuso ist vor allem im Pazifikraum eine feste Größe, lediglich der Canter wird von Mercedes auch in Europa angeboten.

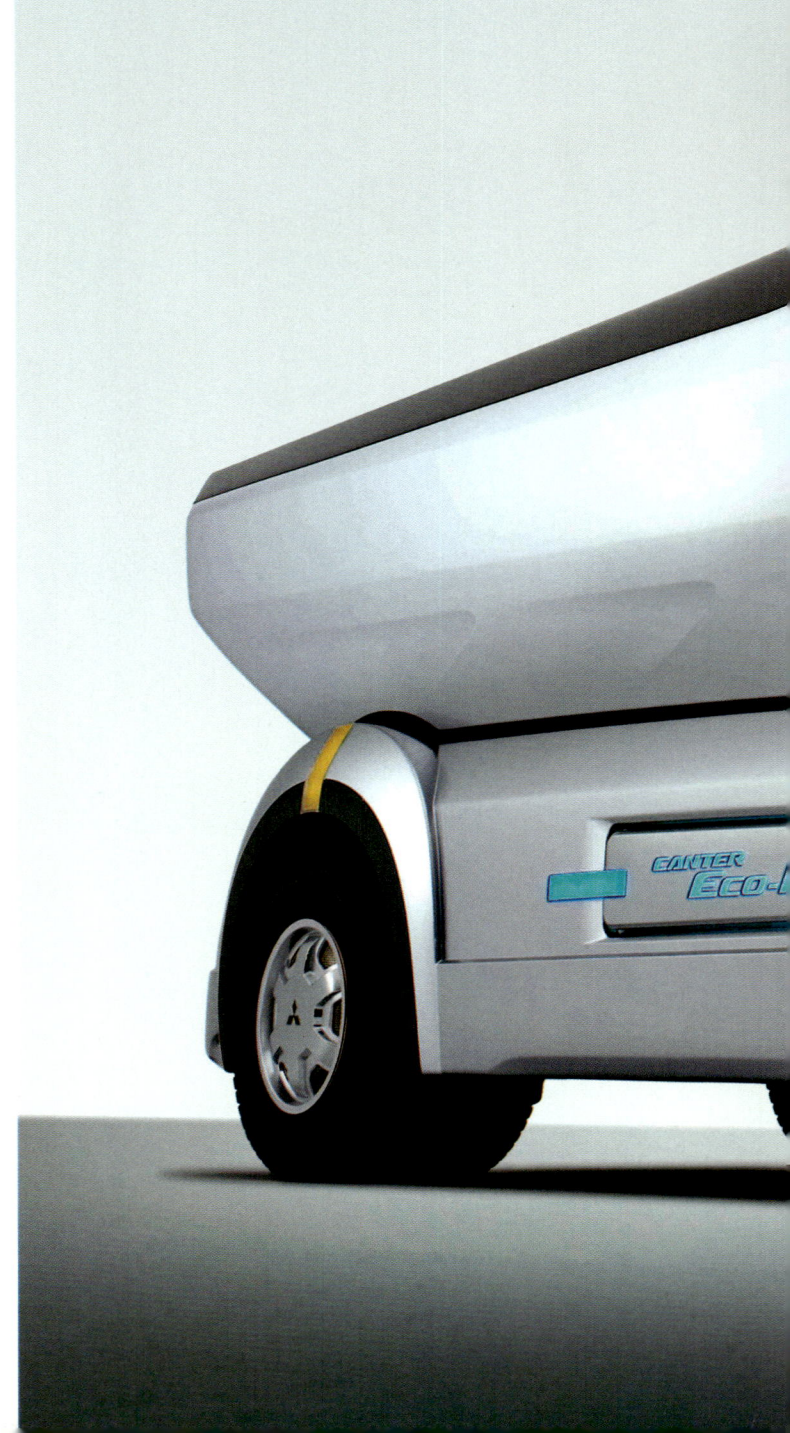

1962, rund 30 Jahre nach Erscheinen des ersten Mitsubishi-Nutzfahrzeugs, des B46-Bus, erschien die erste Canter-Generation. Seit 2010 ist die 8. Generation auf dem Markt.

Ein Mitsubishi Fuso Super Great als Flugfeldtanker für 20 000 Liter auf der Luftwaffenbasis Iwakuni. Im Hintergrund steht eine US-2 ShinMaywa. (Foto: © Hunni, CC-BY-SA-4.0)

Auf der Tokio Motors Show 2007 zeigte Mitsubishi den Canter Eco-D Hybrid. Bislang blieb dieser futuristische Kipplaster aber nur eine Studie; der Hybridantrieb dagegen hat es im Modell Eco Hybrid inzwischen in die Serie geschafft. (Foto: © Daimler AG)

1935 als Nihon Diesel gegründet, um sparsame Dieselmotoren zu entwickeln, firmierte das Unternehmen nach dem Krieg als Minsei Diesel und brachte 1955 die UD-Motorenfamilie – wie in diesem auf zwölf Tonnen ausgelegten 6TW12. (Foto: © Mj-bird, CC-BY-SA-3.0)

Nach 1960 wurde aus Minsei Diesel Nissan Diesel. Die Pkw-Sparte beschränkte sich auf die leichten Klassen, wobei der Kurzhauber C80 (hier von 1974) mit sechs Tonnen Gesamtgewicht das Maximum darstellte.

Neue Dieselmotoren führte Nissan 1971 ein, der PD6T war Japans erster Turbodiesel mit Direkteinspritzung. 1972 kam eine neue Frontlenker-Familie, die C-Serie. Nach zwei Facelifts 1979 und 1983 wurde später daraus der Resona. Ein Vertreter dieser Serie fährt hier Langholz. (Foto: © T. R. Shankar Raman, CC-BY-SA-4.0)

JAPAN

NISSAN DIESEL/UD TRUCKS

Ein Nissan-Hauber der Serie 780, eingeführt 1969. Er sah eigentlich fast so aus wie der Vorgänger, nur waren bei ihm die Scheinwerfer nebeneinander, nicht untereinander angeordnet wie bei den 680ern. (Foto: © CEphoto, Uwe Aranas, CC-BY-SA-3.0)

Zur Nissan-Gruppe gehört die 1935 gegründete Nihon Diesel Industries Ltd. in Kawaguchi, die zunächst Doppelkolben-Zweitakt-Diesellastwagen und Busse nach Krupp-Junkers-Lizenz produzierte. Der Lastwagenhersteller entstand, weil die japanische Regierung den Aufbau einer leistungsfähigen nationalen Nutzfahrzeug-Industrie förderte, die wegen des bevorstehenden Kriegs dringender denn je gebraucht wurde. Nissan als größter japanischer Automobilproduzent ließ sich diese Fördergelder natürlich nicht entgehen. Zur Auswertung der Krupp-Lizenzen wurde schließlich unter dem Dach der Nihon Diesel 1942 eine neue Firma gegründet, aus der nach dem Zweiten Weltkrieg die Firma Minsei Diesel hervorging. Noch immer ähnelten die Minsei-Trucks nicht nur technisch, sondern auch bis in die 70er-Jahre hinein optisch den ursprünglichen Krupp-Modellen mit der Alligator-Motorhaube. 1945 baute Minsei mit dem Condor-Bus BR-31 den ersten japanischen Bus mit Heckmotor, ein Condor-Bus war auch der erste japanische Personentransporter mit Luftfederung. Minsei und Nissans Nutzfahrzeugsparte Nissan Diesel vermarkteten seit Juli 1955 ihre Produkte gemeinsam: Nissan deckte mit seinen Trucks (Sechszylinder-Viertakt-Benziner und Drei- und Sechszylinder-Zweitakt-Diesel) die volumenträchtige Nutzlastklasse bis sechs Tonnen ab, der Schwerlastbereich gehörte Minsei mit seinen Fünfliter-Vier- und Sechszylinder-Zweitaktern der UD-Serie. 1960 gliederte Nissan Minsei in den Konzernverbund ein, ohne dass sich am Produktportfolio etwas geändert hätte. Nissan bediente mit seinen Datsun-Minitrucks, Leichttransportern (Cabal) und Pick-ups einen Bereich, der rund 80 % des gesamten innerjapanischen Nutzfahrzeug-Markts ausmachte. Die leichten Nutzfahrzeuge bis vier Tonnen (deren Motoren zum Teil von Nissan Diesel stammten) wurden über die Personenwagen-Vertriebskanäle vermarktet, die schweren Lastwagen und Busse – seit Anfang der Sechziger auch als Frontlenker – über Nissan Diesel. Nissan Diesel bot inzwischen auch Basisfahrzeuge für Kranwagen von 70 bis 80 Tonnen an; 1969 erfolgte die Einführung moderner Viertakt-Sechszylinder-Diesel mit 135 und 185 PS anstelle der alten Junkers-Lizenzen für den Schwerlastbereich. Es folgten Anfang des neuen Jahrzehnts V8- und V10-Zylinder mit bis zu 350 PS für die schweren Hauber. Mit Beginn der Achtziger erfolgte die Einführung ultramoderner Frontlenker-Baureihen der CWA52/45 und CKA-T-Serie; zum Ende ergab sich eine Zusammenarbeit mit Iveco auf dem Dieselmotoren-Sektor. Zu den wichtigsten Entwicklungen der Neunziger gehörte der 1996 präsentierte erste Erdgas-Lastwagen aus der mittelschweren Condor-Reihe. Nachdem im Jahr 2000 eine neue Frontlenker-Baureihe für den japanischen und asiatischen Markt lanciert worden war, sorgte Nissan Diesel 2004 mit dem »Quon« erneut für Aufsehen: Diese schwere Baureihe erfüllte bereits die erst für 2006 geltenden neuen Abgasvorschriften und bot darüber hinaus in Kabinengestaltung und Sicherheitstechnik – der Nissan Diesel war weltweit der erste Lkw mit Knie-Airbag für den Fahrer – Neuland. Seit 1973 baute Nissan Diesel für die Pkw-Sparte leichte Nutzfahrzeuge, die diese als »Nissan« verkaufte, später wurden auch Diesel-Motoren für Nissan Motor Iberica S.A. gebaut. Die Turbulenzen beim Mutterkonzern rissen auch die Lastwagen-Sparte mit in den Strudel. Die Umstrukturierung des hinter Hino, Isuzu und Fuso nur noch viertgrößten japanischen Lastwagenherstellers konnte der taumelnde Nutzfahrzeughersteller nicht mehr aus eigener Kraft bewältigen. Rückläufige Verkäufe im In- und Ausland brachten Nissan Diesel noch weiter in Schieflage, und es sah lange Zeit nach einer Fusion mit der Nutzfahrzeugsparte von Daimler-Benz aus. Doch die Verhandlung zwischen Mercedes und Nissan scheiterten letztlich, was zur Zusammenarbeit von DaimlerChrysler und Mitsubishi-Fuso führte. Wie bei der Personenwagensparte war es Renault, das die Rettung brachte. Renault seinerseits verkaufte im März 2005 seine Anteile an Nissan Diesel weiter. Nissans ehemalige Nutzfahrzeugsparte gehört seit 2007 zu Volvo Trucks, das 2001 bereits die Renault-Nutzfahrzeugsparte übernommen hatte. Die eingeführten Marken- und Verkaufsbezeichnungen (am bekanntesten war, neben »Nissan Diesel«, das Kürzel »UD«) blieben bis 2010 gebräuchlich, seit dieser Zeit firmiert die ehemalige »Nissan Diesel« als »UD Trucks«. Nutzfahrzeuge von Nissan

JAPAN

Diesel gehörten zum Straßenbild in Japan und im gesamten asiatisch-pazifischen Raum. In Europa dagegen kannte man die Nutzfahrzeuge von Nissan Diesel lediglich als »Nissan«, dass hinter den Last- und Lieferwagen (die aber nur die Klasse bis 7,5 Tonnen Gesamtgewicht abdeckten) ein anderer Hersteller steckte, blieb weitgehend unbekannt. Die in Europa vermarkteten Fahrzeuge entstanden bei der Firma Nissan Motor Iberica S.A. in Spanien, dem 1980 übernommenen ehemaligen Ebro-Werk. Neben diversen Transportern bis 2,8 Tonnen rollte dort zwischen 1988 und 1998 rund 70.000 Mal die »Trade«-Reihe vom Band, die in Spanien den Markt dominierte und auf der Ebro-F-Baureihe basierte (die wiederum mit einer Alfa-Romeo-Lizenz ihre Anfänge nahm). Die Nachfolge trat der Interstar an, eine Gemeinschaftsentwicklung mit Renault und Opel. Oberhalb der Transporter-Serie angesiedelt war die Atlas-Serie, die in zweiter Generation als »Cabstar E« auf der »Mondial du Transport« 1998 nach Europa kam, nachdem sie bereits 1996 als schwerster Vertreter der Atlas-Reihe (H42) für den asiatischen Markt vorgestellt worden war. Dieser Frontlenker (der eigentlich ein Isuzu F-Serie »Elf« war) präsentierte sich mit drei Radständen, drei Motoren und Gesamtgewichten von 2,8 bis 4,5 Tonnen und wies eine neue, moderne Kippkabine auf. Im Nissan-Nutzfahrzeugprogramm für Europa standen in den Neunzigern außerdem die noch von »Ebro« entwickelten L- und M-Baureihen, deren Neuauflage im Jahre 2000 Nissan dann als »Atleon« verkaufte. Weitgehend gleich aufgebaut, deckte die in Spanien gebaute mittelschwere Ebro-L-Baureihe Fahrzeuge mit einem zulässigen Gesamtgewicht von 4,5 bis 7,5 Tonnen ab, während die M-Baureihe den Bereich bis 13 Tonnen Gesamtgewicht abdeckte. Wichtigster Unterschied zu den Ebro-Typen waren die Motoren, statt der Lizenzbauten von Perkins-Dieseln kamen Eigenentwicklungen von Nissan Diesel zum Einsatz, darunter ein 150 PS starker Turbo-Sechszylinder mit Direkteinspritzung. In Deutschland brachte Nissan mit seinen Lastwagen-Baureihen kein Rad auf die Erde. Um die Jahrtausendwende fielen der Trade wie auch die L/M-Serie aus dem Programm und wurden durch neue, in Spanien gebaute Fahrzeuge mit Renault-DNA ersetzt. In Spanien wurden die Cabstar-/ Atlas- und Atleon-Baureihen jedoch zunächst weiter produziert. Allerdings gingen, der konjunkturellen Entwicklung zufolge auch dort die Absatzzahlen kontinuierlich zurück. Die heutige Nutzfahrzeug-Palette von Nissan Diesel beziehungsweise UD umfasst die leichte Atlas-Baureihe, die seit 1975 mittlerweile in vierter Generation vorrollende mittelschwere Condor-Familie sowie die Schwerlastreihe »Quon« (die 2007 Nissans »Dicke Daumen« – Big Thumb – ablöste). Diese Typen sind je nach Absatzmarkt und Land auch unter anderen Bezeichnungen und Markenzeichen zu erhalten. Den Atlas gibt es als Nissan Cabstar, Renault Maxity, Samsung SV110 und Ashok Leyland Partner, der Quon entstand auf Basis des Mitsubishi Fuso Super Great. In Europa produziert Nissan aktuell nur noch den 2014 vorgestellten Atleon-Nachfolger NT500 (3,5 bis 7,5 Tonnen) in vier Nutzlastklassen und 150 beziehungsweise 170 PS; die Bezeichnung »Nissan Truck« schmückt heute in erster Linie die in und für die USA gebauten vollfetten Pickups; deren kleine Pickup-Geschwister als »Nissan Navara« in Spanien gebaut und in Europa vermarktet wurden.

Nissan Diesel ist mit seiner Condor-Reihe im asiatischen und arabischen Raum außerordentlich erfolgreich; ein Condor war 1996 Japans erster Erdgas-Lkw. Hier ein Vertreter der dritten, zwischen 1993 und 2011 gebauten Generation nach dem zweiten Facelift.

Während der Bau von mittleren und schweren LKW an Volvo abgegeben wurde, konzentriert sich Renault-Tochter Nissan auf Transporter und leichte Lkw. In den USA bietet das Unternehmen auch einen gigantischen Pickup, den Titan XD, an. (Foto: © Nissan Motors)

Nach 1969 änderte sich bei der Hauber-Serie nicht mehr viel. Retuschen an Grill und Scheinwerfern, moderne Motoren – die TK-Reihe stand bis Mitte der Neunziger in den Lieferlisten. (Foto: © mwanasimba, CC-BY-SA-2.0)

Nissan Diesel UD 310, 1983: Der Dreiachser mit 10,3 Litern Hubraum und 245 PS war auf 24 Tonnen ausgelegt und gehörte ebenfalls zur C-Serie, wobei praktisch alle Frontlenker-Lkw das Kürzel C trugen. (Foto: © Order 242, CC-BY-SA-3.0)

Nissan Diesel wurde 2007 von Volvo übernommen, damit rückte der Schriftzug in den Hintergrund, stattdessen kamen, je nach Serie und Absatzmarkt, neue Embleme zum Einsatz, die dann 2010 mit der Umfirmierung zu UD Trucks vereinheitlicht wurden. Die kürzlich erneuerte Schwerlastreihe Quon – hier ein Bild von 2009 – hat Volvo-Motoren, die neue Queste-Baureihe auch ein Volvo-Fahrerhaus.

Die Frontlenker-Baureihe »Toyoace«, internes Kürzel PK, hier als PK-25 von 1960-63, ausgelegt auf ein Gesamtgewicht von 2,9 Tonnen.   (Foto: © sv1ambo , CC-BY-SA-2.0)

Ein Hauber der DA/FA-Serie als Feuerwehrfahrzeug in Myanmar. Je nach Ausführung mit 5,9- oder 6,6-Liter-Sechszylinder-Diesel und 110 bis 130 PS; als FA-Benziner mit 3,9-Liter-Motor und 125 PS.   (Foto: © Ejji Umamahesh, CC-BY-SA-3.0)

Nach der Übernahme von Hino stellte Toyota den Bau von schweren Lkw ein, die letzten Hauber der Serie DA/FA100 liefen 1976 in Japan vom Band. In Singapur wurde die Reihe aber noch bis zum Ende des Jahrtausends gebaut. Hier ein Wassertanker dieser Baureihe während des Manövers EASTERN WIND '83, einer Amphibieroperation in Somalia.   (Foto: © USMC)

TOYOTA

Der größte Automobilhersteller der Welt verdankt seine Existenz der genialen Erfindung des Herrn Toyoda, der einen automatischen Webstuhl erfand und die Rechte daran 1929 an einen englischen Produzenten verkaufte. Dieses Geld bildete den Grundstock für die Automobilfertigung, die im März 1930 begann und fünf Jahre später zu einem ersten Prototypen führte. Diesem A-1-Typ noch mit 3,4-Liter-Sechszylinder nach Chevrolet-Vorbild folgte im August 1935 ein erster Lastwagen, der Typ G-1, dessen Chassis an einen Ford erinnerte. Immerhin war die Optik eigenständig, der Kühlergrill erinnerte an eine traditionelle japanische Maske. Der Motor brachte es auf eine Leistung von 65 PS bei 3000/min und wurde 379 Mal gebaut. Im Oktober 1938 bestellte die Armee bei Toyota 20.000 weiter entwickelte G1-Lastwagen (Typbezeichnung GA), das bedeutete für Toyota den Durchbruch. An der japanischen Niederlage änderte sich dadurch aber nichts. Die Nachkriegsfertigung bestand zunächst aus mehr oder weniger überarbeiteten Kriegs-Zweitonnern der Baureihen KB/KC. Toyota war als einziger Lastwagenhersteller weitgehend unbeschadet aus dem Schlamassel hervorgegangen und baute bereits im September 1945 wieder einige Lastwagen. 1500 Lastwagen sollten entstehen, Armee-Typen, allerdings jetzt mit zwei Scheinwerfern und Vierrad-Bremsanlage: Im letzten Kriegsjahr hatte Toyota nicht mehr genügend Material gehabt, um damit alle Fahrzeuge auszurüsten. Bis 1951 produzierte Toyota lediglich diese leichten Lastwagen. Der Viertonner-Typ BX markierte den Übergang zu den mittelschweren Typen, schwere Lastwagen in der Gewichtsklasse von fünf und mehr Tonnen kamen Anfang der 60er-Jahre. Darunter angesiedelt war die Dyna-Reihe, die mit einem Zweitonner 1957 ihren Anfang nahm, mit der zweiten Generation 1963 zum Frontlenker mutierte, in der dritten 1969 auf drei Tonnen aufgelastet und auch als Daihatsu Delta produziert wurde. Die vierte Generation von 1977 übernahm Hino als Typ Ranger in sein Programm, die siebte von 1999 war dann komplett baugleich mit der Hino-Dutro-Serie. Ab 2003 gab es auch eine Ausführung mit Hybridantrieb. Inzwischen läuft bei Hino seit 2011 die achte Generation vom Band. Die Transporter heißen ToyoAce, nutzen aber die Dyna-Technik und werden in Europa innerhalb der Dyna-Reihe verkauft; während der auf die Nutzlastklasse zwischen drei und fünf Tonnen ausgelegte Massy Dyna nur zwischen 1969 und 1977 im Programm blieb. Darüber war das Toyota-Angebot wesentlich spärlicher und bestand im Wesentlichen aus einer Einheitsbaureihe, die mit drei Radständen zu haben war. Motortechnisch bot Toyota sowohl Otto- als auch Dieselmotoren an. Der typische Benzinmotor, etwa in der auf sieben Tonnen Gesamtgewicht ausgelegten F-Reihe, fand sich auch in den Geländewagen der LandCruiser-Familie: 3,9 Liter Hubraum, sechs Zylinder und 109 PS lauteten die Eckwerte dafür, während die Diesel-Sechszylinder aus 6,5 Litern 130 PS schöpften. Natürlich wurden die Motoren weiterentwickelt, weitere (kleinere) Diesel kamen hinzu. Die Diesel-(DA-)Reihen schafften bis zu 9,5 Tonnen Gesamtgewicht. Die schweren Hauber wurden 1965 mit neuer, eckigerer Kabine vorgestellt. Die nunmehrige FA/DA-Serie wirkte nun wesentlich bulliger und wies Doppelscheinwerfer auf. Die Zuladung stieg auf maximal 6,5 Tonnen, die Motorleistung der Diesel auf 140 PS; je nach Ausführung gab es sie später auch mit V8. Anders als die Konkurrenz baute Toyota keine Schwerlastwagen und Zugmaschinen, der typische schwere Toyota-Lastwagen war ein Zweiachser mit Kipper. Dieses Rumpfprogramm in Sachen Nutzfahrzeuge (das nie im großen Stil nach Europa oder die USA exportiert wurde) endete in Japan Mitte der Siebziger, im Werk Singapur wurden Toyotas schwerste Laster für die Exportmärkte in Asien, den arabischen Raum und Afrika noch bis 1998 gebaut. Schwere Lastwagen entstehen innerhalb der Toyota-Gruppe bei Hino. Toyotas Nutzfahrzeugangebot besteht aus leichten Nutzfahrzeugen, Transportern und Pickups wie dem auch in Europa bekannten Dyna, dem schier unverwüstlichen Hilux oder dem ebenfalls auf härteste Beanspruchungen ausgelegten LandCruiser, den es auch in Heavy-Duty-Ausführung gibt. Sehr zum Leidwesen des Herstellers fahren Milizen, Terroristen und Aufständische in den Krisengebieten dieser Welt mit Vorliebe diese Typen, was international den Begriff »Toyota War« prägte.

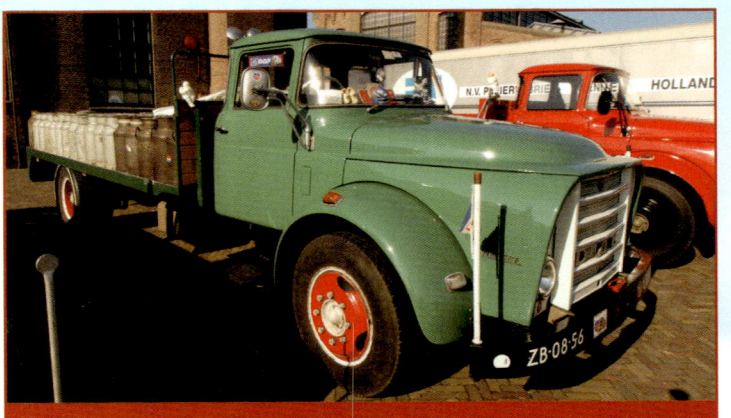

Ein DAF-Torpedo-Pritschenwagen von 1964. Dieser leichte Laster wurde auch als A16, A18 oder A13 verkauft und erschien erstmals 1957 als Hauber, weil in den Niederlanden Frontlenker noch ungewohnt waren.

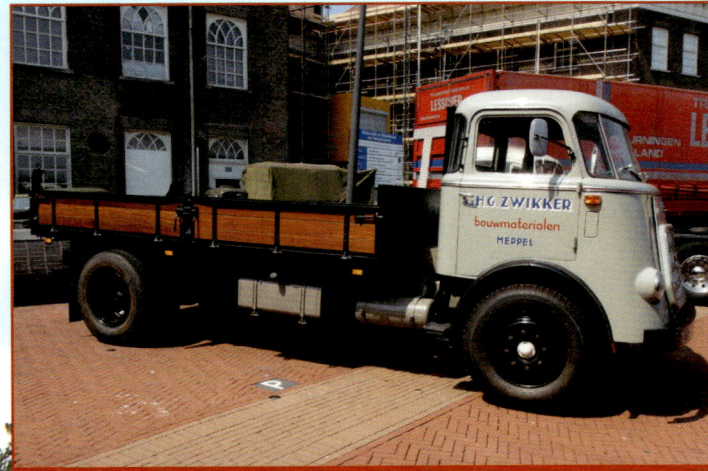

DAF-Frontlenker der A-Serie mit Pritschenaufbau aus den 60er-Jahren.

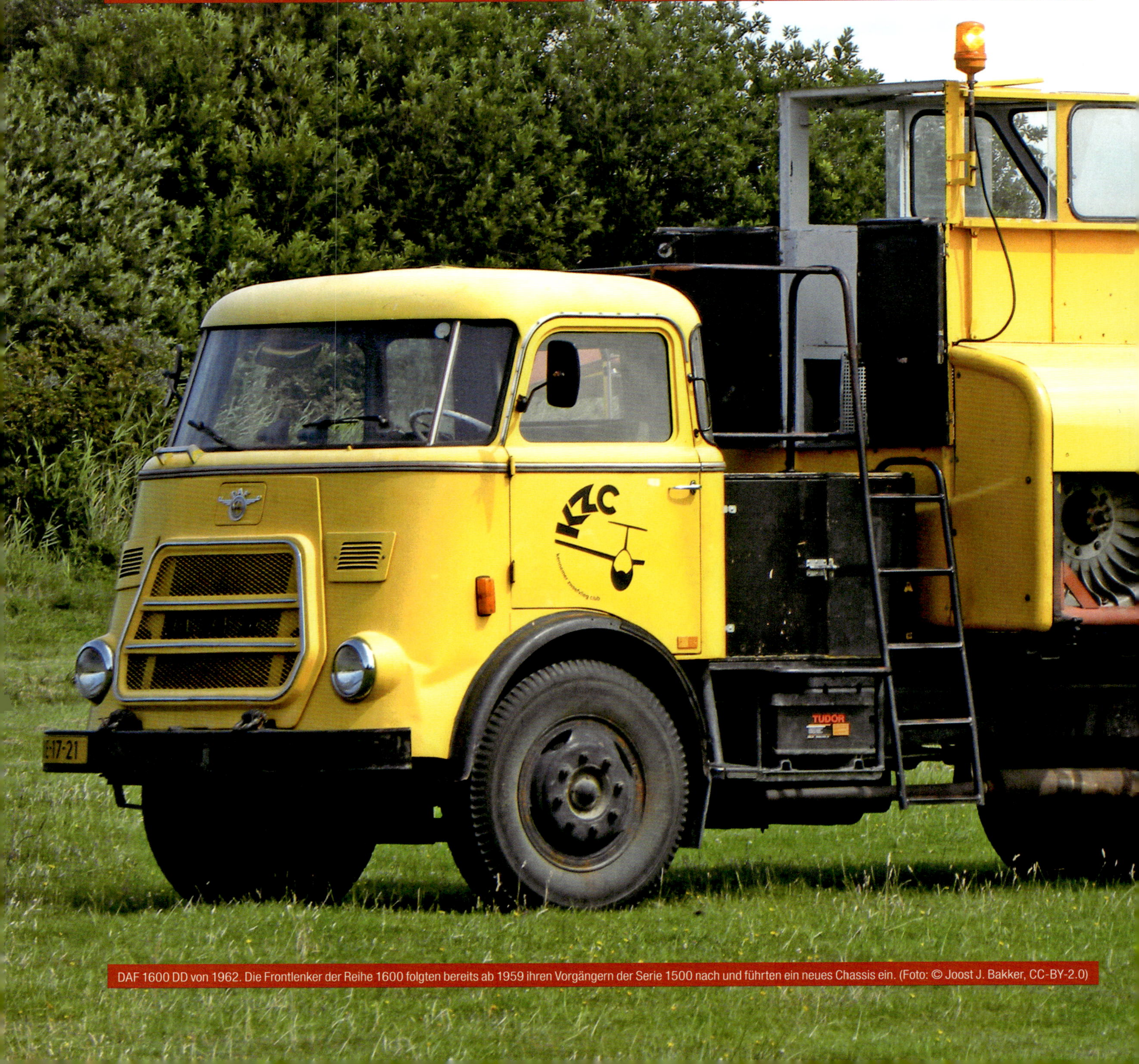

DAF 1600 DD von 1962. Die Frontlenker der Reihe 1600 folgten bereits ab 1959 ihren Vorgängern der Serie 1500 nach und führten ein neues Chassis ein. (Foto: © Joost J. Bakker, CC-BY-2.0)

Mit dem DAF 2600 und seiner modernen, bequemen Frontlenkerkabine gelang DAF 1962 der internationale Durchbruch. Gebaut wurde er bis 1974, seine Motorleistung wurde schließlich von 220 bis auf 304 PS erhöht.

DAF

Mit Hilfe eines Investors gründete Hub van Doorne 1928 im niederländischen Eindhoven die »Hub van Doorne Machinefabriek«, in der er vorzugsweise Schweiß- und Schmiedearbeiten für die heimische Binnenschifffahrt anbot. Vier Jahre später stieg sein Bruder Wim in das Geschäft mit ein. Dies brachte zum einen eine Veränderung der Aufgabenfelder mit sich, denn seit der Weltwirtschaftskrise liefen die bisherigen Geschäfte kaum noch, zum anderen eine entsprechende Umbenennung der Firma. Weil die beiden Brüder von nun an Anhänger und Auflieger für schwere Lastwagen herstellen wollten, wurde aus der »Machinefabriek« die »Van Doornes Aanhangwagenfabriek« – kurz DAF. Von Beginn an setzte DAF auf Innovationen wie Leichtbauweise und ein automatisches Aufliegersystem; 1936 hatten die Brüder den weltweit ersten Sattelauflieger vorgestellt. Praktisch zur selben Zeit traten sie als Koproduzent der TRADO-Achse auf, die eine einfach angetriebene Hinterachse in eine doppelt angetriebene verwandelte. Mit dieser rüsteten sie die niederländischen Militärfahrzeuge aus. Einige Jahre später entstand mit dem M39 Pantserwagen erstmals eine Zugmaschine bei DAF; zum Einsatz kam diese 1940 auch gegen die Deutschen. Mit der Besetzung der Niederlande übernahm die Wehrmacht die vorhandenen Exemplare des kleinen Panzerspähwagens in ihr eigenes Arsenal. Nach dem Ende des Zweiten Weltkrieges wagten die Niederländer einen Neubeginn und erweiterten dabei ihre Produktpalette: sie stiegen in den Bau von Lastkraftwagen ein. Die ersten beiden Modelle brachte DAF 1949 auf den Markt, es waren der 3-Tonner A30 und der 5-Tonner A50, beides erstaunlicherweise Frontlenkermodelle. Zwar blieb der Betrieb auch seinen Anhängern und Aufliegern treu, doch ließ die abermalige Umbenennung – neuer Name diesmal: »Van Doornes Automobiel Fabriek« – erkennen, wo der Schwerpunkt künftig liegen sollte. Haubenfahrzeuge stellte DAF zwar ebenfalls her, aber nur für spezielle Märkte ab 1957. Als Motorenlieferant konnte der britische Hersteller Leyland gewonnen werden, deren Aggregate DAF ab 1957 im eigenen Motorenwerk in Lizenz selbst produzierte. Diese neuen Räumlichkeiten nutzte DAF, um das Motorenangebot in seinen Lastern mit Eigenentwicklungen zu ergänzen. Bereits zu Beginn der 50er-Jahre war DAF wieder in den Bau von Militärfahrzeugen eingestiegen. Für die niederländische Armee entstanden die Baureihen YA 318 6x4 und YA 126 4x4. Im zivilen Bereich stellte DAF Mitte der Fünfziger die Serien 1100, 1300 und 1500 vor. Das Geschäft mit Lastern und Anhängern brummte bei den Niederländern, sodass sie expandieren konnten und im Jahr 1958 bereits ein Drittel des heimischen Marktes in Händen hielten. Der große internationale Durchbruch gelang DAF 1962 mit der Reihe 2600. Zu seiner Besonderheit zählte, dass mit ihm erstmals ein Fernverkehrslaster eine Fahrkabine aufwies, die extra für die Bedürfnisse der Fahrer entwickelt worden war. Das bedeutete eine ergonomische Ausstattung mit komfortablen Sitzen und praxisnaher Rundumsicht. Auf Wunsch konnte der 2600 sogar mit zwei Betten geliefert werden. Kein Wunder, dass der Erfolg dieses Wettbewerbsvorteils nicht auf sich warten ließ. Technisch bot der 2600 einen 220-PS-Sechszylinderdiesel von Leyland. Weitere Entwicklungen in dieser Zeit waren das erste 6x4-Fahrgestell mit Tandemachse, das Kipperfahrgestell AZ 1900 6x6, der Haubenlaster A18 sowie die Reihe 2400 DP. 1965 schied Firmengründer Hub van Doorne altersbedingt aus dem gutgehenden Unternehmen aus, sein Bruder Wim folgte ihm sechs Jahre später nach. Mit Beginn der 70er-Jahre brachte DAF eine neue Lkw-Generation auf den Markt, die Reihen F1600 und F2000, die nun kippbare Fahrerkabinen aufwiesen, ebenso wie die leichten 4x2-Laster der Reihen 1200 DA und 1400 DD. Entwickelt worden waren diese Fahrerhäuser von einer internationalen Kooperation, dem sogenannten »Viererclub«, dem die Lkw-Hersteller DAF aus den Niederlanden, Magirus-Deutz aus Deutschland, Saviem aus Frankreich und Volvo aus Schweden angehörten (MAN war bereits nach kurzer Zeit abgesprungen). Das waren nicht die einzigen Veränderungen bei den Niederländern im neuen Jahrzehnt. DAF begann nämlich seine Unabhängigkeit zu verlieren. 1973 erwarb International Harvester aus den USA ein Drittel der DAF-Aktien. In den folgenden Jahren geriet das niederländische Unternehmen wegen

NIEDERLANDE

hoher Investitionen in schwierige wirtschaftliche Verhältnisse; nur ein Eingreifen der Regierung konnte seinen Bestand sichern. 1978 – ausgerechnet zum 50-jährigen Jubiläum von DAF – zog sich International Harvester – ebenfalls aufgrund wirtschaftlicher Probleme – von allen seinen europäischen Verpflichtungen, und damit auch von DAF, zurück. Die Niederländer machten allein weiter. Die 80er-Jahre sahen u. a. die DAF-Baureihe 2300 6x2 mit Vorlauf-Hinterachse, den Schwerlast-Haubenlaster N2800 6x4, das Modell 3300 DKX mit 330 PS für Fernverkehr und Spezialtransporte sowie den Gewinn der Rallye Paris–Dakar durch DAF im Jahr 1987. Im selben Jahr brachte DAF seine neue Premium-Reihe 95 auf den Markt, die über ein von Atkinson und ENASA entwickeltes besonders hohes Fahrerhaus (»Space Cab«) verfügte und mit Leistungen von anfangs 228 bis 380, später 400 PS angeboten wurde. Die Reihe 95 wurde zum Truck des Jahres gewählt, eine Auszeichnung, die in den folgenden Jahren noch öfters an DAF gehen sollte. Eine neue Linie an mittel- bis ganz schweren Lastern erschien 1992 mit den Reihen 65, 75 und 85. Zur Jahrtausendwende ging daraus die CF-Serie hervor. 1993 geriet der langjährige Motorenlieferant Leyland in ernste wirtschaftliche Probleme, weshalb sich DAF entschloss, mit ihm zu fusionieren. Da Leyland neben Motoren bislang schon leichte und mittelschwere Lkw produziert hatte, ergänzten diese scheinbar perfekt die schweren Laster von DAF. Doch 1993 musste DAF Konkurs anmelden und konnte wiederum nur von der Regierung gerettet werden; der britische Markt, von dem die Niederländer sehr abhängig waren, war zusammengebrochen. Schnell ging mit »DAF Trucks N.V.« ein Nachfolgebetrieb an den Start. Doch erst als drei Jahre später mit PACCAR einer der größten Lkw-Produzenten weltweit das Unternehmen übernahm, war die Zukunft von DAF gesichert. Auch die nach der Insolvenz neu entstandenen Leyland Trucks kamen unter das Dach von PACCAR; der Markenname Leyland indes schaffte es nicht ins neue Jahrtausend. So gestärkt, präsentierte DAF 1997 die neue Sattelzugmaschine 95XF mit Motorleistungen von 381 und später 530 PS. Ausgestattet war sie mit der drei Jahre zuvor vorgestellten Super Space Cab, einer nochmals vergrößerten Fahrerkabine. Im Jahr 2001 erschien die mittelschwere LF-Baureihe, die Nutzlasten zwischen 6 und 18 Tonnen bot und für den Verteilerverkehr bestimmt war. 2003 feierte DAF sein bereits 75-jähriges Bestehen. 2005 konnte der 560 PS starke XF105 das größte Lkw-Fahrerhaus weltweit aufweisen, was ihm ein Jahr darauf die Auszeichnung »Truck of the Year« einbrachte. Eine rund 20-prozentige Verringerung des Schadstoffausstoßes versprach sich DAF von der mit Hybridantrieb ausgerüsteten und 2010 eingeführten Reihe LF Hybrid. 2012 wurde die XF-Reihe in der neuen Euro-6-Auslegung auf den Markt gebracht. Ausgestattet mit dem sparsamen neuen PACCAR MX-13 Euro-6-Motor, bediente diese für den Fernverkehr vorgesehene Lastwagen-Reihe Motorleistungen zwischen 410 und 510 PS. Ein Jahr darauf folgten der in der Baubranche eingesetzte CF Euro 6 mit 412 bis 510 PS sowie die Verteiler-Lkw-Reihe LF Euro 6 mit 150 bis 210 PS und Nutzlasten zwischen 7,5 und 19 Tonnen. DAF teilt sich in der Erfolgsbilanz der PACCAR-Gruppe mit Peterbilt den Platz direkt hinter Kenworth. International gesehen liegen im Bereich der schweren Laster nur noch Mercedes-Benz und Volvo vor DAF, die Niederländer belegen hier gemeinsam mit Scania einen sehr erfreulichen dritten Platz.

Der DAF 95XF wurde von 1997 bis 2003 gefertigt. Seine vorangegangene Entwicklung beeinflusste PACCAR bei der Entscheidung, den niederländischen Lastwagenhersteller zu übernehmen.

Ein DAF 2300 in den Farben der niederländischen Fluggesellschaft KLM. Die Kabine fand nach 1987 bei Leyland Verwendung. (Foto: © Free Photo World, CC-BY-SA-2.0)

Der DAF XF105 wird seit 2005 hergestellt, ist mit der SuperSpaceCab ausgerüstet und wird von einem 12,6-Liter-Sechszylinder-Motor von PACCAR mit bis zu 460 PS versorgt.

(Foto: © Jean Housen CC-BY-SA-4.0)

Das zulässige Gesamtgewicht des DAF XF105 liegt bei 40 Tonnen. Im Jahr 2007 gewann er den Titel »Truck of the year«.

(Foto: © PKS Gdańsk-Oliwa SA, CC-BY-2.5)

Der DAF XF95 folgte 2003 dem Typ 95XF nach. Sein Fahrerhaus unterschied sich nur in Details von dem des Vorgängers, an Motoren standen solche mit 380, 430 oder 480 PS zur Auswahl. 2006 stand mit der XF-Reihe schon der Nachfolger Spalier.

(Foto: © calflier001, CC-BY-SA-2.0)

Dieser ÖAF/Fiat-Lastwagen mit Pritschenaufbau stammt aus dem Jahr 1952. Er war ausgerüstet mit einem 50 PS starken Vierzylinder-Dieselmotor.

Dieser ÖAF TGM 18.330 ist eigentlich ein MAN mit ÖAF-Aufschrift. Nach der Übernahme erschienen die gemeinsamen Modelle in Österreich mit diesem Logo.

Ein Feuerwehrfahrzeug des Typs 14.272 von ÖAF. Dahinter steckt das gleich bezifferte Gefährt von MAN aus den 90er-Jahren mit 269 PS.

ÖAF

Das langjährige Erfolgsmodell von ÖAF war der Tornado. Im Bild zu sehen die Haubervariante in Kipperausführung. (Foto: © Norbert Schnitzler, CC-BY-SA-3.0)

1907 wurde in Wien-Floridsdorf, Österreich, die »Austro-Fiat-AG« gegründet, in der in den folgenden Jahren Fahrzeuge von Fiat zusammenmontiert wurden. 1911 wagte sich das Werk erstmals an einen eigenen 4-Tonnen-Laster, der sich jedoch noch sehr an seinem Vorbild von Fiat orientierte. Trotzdem ging man den einmal beschrittenen Weg nun konsequent weiter. Neben eigenen Lkw versuchte sich das Austro-Fiat-Werk zudem an eigenen Personenwagen und Omnibussen – das Hauptgeschäft war aber nach wie vor die Fiat-Montage.

Das änderte sich erst 1925. War ein Jahr zuvor noch der letzte Fiat, das Modell TS 1924, aus dem Werk in Wien-Floridsdorf gerollt, überließ man dieses Geschäft von nun an einem anderen Betrieb. Damit einher ging die Umbenennung in »Österreichische Automobil Fabrik AG« – kurz ÖAF. In Eigenregie entwickelte und produzierte das Werk, an der Fiat aber nach wie vor beteiligt war, nun Last- und Personenwagen sowie Omnibusse. In der Abteilung Lkw stellte ÖAF unter der Bezeichnung »AFN« einen 1,75 Tonner vor, ausgestattet mit einem 42 PS starken 4-Zylinder-Fiatmotor. Drei Jahre später bekam er mit dem AF2 einen Nachfolger. Die Bezeichnung »AF« stand immer noch für Austro-Fiat und wurde noch einige Zeit weiterbenutzt, bevor sie von »ÖAF« abgelöst wurde. Im selben Jahr, 1928, beschloss das Unternehmen, sich nach den gemachten Erfahrungen ganz auf die Nutzfahrzeugproduktion zu konzentrieren und die Pkw-Fertigung aufzugeben.

1934 begann ÖAF, in Lizenz Dieselmotoren von MAN herzustellen. Vier Jahre später – Österreich war inzwischen an das Deutsche Reich »angeschlossen« worden – übernahmen die Münchner die Aktienmehrheit bei ÖAF. Fiats Anteil an der Firma war auf einen kleinen Prozentsatz zusammengeschmolzen. Während des Zweiten Weltkriegs baute ÖAF Lastwagen mit MAN-Motoren für die Wehrmacht.

Als der Krieg vorbei war, hatte das Werk zwar überlebt, aber starke Schäden davongetragen. Das war aber nicht einmal das Schlimmste. Als folgenreicher erwies sich der Umstand, dass Wien-Floridsdorf in der sowjetischen Besatzungszone lag. ÖAF wurde in die USIA eingegliedert, das war ein Verbund von ca. 300 Firmen, die von den Sowjets beschlagnahmt und nun vor allem zu Reparationsleistungen herangezogen wurden.

Mitte der 50er-Jahre endete dieser Zustand. Österreich hatte 1955 einen Friedensvertrag (den sogenannten »Staatsvertrag«) mit den alliierten Mächten geschlossen. ÖAF blieb aber auch weiterhin ein Staatsunternehmen, erst in den Siebzigern begann seine Reprivatisierung. Mit einem Frontlenkerhaus meldete sich ÖAF wieder zurück als Hersteller. In den beginnenden 60er-Jahren stellte das Unternehmen sein Erfolgsmodell »Tornado« vor, das in diesem und dem nächsten Jahrzehnt in vielen Modellausführungen zu haben war, sowohl als Haubenlaster wie auch als Frontlenker. Neben eigenen Motoren lieferten MAN, Leyland und Cummins Aggregate. Den Sturmnamen treu bleibend, hieß ein anderes Modell ÖAF »Orkan«.

Weniger erfolgreich war der Haubenlaster »Husar«, ein 3,5-Tonnen-Allrad-Lkw, der für das österreichische Bundesheer gedacht war, sich aber gegen die Konkurrenz nicht durchsetzen konnte. Ebenso erging es dem 136 PS starken Modell »Hurricane«. In den End-Sechzigern geriet das Unternehmen in die roten Zahlen. Überzeugt, alleine nicht überleben zu können, verhandelte ÖAF mit diversen Firmen, darunter auch Steyr, die allerdings die Lkw-Fertigung bei ÖAF einstellen wollten. Erfolgversprechender liefen die Verhandlungen mit MAN. Während die eigene Sanierung noch im Gange war, fusionierte ÖAF mit den Mitbewerbern Austro-MAN und dem vom Konkurs bedrohten Omnibushersteller Gräf & Stift. 1971 erfolgte schließlich die Übernahme durch MAN. Der erfolgreiche, auch ins Ausland exportierte Tornado blieb noch bis 1977 im Programm. Die restlichen Lkw im Programm waren von nun an identisch mit denen von MAN, lediglich im Kühlergrill blieb noch die Bezeichnung ÖAF lange Zeit bestehen. Neben der Herstellung von leichten und mittleren Lkw sowie Fahrerhäusern hat sich die »MAN Nutzfahrzeug Österreich AG« mit Standort in Steyr auf die Produktion von Sonder-, Spezial- und Militärfahrzeugen spezialisiert

ÖSTERREICH

STEYR

Die »Österreichische Waffenfabriks-Gesellschaft« stieg nach dem Ersten Weltkrieg in den Lkw- und Omnibus-Bau ein. 1926 änderte sie ihre Bezeichnung in »Steyr-Werke AG«. 1934 schloss sich Steyr mit der »Austro-Daimler-Puch AG« zum neuen Unternehmen »Steyr-Daimler-Puch AG« zusammen.

In den 30er-Jahren hatte Steyr eine Reihe von geländegängigen 4x4- und 4x6-Konstruktionen erstellt. Nach dem Anschluss Österreichs an das Deutsche Reich 1938 wollte Hitler Steyr jedoch wieder als Rüstungsunternehmen haben. Steyr reagierte mit dem Lastwagen Typ 270, der technisch überzeugte und die Kriterien des Schell-Programms der Reichsregierung erfüllte. Unter der Bezeichnung 1500 A ging der 1,5-Tonner ab 1941/42 an die Wehrmacht. Der allradgetriebene Steyr 1500 A überzeugte, weil sein von Ferdinand Porsche konstruierter luftgekühlter V8-Benzinmotor mit 25 PS nicht einfrieren konnte. Der 1500 A kam als Mannschaftstransporter oder als Kommandeurs-, Pritschen-, Funk- und Sanitätswagen zum Einsatz. Noch während des Krieges entwickelte Steyr den 1500 A zum Modell 2000 A weiter.

Zur Deckung des hohen Bedarfs an Nutzfahrzeugen in Österreich nach Ende des Zweiten Weltkrieges wünschte die österreichische Bundesregierung von Steyr den Bau eines 3-Tonners. Steyr legte dafür den alten 1500 A nochmals auf und baute ihn 1946 zum Steyr 370 um. Auch der neue Pritschen-Laster wurde von einem 80 PS starken V8-Benzinmotor angetrieben. Ende der 40er-Jahre ersetzte ihn der 3,5-Tonner Steyr-Diesel 380. Der 380 verfügte über einen völlig neu entwickelten Dieselmotor mit zuerst 85, später 90 PS, der den alten Benzinmotor ablöste und zudem robust und wartungsfreundlich war.

Der Steyr 480 ergänzte den 380 ab 1956 in der 5-Tonnen-Nutzlast-Klasse mit einem 95-PS-Diesel. Sein 5-Gang-Getriebe war vollsynchronisiert. Weitere Veränderungen waren das verchromte Steyr-Emblem auf dem Kühlergrill und in der modernisierten Version ab 1961 anders montierte Scheinwerfer. Diese letztere Variante erschien zusätzlich als Sattelschlepper und Kipper mit 6 Tonnen Nutzlast. Nur kurz hergestellt wurde der allradgetriebene 6-Tonner 580. Beim österreichischen Bundesheer ersetzte der 580 allerdings den benzinfressenden US-amerikanischen GMC-Truck. Zum letzten neuen Haubenlaster von Steyr wurde der 120 PS starke Typ 586, der Ende der 50er-Jahre erschien und erstmals mit einem Sechszylinder-Dieselmotor ausgestattet war.

Zwar hatte es mit dem Modell 480a32 bereits eine allererste Frontlenker-Version eines Steyr-Lkw gegeben, aber erst mit dem Steyr 680 von 1962 setzte der österreichische Lastwagenbauer ganz auf dieses Konstruktionsprinzip. Trotz der hohen Leistung von 180 PS konnte der 1967 erschienene Steyr 880 mit der noch leistungsstärkeren, preiswerteren und vor allem moderneren Lastwagen-Konkurrenz anderer Hersteller nicht mehr mithalten. Als Antwort präsentierte Steyr die runderneuerte Plus-Reihe mit bis zu 16 Tonnen Nutzlast, die wieder Zuwächse verbuchte. Die Baureihe Steyr 91 folgte der Reihe Steyr-Plus im Jahr 1978 nach. Die ersten Laster der Typen 991, 1291, 1491, 791 und 891 hatten einen Sechszylinder-Motor mit 200 bis 260 PS, die kleineren 591 und 691 waren lediglich 130 PS stark. Das Fahrerhaus der großen Laster war kippbar. Die mit 91M bezeichneten Militärversionen dieser Serie gingen auch in die USA.

Steyr-Daimler-Puch war 1980 zum drittgrößten Industrieunternehmen Österreichs aufgestiegen. Im Zuge von umfangreichen Rationalisierungs- und Umstrukturierungsmaßnahmen wurden immer mehr Produktionssparten wie z. B. die Waffenproduktion verkauft oder in eigens gegründete Firmen ausgelagert. So kam die Lastwagensparte 1989 an den deutschen Nutzfahrzeughersteller MAN. Einher damit ging die Gründung der »Steyr Nutzfahrzeug AG«, in der weiterhin mittelschwere Laster von 7,5 bis 17 Tonnen sowie schwere Lkw bis zu 32 Tonnen produziert wurden. Zehn Jahre später rollten aus den Werken in Steyr alle MAN-Laster mit Nutzlasten zwischen 6 bis 18 Tonnen. 2001 wurden aus der »Steyr Nutzfahrzeug AG« die »MAN Steyr AG«. Seit 2011 heißt der MAN-Nutzfahrzeuge-Bereich »MAN Bus & Truck«.

Ein Steyr 480 mit wassergekühltem Vierzylinder-Diesel. Dieser ab 1956 produzierte Lastwagen war in verschiedensten Ausführungen zu haben, auch als Feuerwehrfahrzeug, Tankwagen oder wie hier als Brauereifahrzeug.   (Foto: © böhringer friedrich, CC-BY-SA-2.5)

Der Csepel D350 war eigentlich ein Steyr 380. Der ungarische Lkw-Bauer hatte 1947 die Lizenz zum Nachbau dieses Lasters erworben. Das Original, der Steyr 380, wurde bis 1968 gebaut. (Foto: © Derzsi Elekes Andor, CC-BY-SA-3.0)

Ein Steyr 91 beim Betanken eines Flugzeuges. In der Baureihe 91 erschienen ab 1978 verschiedene Typen. Als Allradversion ging er sowohl ans österreichische Bundesheer als auch ins Ausland. (Foto: © User:Poitrus, CC-BY-SA-3.0)

Der Pinzgauer ist ein geländegängiges Militärfahrzeug, das Steyr von 1971 bis zum Jahr 2000 produzierte und das mit vielen unterschiedlichen Aufbauten zu haben war. Im Bild zu sehen ist eine 6x6-Ausführung. Die Benzinmotoren wurden Mitte der 80er-Jahre durch Dieselmotoren ersetzt. Heute wird der Pinzgauer in Südafrika von einer britischen Firma weiterproduziert. (Foto: © Joost J. Bakker, CC-BY-2.0)

Die polnischen Lastwagen der Marke Jelcz waren in großer Zahl bei den VEB-Kraftverkehren der DDR im Ferntransport anzutreffen. Hier ein Typ 316 von 1981, die Liftvorrichtung für die Nachlaufachse wurde nachgerüstet. (Foto: © Ralf Weinreich)

Wasserwerfer auf Jelcz-420-Basis vor UAZ-469 der polnischen Miliz während einer Parade. Die Aufschrift suggeriert ein Fahrzeug von 1976, während der Hidromil-2-Aufbau erst nach 1983 gebaut wurde. (Foto: © User.Now, CC-BY-SA-3.0)

Die erste 600er-Serie wurde 1973 eingeführt, sie geht auf eine Koopareration mit Steyr-Daimler-Puch zurück. Dieser Jelcz 622, aufgenommen 2001 im Kosovo, gehört zur zweiten, 1994 eingeführten Generation von Dreiachsern.

Nicht mehr ganz taufrischer Jelcz-315-Tankwagen eines Luftsportklubs. Die 300er-Serie wurde bis 1992 produziert. Die Polen verwendeten wassergekühlte Sechszylinder-Direkteinspritzer mit 11,1 Litern Hubraum und 202 PS. (Foto: © Flyz1, GFDL)

JELCZ

Die Marke Jelcz (Jelczanskie Zaklady Samochodowe), die ihren Namen einem Ort in der Nähe von Wroclaw, dem früheren Breslau, verdankt, war in Sachen Fahrzeugbau ziemlich unbeleckt: Dort hatte es ab 1934 die Bertha-Werke gegeben, eine Tochter von Krupp in Essen, die dann im Krieg Munition produzierte. Nach Kriegsende polnisch, wurden dort Kraftfahrzeuge repariert und Zulieferteile für die sich entwickelnde polnische Automobilindustrie hergestellt. Produziert werden sollte im neuen Werk ein Achttonner, an dem das staatliche polnische Entwurfsbüro für die Automobilindustrie in Warschau (BKPMot) seit 1952 arbeitete. Das Werk ging dann schließlich 1958 in Betrieb, die Serienfertigung konnte erst 1960 aufgenommen werden, wiewohl laut RGW-Beschluss (»Rat für Gegenseitige Wirtschaftshilfe«, dem die Ostblock-Staaten angehörten) in Polen, wie der DDR, keine schweren Lastwagen gebaut werden sollten. Die Polen – die neben den STAR-Werken einen zweiten Lkw-Produzenten im Lande haben wollten – hielten aber an ihrem Lastwagenprojekt fest.

Das erste Baumuster war ein Frontlenker, hieß »Zubr A 80« und hatte einen Sechszylinder-Dieselmotor mit 125 PS, der geneigt eingebaut wurde, um die Platzverhältnisse im Führerhaus zu verbessern: Dort konnte dann eine Liege untergebracht werden. Die Serienfertigung lief 1961 an. Schwachstelle des Zubr war der Motor, was dazu führte, dass die Polen 1966 bei Leyland eine Diesellizenz (11,1 Liter Hubraum, 200 PS) kauften und den Zubr, kombiniert mit eigenen und weiteren in Lizenz gebauten Komponenten, zum Jelcz 315 weiterentwickelten. Der neue schwere Laster erschien 1968 und bildete die Basis für eine Familie von Zwei- und Dreiachsern (Jelcz 316) und Sattelzugmaschinen (317), die im Fernverkehr und Baustellenbetrieb liefen. Die 300er-Serie wurde bis 1992 produziert und bis 1985 auch in die DDR importiert, wichtige Änderungen waren das modernisierte Fernverkehrs-Fahrerhaus mit Panoramascheibe anstelle der zweigeteilten Scheibe der frühen Ausführungen.

Die Nachfolge der 300er-Reihe (ohne diese tatsächlich abzulösen) war die 410er-Reihe von 1975, bestehend aus den Grundtypen 415 (4x2), Jelcz 416 (6x2) und der Zugmaschine 417 (4x2). Ursprünglich gedacht als Übergangslösung bis zur Premiere der komplett neuen Jelcz 420, blieb dieser Übergangstyp mit der Komponenten der 300er-Serie (Leyland-Diesel-Direkteinspritzer SW 680, Raba-Rahmen) viel länger in Produktion als geplant. Die eigentliche 420er-Reihe hatte wie die größere 600er-Serie mit Komponenten von Steyr ausgestattet werden sollen, doch die Lizenzgebühren waren angesichts der wirtschaftlichen Lage nicht zu bezahlen.

Die Zusammenarbeit mit den Österreichern hatte 1973 begonnen und zur 600er-Serie von 1977 geführt. Jelcz komplettierte in seinem polnischen Werk Lastwagenchassis von Steyr (Typ 1490) mit den beim Flugzeugbauer WSK Mielec in Lizenz gebauten SW 680. Das Getriebe lieferte ZF aus Friedrichshafen, die – jetzt kippbare – Kabine stammte aus eigener Produktion. Im Gegenzug fertigte Jelcz (das auch ein sehr starkes Standbein im Busbau hatte) Vorderachsen für die Österreicher. Bei der 600er-Reihe handelte es sich um Dreiachser.

Nach dem Zusammenbruch des Ostblocks wurde die Lage für Polens Autobauer zusehends schwieriger. Rettung erhoffte man sich durch die Zusammenarbeit mit westlichen Herstellern, mit deren Hilfe und technischer Unterstützung in Form von Motoren und Teilen 1994 die 420er-Serie dann tatsächlich auf den Markt gebracht werden konnte. Die Palette umfasste die Typen 422 und 423 (Motoren von Steyr, Mercedes und Iveco), 424 (Motor Detroit Diesel), 425 (Mercedes) und den Allrad-Typ 442 (4x4) mit polnischen Mielec-Dieseln. Nach der Jahrtausendwende wurden aber praktisch nur noch Iveco-Treibwerke verbaut, zuletzt nach Euro-3-Norm. Aus dem gleichen Baukasten stammte auch die zweite Generation der 600er-Reihe. Inzwischen baut Jelcz praktisch nur noch geschützte und ungeschützte Lastwagen mit Iveco-Motor für Polens Militär, die aktuelle 800er-Reihe wurde 2010 eingeführt.

RUSSLAND

GAZ

Die Nutzfahrzeugindustrie der Sowjetunion war spät dran: Erst 1924 erschien mit dem 1,5-Tonner AMO F 15 (ein Fiat-Klon) ein erster Lastwagen. Gebaut hatte ihn das Moskauer Automobilwerk AMO, das 1916 gegründet worden war. Die Kapazitäten reichten aber nicht aus, daher entstand in Gorki ein neues Lastwagenwerk, das auf eine Jahresproduktion von rund 100.000 Lastwagen ausgelegt worden war. Es ging Ende 1931 in Betrieb und entließ Anfang 1932 unter dem Markenzeichen GAS die ersten Zweiachser auf die Straße. Der erste Typ war ein Anderthalbtonner nach Vorbild des Ford-Typs AA (der wiederum die Lastwagenausführung des A-Modells darstellte); der neue Russen-Ford erhielt die Bezeichnung GAS-AA. Dieser in zahlreichen Abarten und Varianten gebaute Grundtyp blieb für nahezu drei Jahrzehnte das Hauptprodukt des Werkes. Bis Kriegsende gab es den GAS-AA – beim Dreiachser GAS-AAA er-höhte sich die Zuladung auf zwei Tonnen – ausschließlich mit einem 40 PS starken Vierzylinder-Ottomotor, der 1938 auf 50 PS gebracht worden war und dann GAS-MM hieß. 1947 kam ein 3,5-Liter-Sechszylinder nach Dodge-Vorbild. Diese GAZ der zwei-ten Generation hatten eine Nutzlast von 2,5 Tonnen und trugen die Bezeichnung GAZ-51, der GAZ-63 war ein Allrad-Zweitonner. Es folgten diverse Detailverbesserungen, Varianten mit höherer Nutzlast und stärkeren Motoren, so wie der Typ GAZ-52 mit stärkerem 85-PS-Motor beziehungsweise – Ausführung 52A – mit 110 PS. Zwischen 1961 und 1993 produziert wurde der Typ GAZ-53 mit 4,25-Liter-V8 und einer Leis-tung von 115 PS. Unnötig zu erwähnen: Es gab jede Menge Zwischentypen, Varianten und Aufbauten und ab den frühen Sechzigern neben den klassischen Haubern auch Frontlenker. Daneben baute das Werk auch Personenwagen, Transporter und leichte Lastwagen wie der GAZ-56 von 1956. Neben diesen Typen stellte das Werk in Gorki aber auch andere Nutzfahrzeuge her. Entwickelt für das Militär, für die Energie-, Land-, Bau- und Forstwirtschaft entstanden Geländewagen wie die GAZ-67 und -69. Aus Kapazitätsgründen wurden deren Produktion aber an das Automobilwerk Uljanowsk (UAZ) abgegeben, wo der GAZ-69 als UAZ-69 entstand. Das Ende der Sowjetunion stürzte das Werk in große Schwierigkeiten, allerdings konnte man die Rechte an einer Transporterreihe sichern, an der Leyland-DAF zusammen mit Renault arbeitete. Nach der Pleite von Leyland-DAF übernahm GAZ die Konstruktion, brachte sie zur Serienrei-fe und hielt die Transporter-Familie um den Basistyp GAZ-3302 zwischen 1994 und 2010 im Programm, mit nur einem Facelift 2003. Dieser Transporter in der Nutzlast-klasse bis 1,5 Tonnen erfreute sich unter der Verkaufsbezeichnung »GAZelle« großer Beliebtheit. Für Vortrieb sorgten diverse Ottomotoren mit 2,4 bis 2,9 Litern Hubraum, alternativ dazu gab es auch Turbodiesel nach Magna-Steyr-Lizenz. Ein Nachfolger der in Russland und Asien sehr populären Baureihe (die weit über eine Million Mal gebaut worden war) sollte 2007 in Gestalt des LDV Maxus erscheinen, allerdings ging LDV, das aus der Transporterabteilung von Leyland-DAF hervorgegangen war, seinerseits in Pleite und wurde an die chinesische SAIC verkauft, was die Konstruk-tion einer neuen Modellreihe erforderlich machte. Auch der Versuch, zusammen mit der russischen Staatsbank und dem kanadisch-österreichischen Automobilzulieferer Magna die Mehrheit an der unter massiven Schwierigkeiten leidenden Adam Opel AG zu erlangen, scheiterte, nachdem General Motors 2009 dann doch kein Interesse mehr an einem Verkauf hatte. Die Lücke bis zum Erscheinen der neuen Transporter-Baureihe schloss der GAZelle-Business von 2010, eine Weiterentwicklung des Urtyps von 1994. Der neue GAZelle-Next war erstmals 2012 zu sehen und wurde seit 2014 auch in der Türkei gebaut, jeweils mit in China produzierten Cummins-Dieseln. Seit 2012 produziert GAZ für Volkswagen den Skoda Yeti. Mitte 2012 kam es zu einer Übereinkunft mit Mercedes-Benz, das bei GAZ ab 2013 den in Deutschland nicht mehr produzierten Sprinter T1N bauen ließ. In den schweren Gewichtsklassen bietet Gaz den GAZon Next, einen 4x2-Hauber für bis 8,7 Tonnen Gesamtgewicht in zwei Radständen und mit Doppelkabine, daneben die älteren Hauber-Typen 3308/09 in der Nutzlastklasse bis fünf Tonnen an. Für die schweren Lastwagen innerhalb der über 100 Unternehmen umfassenden GAZ-Gruppe ist Ural zuständig.

Der erste GAZ-AA war der Nachbau des Ford-Trucks vom Typ AA. Die Produktionsanlagen stammten von Ford in Köln.
(Foto: © Andshel, CC-BY-SA-4.0)

Der GAZ-3307 (hier Bus-Umbau in Weißrussland) löste den GAZ-52 ab und lief ab 1989 vom Band. Der Nachfolger wurde erst 2014 vorgestellt, die Serienfertigung ist aber noch nicht angelaufen. (Foto: © Artem Svetlov, CC-BY-SA-2.0)

Mit dem GAZ-66 war der Hersteller in der Klasse bis 5,8 Tonnen Gesamtgewicht vertreten. Der 4x4-Frontlenker wurde nach 35-jähriger Bauzeit 1999 vom Band genommen.

Armenische Bäuerin 2008 am Straßenrand vor ihrem GAZ-52 oder -53, beide waren praktisch baugleich. Der viel öfter gebaute GAZ-53 hatte aber einen Achtzylinder-Ottomotor, der GAZ-52 einen Sechszylinder. Er wurde zwischen1966 und 1989 produziert, sein Nachfolger war der GAZ-3307. (Foto: © Rita Willaert, CC-BY-SA-2.0)

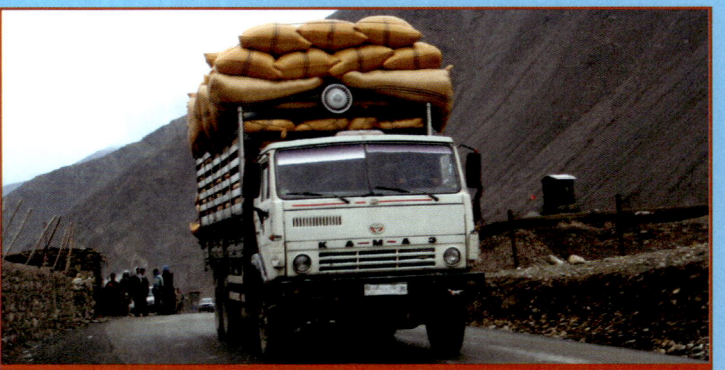

Ein Kamaz-Pritschenwagen 5320 der ersten, zwischen 1976 und 2000 gebauten Generation. Hinter der Haube sitzt der berühmte Kamaz-740-Motor, ein 10,9-Liter-Diesel-V8 mit zunächst 210 PS. Laut Werk lag die Nutzlast bei acht Tonnen.

(Foto: © Nicholas Dickson, CC-BY-SA-2.0)

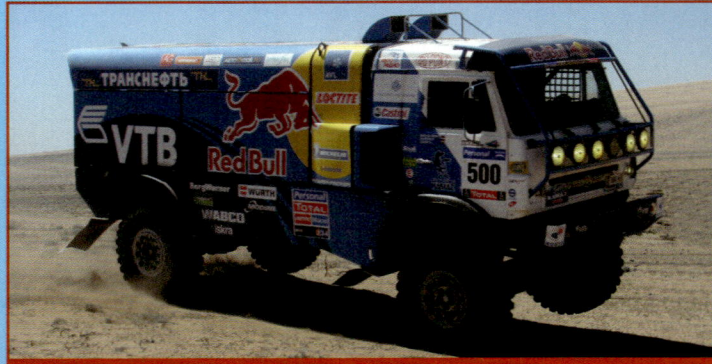

Kamaz. So heißt der Seriensieger in der Truck-Klasse bei der Dakar-Rallye. Das Kamaz-Team hat 1996 das erste Mal gewonnen, weitere 13 sind bis jetzt dazu gekommen. Das hier aber ist der siegreiche Kamaz 4326-9 mit 850-PS-Yamz-Motor von 2011.

(Foto: © Peppes Gauer CC-BY-SA-2.0)

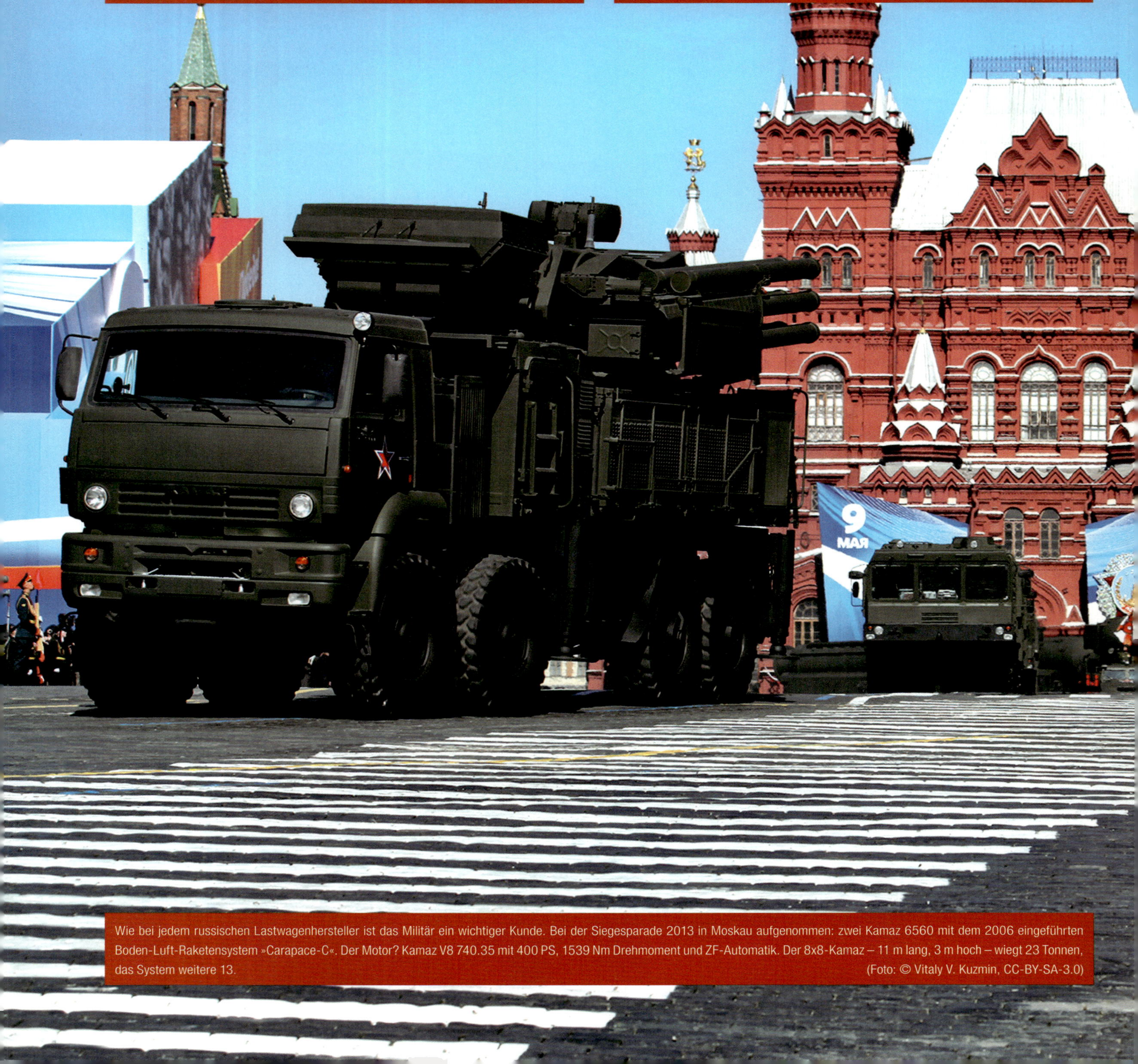

Wie bei jedem russischen Lastwagenhersteller ist das Militär ein wichtiger Kunde. Bei der Siegesparade 2013 in Moskau aufgenommen: zwei Kamaz 6560 mit dem 2006 eingeführten Boden-Luft-Raketensystem »Carapace-C«. Der Motor? Kamaz V8 740.35 mit 400 PS, 1539 Nm Drehmoment und ZF-Automatik. Der 8x8-Kamaz – 11 m lang, 3 m hoch – wiegt 23 Tonnen, das System weitere 13.

(Foto: © Vitaly V. Kuzmin, CC-BY-SA-3.0)

RUSSLAND

KAMAZ

Ein Kamaz 65117, aufgenommen 2014 in der Ukraine. Er hat die zwischen 2010 und 2014 verwendete Kabine und Cummins-Motor. Die Lastwagenbauer in der ehemaligen tartarischen Sowjetrepublik verwenden heute Daimler-Technik.

(Foto: © Andrew Butko, CC-BY-SA-3.0)

Dieser Lastwagenhersteller war ein typisches Produkt kommunistischer Planwirtschaft: Auf Beschluss der Partei begannen 1971 am Kama-Fluss die Arbeiten an einem gigantischen Lastwagenwerk, das auf einen Jahresausstoß von 150.000 Lastwagen und 250.000 Motoren ausgelegt wurde. Zwar gab es in diesem Bezirk weder Infrastruktur noch Zulieferer noch Arbeitskräfte, aber das spielte in der Überlegungen keine Rolle: Dieser Flecken im Nirgendwo des Sowjetimperiums wurde als neuer Standort auserkoren. Immerhin: Es gab sowohl Erdöl als auch Wasserkraft, die Energieversorgung dieses Komplexes war also gesichert. Und der Materialtransport sollte über den Flussweg erfolgen. Gebaut werden sollten nicht nur schwere Lastwagen, sondern auch Omnibusse und Panzer. Das neue Riesenwerk bestand aus sechs einzelnen Fabrikkomplexen, in der Nähe wurden Werke für die Aufbauherstellung sowie Zulieferbetriebe angesiedelt. Für die Einrichtung dieser Monsteranlagen wurden auch Werkzeuge und Maschinen aus dem Westen beschafft, die Fahrerhaus-Produktion kam aus Italien, die Produktionslinien für die Motoren aus Frankreich, die Prüfstände stammten aus Österreich, die Werkzeugmaschinen aus der CSSR und der DDR. 70 Prozent der Produktion hatte man automatisiert. Es entstand die unglaubliche Zahl von 300 Taktstraßen mit insgesamt 300 Kilometer Länge mitten in einer bis dahin unberührten Landschaft. Und eine Stadt für rund 90.000 Beschäftigte. Nach fünfjähriger Bauzeit rollte genau eine Woche vor dem XXV. Parteitag der KPdSU 1976 der erste KamAS-Lkw vom Band, erst zwei Jahre später näherte man sich der Vollauslastung. Mit den hier gebauten Diesel-Motoren wurden auch andere Werke wie ZIL, Ural und LiAS beliefert, die dadurch vielfach ihre unwirtschaftlichen Ottomotoren ausrangierten. Im Gegenzug hatten die Konstruktionsabteilungen anderer Werke die Entwicklung der neuen KamAS-Lkw übernommen. ZIL zeichnete Chassis und Fahrerhaus, JaMS in Jaroslawl den Motor, MAS in Minsk den Kipperaufbau und aus Odessa an der Schwarzmeerküste kamen die Pläne für die Anhänger-, Auflieger- und Sonderaufbauten. Das Modellprogramm begann mit drei Frontlenkertypen bis acht Tonnen Nutzlast, dem Pritschenfahrzeug (5320), der Sattelzugmaschine (5410) und einem Kipper für die Landwirtschaft (55102), jeweils mit Kippkabine. Neben diesen konventionell angetriebenen Dreiachsern gehörten dazu noch Allradmodelle mit Pritsche (4310) und eine Sattelzugmaschine (4410) für bis zu 19,5 Tonnen Gesamtgewicht. Diese Lastwagen hatten permanenten Allradantrieb, die Kraftübertragung erfolgte über ein Fünfganggetriebe mit nachgeschaltetem zweistufigen Verteilergetriebe und Sperrdifferenzial mit Zwischenachsausgleich. Alle Räder waren einzelbereift. 1977 wurde das Programm um eine Baureihe mit etwa zehn Tonnen Nutzlast erweitert wie den Kipper 5511. Auch hier ergänzten später ein Pritschenwagen (53212) und eine Sattelzugmaschine (54112) die Modellfamilie. 1980 folgte schließlich noch eine dritte Baureihe in der Nutzlastklasse über zwölf Tonnen. Bei diesen Modellen kamen aufgeladene Motoren mit 260 PS zum Einsatz, der Sattelzug mit Kippmulde kam auf ein zulässiges Gesamtgewicht von 35 Tonnen. An diesem Modellprogramm änderte sich – mehr oder weniger – bis zum Zerfall der Sowjetunion nichts. Die Nachfolge des Roten Reiches traten verschiedene Nachfolgestaaten an, KamAS als größter Produzent von schweren Lastwagen der UdSSR durchlebte turbulente Zeiten. Ende 1990 erfolgte die Umwandlung in eine Aktiengesellschaft. Nach 1992 begann die Motorenbelieferung durch Cummins, und nachdem ein Feuer 1995 die eigene Motorenfertigung vernichtete, hatte jeder KamAZ Cummins-Sechszylinder-Diesel mit bis zu 400 PS. Zu diesem Zeitpunkt erschien eine zweite Lastwagengeneration, die sich im Wesentlichen – abgesehen vom Motor – von der ersten Generation durch die neue Kabine von Sisu unterschied. 2004 und 2010 gab es weitere erhebliche Änderungen an Optik und Technik, bei den Motoren kommen, neben Cummins und Caterpillar-Motoren, auch eigene V8-Triebwerke mit elf oder zwölf Litern Hubraum zum Einsatz. Seit 2014 verwendet KamAZ die Fahrerhäuser des Mercedes-Benz Axor, nachdem der deutsche Hersteller seit 2008 daran beteiligt ist. Dort finden modifizierte Mercedes-Motoren Verwendung.

UAZ beschränkte sich auf den Bau von Geländewagen und Transportern, die aber für verschiedenste Aufgaben – so wie der Typ 452, der die Gangway an die Tupolew Tu-134 geschoben hat.

Die zweite Kleintransporter-Generation vererbte Antrieb und Bodengruppe dem UAZ-469. Seit 1965 sind Transporter und Kleinbusse (hier die Variante 452V) mit dem charakteristischen Fischmaul im Programm.

UAZ versucht, neue Märkte zu erschließen. Dieser UAZ-39294 von 2010 heißt »Trekol«, nutzt GAZ- und UAZ-Komponenten. Die Karosserie besteht aus Fiberglas, optional kann ein Hyundai-Diesel eingesetzt werden.

UAZ

Im Juli 1941 beschloss das Verteidigungsministerium der UdSSR, ihre wichtigsten Rüstungsfabriken aus dem Gefahrenbereich um Moskau herum vor dem heranstürmenden Deutschen weiter ins Landesinnere zu verlegen. Das galt auch für die ZIS-Werke, die Anlagen und Maschinen nach Uljanowsk verlegten. Dort begann dann 1942 die Munitionsproduktion, im Mai kamen die ersten Lastwagen des Typs ZIS-5. Das Zweigwerk Nr. 4, so die offizielle Bezeichnung der ZIS-Produktionsstätte an der Wolga, wurde zum Leitwerk für die gesamte ZIS-5-Produktion bestimmt. Bis zum Ende des Jahres 1942 arbeiteten dort bereits rund 4000 Menschen. Im Mai 1943 erschien der Prototyp eines Diesel-Lastwagens UlZIS-253, der das erste eigene Auto aus dem Automobilwerk Uljanowsk darstellte. Dieser 3,5-Tonnen-Diesel war mehr oder minder der Nachbau eines Studebaker 6, den die Amerikaner in großer Zahl ihrem Verbündeten lieferten. Für einen ersten Versuch war dieser Lastwagen durchaus gelungen. Ende 1944 wurde die ZIS-5-Produktion an den Ural verlegt, das Werk an der Wolga stellte auf die Produktion des GAZ-AA um und baute zwischen 1947 und 1950 GAZ-Anderthalbtonner. Im Oktober 1949 schließlich zeigte das Werk den Prototyp eines leichten Lastwagens mit einer Tonne Nutzlast, dieser Typ UAZ 300 durfte aber nicht gebaut werden. 1954 kam es zur Einrichtung einer Forschungs- und Entwicklungsabteilung, die auch für GAZ tätig war und den GAZ-69 zur Serienreife brachte. Auf ministeriellen Beschluss blieb die Produktion in Uljanowsk, die nunmehrige UAZ (Uljanowski Awtomobilny Sawod,) spezialisierte sich in den folgenden Jahren und Jahrzehnten auf Geländefahrzeuge und Kleintransporter, nach 1959 begann dann der Export der in verschiedensten Ausführungen erhältlichen Geländewagen. Die Autos aus dem Automobilwerk Uljanowsk, so versichert der Hersteller heute, hatten einen guten Ruf, waren anspruchslos und zuverlässig. Im westlichen Ausland waren sie gleichwohl nicht zu sehen, wohl aber bei der DDR-Volksarmee.

Auf Basis der Geländewagen entstand der UAZ-450, der Technik und Bodengruppe des Allrad-Geländewagens mit einer zeitgemäßen Frontlenker-Karosserie kombinierte. Der Kleintransporter (Nutzlast 0,8 Tonner) wurde zwischen 1958 und 1965 gebaut, nach 1961 auch mit Heckantrieb (UAZ-451). Die zweite Transportergeneration von 1965 hieß UAZ-452 und stellte tatsächlich eine komplette Neukonstruktion dar. Chassis und Technik bildeten auch die Grundlage für einen GAZ-69-Nachfolger. Der neue Geländewagen hieß UAZ-469; die Produktion des Vorgängers endete 1971.

Auf diesen beiden Modellreihen beruht im Grund genommen das gesamte Produktprogramm bis heute. Natürlich gab es Neuheiten und Modernisierungen, so etwa 1993, als der 469er dank tiefgreifender Verbesserungen (und sparsamerer Motoren) als UAZ-31514 eine neue Modellfamilie begründete. Nach umfassenden Neuordnungen und Restrukturierungen besteht das Programm heute aus der modernen Geländewagenbaureihe Patriot, den Cargo-Pickups und den aufgefrischten Geländewagen-Veteranen UAZ-469, der jetzt nur noch Hunter heißt, sowie den Kleintransportern mit bis zu 1,2 Tonnen und diversen Aufbauten.

UAZ begann, wie praktisch jeder russische Nutzfahrzeughersteller, mit dem in Lizenz gebauten Ford AA. Bekannt wurde UAZ durch den von GAZ übernommenen Typ UAZ-69, und dessen Nachfolger, der Typ 469, steht heute noch im Angebot.

Den 6x6 Trekol gibt es in einer Lieferwagen- und einer Passagiervariante. Auf Land liegt die Nutzlast bei 0,7, im Wasser bei 0,4 Tonnen.   (Foto: © Vitaly V. Kuzmin, CC-BY-SA-3.0)

RUSSLAND

URAL

Im Anfang war der ZIS: Auch dieses Werk, das heute im Rahmen der GAZ-Gruppe für den Bau von schweren Lkw zuständig ist, geht zurück auf die Entscheidung der russischen Behörden vom 30. November 1941, die ZIS-Werke weiter östlich zu verlegen. Die Motorenproduktion und die Gießerei wurden in Miass am Ural eingerichtet. Die ersten Motoren und Getriebe verließen 1943 die Hallen, am 8. Juli 1944 rollte der erste ZIS-5V von der Montagelinie, der UralZIS-5. 1955 leicht modernisiert, entstand daraus 1955 der UralZIS-355, dem 1957 die M-Variante folgte mit 3,5 Tonnen Nutzlast. Mit neuer Kabine und modifiziertem Motor lief der Zweiachser zwischen 1958 und 1965 vom Band. Damit verabschiedete sich das ehemalige ZIS-Zweigwerk, das seit 1961 als Uralski Awtomobilny Sawod (kurz UralAZ) firmierte, von dieser Tonnageklasse, um sich künftig dem Bau von schweren Kalibern zuzuwenden, wobei, wie stets, nicht das Werk, sondern die Partei das Produktionsprogramm datierte. Und diese hatte dem Ural-Werk die Fertigung des Ural-375 zugewiesen. Dabei handelte es sich um einen 6x6-Lastwagen, den das staatliche wissenschaftliche Forschungsinstitut NAMI auf Armee-Anforderung entwickelt hatte. Die hochgeländegängigen Dreiachser liefen im November 1960 an, zunächst noch mit Siebenliter-V8-Ottomotor und offenen Fahrerhaus. 1964 erschien die D-Variante mit geschlossener Ganzstahl-Kabine, was zum 375 D führte. Auf dieser Basis entstanden auch schwere Typen und Sattelzugmaschinen. Später wich der durstige Benzinmotor dem russischen Einheits-Diesel Kamaz 740 mit 10,9 Litern Hubraum und einer Leistung von 210 PS.

Der erste Vierachser, der Ural-395 (8x8) erschien 1972, er wurde 1985 zum Ural-5323 (Radformel 8x8) mit einer Nutzlast von neun Tonnen weiterentwickelt. Der Kamaz-Motor brachte hier 260 PS, acht Jahre später bewältigte der Frontlenker zehn Tonnen und hatte einen 300 PS starken YamAZ-Motor.

Nach einem Großbrand 1993 bei Kamaz wechselte Ural zum 11,1-Liter-V6 YaMZ-236 (180 bis 230 PS) und den 14,9-Liter-V8 mit 240 PS, was einige Änderungen (längere Haube) gegenüber den Kamaz- und V6-Wagen nach sich zog. Nach 1995 kamen auch in Lizenz gebaute Iveco-Motoren zum Einsatz. Seit Mitte der 2000er haben alle Ural die längere Haube. Die Typenreihen 375 und 4320 wurden bis 1992 parallel gebaut. Im Jahr 1983 debütierte der Ural-5557 mit verstärktem Fahrgestell.

Die Modellpflege der Neunziger bescherte den Ural-Typen eine modifizierte Optik; das Jahr 2009 die schrittweise Einführung neuer Fahrerhäuser nach Iveco-Lizenz; 2011 dann den Ural-432065 mit einer Kabine von GAZ-3307 – Ural ist seit 2001 Teil der GAZ-Gruppe.

Ural steht heute für 4x4-, 6x6- und 8x8-Lastwagen und Omnibusse mit zwischen vier und 20 Tonnen Nutzlast auf Basis einer Baukastenreihe. Jeder Ural weist eine außerordentliche Geländegängigkeit auf, laut Aussage des Herstellers sind bis zu 120 Zentimeter breite und 55 Zentimeter tiefe Gräben kein Problem, auch die Wattiefen von 175 Zenitmetern stellen kein Problem dar. Sie sind für Temperaturbereiche von -50 bis + 50 Grad Celsius ausgelegt und damit auch geeignet für unterschiedliche Industriezweige, vor allem aber Öl-. Gas- und Bauunternehmen. Einige Hunderte Spezialfahrzeuge auf Ural-Basis sind im Einsatz, so etwa der 2010 präsentierte Ural-6370 in 6x6-Konfiguration als Muldenkipper mit 20 Tonnen Traglast und 33,5 Tonnen Gesamtgewicht. Der Motor stammt von YamAZ, ein Reihen-Sechszylinder-Diesel mit 412 PS nach Renault-Lizenz und ZF-Kraftübertragung. Der Rahmen stammt von Raba, die Beleuchtung von Hella, das ABS von Bosch, und die Produktionsanlagen wurden mit Toyota-Know-how optimiert. Ural bietet Mannschaftsbusse, Kran-, Tank- und Feuerwehrfahrzeuge, mobile Reparaturwerkstätten, verschiedene Aufbauten zur Öl und Gas-Gewinnung sowie für Bergbau- und Holzindustrie. Seit 2015 wird, analog zu den leichteren GAZ-Lastwagen, eine neuen Generation angeboten, die den Zusatz »Next« erhalten hat.

Mit dem UralZIS-5 begann 1944 die Geschichte der Lkw-Produktion in Miass.

Allzweckwaffe: Die Armee wies dem Ural 375 viele Rollen zu. Hier zum Beispiel schleppt er einen Erdkampfbomber vom Typ Suchoi SU-25. (Foto: © Vitaly V. Kuzmin, CC-BY-SA-3.0)

Voll geländegängiger Ural-432065 (BTR-82 A), wie er seit 2012 vom Band läuft. Das Chassis stammt vom Ural 43206, die Kabine vom GAZ-3307, der Motor von Yamaz. (Foto: © Vitaly V. Kuzmin, CC-BY-SA-3.0)

Keine Frage: So muss ein Ural aussehen. Der legendäre Typ 375D fand im 4320 seinen Nachfolger. Das erste Exemplar dieser Baureihe lief 1977 vom Band. Das Grundmodell, wie hier bei der Parade 2015 zu sehen, ist ein 6x6-Kipper und V6 (fünf Tonnen Nutzlast) beziehungsweise V8 (sechs Tonnen Nutzlast). (Foto: © Andrew Butko, CC-BY-SA-3.0)

Der ZIS-150, hier in Busausführung, war der erste Nachkriegslastwagen der ZIS-Werke.
(Foto: © Igel B TyMaHe, CC-BY-SA-4.0)

Ein BelAZ-7522 und ein ZIL-5352 einträchtig beieinander: Typisch für den zwischen 1962 und 1994 gebauten ZIL-130 war die weiße Kühlermaske. Der Muldenkipper stammt aus dem weißrussischen Werk in Schodsina und wurde ab 1985 gebaut, nach 1994 dann mit elektromechanischer Kraftübertragung.
(Foto: © ShinePhantom, CC-BY-SA-3.0)

Sozialistische Bruderhilfe: Ein ZIl-131, die 6x6-Variante des Zil-130, mit Bodenaggregat zur Stromversorgung der nordkoreanischen Air Koryo IL-76D. Der Fahrzeugtyp wurde zwischen 1967 und 1990 bei ZIL und zwischen 1990 und 2002 bei UAZ gebaut.
(Foto: © Calflier001, CC-BY-SA-2.0)

ZIL-4331 (links, gebaut zwischen 1986 und 2003, Doppelkabine, als Tankfahrzeug AC-3) und KamAZ-43113.

ZIS/ZIL

Nachdem die Fertigung bei AMO an ihre Grenzen gestoßen war, mussten neue Kapazitäten geschaffen werden. Erstes Erfolgsmodell nach der Produktionserweiterung (die 1931 mit der Umbenennung in »Sawod imeni Stalina« einher ging) war der ZIS-5, der 1933 in Serie ging und über eine Million Mal in verschiedenen Werken gebaut werden sollte. Nach 1941 errichteten die Stalinwerke Zweigwerke im Osten des Landes, um im Falle einer möglichen Eroberung Moskaus durch die Deutschen, weiterproduzieren zu können. Diese Werke in Miass am Ural (UralAZ), Tscheljabinsk (Traktorenwerk TschTS) und Uljanowsk an der Wolga (UAZ) sind heute Zentren der russischen Nutzfahrzeugindustrie. Der ZIS-5 war ein Zweiachser (4x2) und avancierte zum wichtigsten Standard-Dreitonner der Roten Armee. Unter der langen Haube saß ein seitengesteuerter Reihen-Sechszylinder mit 5,6 Litern Hubraum und zunächst 72 PS. Der ZIS-6 war der davon abgeleitete Dreiachser, der auch als Trägerfahrzeug für die berühmte und von den Deutschen gefürchtete »Stalinorgel« – Mehrfach-Raketenwerfer – diente. Nach Kriegsende und Wiederaufbau erschien der moderne ZIS-150, ausgelegt auf vier Tonnen Nutzlast, aber bekanntem Motor. In vielen Erscheinungsformen lieferbar, bauten ihn auch die Chinesen nach. Dafür war zu Beginn des Jahres 1953 innerhalb des Werkes eine besondere Abteilung für den Aufbau der ersten chinesischen Autofabrik gegründet worden; russische Spezialisten halfen in Changchun, mit dem »Jiefang« den ersten chinesischen Lkw auf Band zu legen. Der 150er blieb bis 1957 in Produktion und beendete seine Karriere als ZIL-150, da das »S« in der Ursprungsbezeichnung für »Stalin« gestanden hatte, und das war nach der Entstalinisierung 1956 nicht mehr opportun. So wich das »S« einem »L« (»Lichatschowa«) und erinnerte somit an einen verdienten Konstrukteur. Der Nachfolger ZIL-164 unterschied sich in erster Linie durch eine neue Hinterachse und den überarbeiteten Motor, der in seiner letzten Ausbaustufe 100 PS leistete, vom Vorgänger. 1958 folgte der Dreiachser mit Allrad-Antrieb, Typ ZIL-157. In der schweren Klasse legte der Staatsbetrieb Ende 1964 mit dem ZIL 130 den mutmaßlich meistgebauten Sechstonner auf Band, der bis 1994 knapp 3,4 Millionen Mal gebaut wurde, und auch danach war seine Karriere noch nicht zu Ende: Die Produktion, die nach 1987 auch bei UamZ erfolgte – einer weiteren, für westliche Zungen kaum auszusprechenden und weitgehend unbekannten Lastwagenfabrik, die unter verschiedenen Namen bis 2012 aktiv war – scheint dort bis ins neue Jahrtausend als »Amur 531350« fortgesetzt worden zu sein. Im Jahr 1975 begann ZIL die Produktion einer neuen Generation von 3-achsigen Fahrzeugen mit acht und zehn Tonnen Traglast. Der V8-Motor war eine leistungsfähigere Ausführung des bekannten V8-Motors, ab 1979 kam der 210-PS-Diesel vom Typ KAMAZ-740 mit Zehngang-Schaltung zum Einsatz. Zu den interessantesten Entwicklungen der Neunziger gehörte das Amphibienfahrzeug OTA ZIL-4906 und ZIL-49061 (6x6) mit Benzin- oder Dieselmotoren von 136 bis 185 PS und GfK-Karosserie. Daneben baute ZIL stets auch Präsentationslimousinen, der erste dieser Luxusliner entstand, als die Werke noch Stalinwerke hießen. Das Unternehmen wurde 1992 privatisiert und firmiert heute als AMO-ZIL. Den technologischen Rückstand zum Westen versucht ZIL durch die Zusammenarbeit mit etablierten Herstellern aufzuholen. Erstes neues Modell war der ZIL-5301, der auf den Bändern gebaut wurde, von denen der ZIL-130, zuletzt in der Ausführung ZIL-431.410, gelaufen war. Die Serienproduktion begann aber erst 1996. Die neuen leichten Lastwagen (Zuladung 3,5 Tonnen) sollten zunächst den Unterbau der Mercedes-Sprinter-Baureihe aufweisen, die geplante Zusammenarbeit kam aber dann doch nicht zustande. Bei den Motoren handelt es sich um 4,7-Liter-Diesel aus russischer Produktion, diese ZIL mit bis zu sieben Tonnen Gesamtgewicht sind im Westen nahezu unbekannt. Auf dieser Basis entstand 1998 dann auch die neue Omnibusreihe ZIL-3250. Bei den schweren Lastwagen erschien 1999 eine neuen Baureihe, der neue ZIL-6309 (6x4, zehn Tonnen Nutzlast) und der ZIL-6409 mit einer Zuglast von bis zu 40 Tonnen, jeweils mit Dieselmotoren von YaMZ. Zur ZIL-Gruppe gehören heute rund 100 Betriebe, größter Kunde für die schweren Lastwagen ist die Armee.

SCHWEIZ

FBW

Der innovative Schweizer Lastwagen- und Autobushersteller FBW wurde von einem Einwanderer gegründet. Franz Brozincovic war 1874 im damals zur Habsburger Doppelmonarchie gehörenden Kroatien geboren worden und nach seiner Lehre mit 18 Jahren in die Schweiz gekommen. Dort hatte der gelernte Kunstschlosser bei mehreren Fahrzeugbauern gearbeitet – darunter Saurer –, bevor er in Zürich selber eine Reparaturwerkstatt für Personen- und Lieferwagen aufmachte. Im Jahr seiner Einbürgerung in die Schweiz, 1910, baute Brozincovic seinen ersten Lastwagen, den er »Franz« taufte. Dieser erwies sich als ideales Gefährt für die Schweizer Post und geriet zum Erfolg. Ein Jahr später entwickelte er eine 5-Tonnen-Laster-Reihe, die europaweit einmalig statt des üblichen Ketten- einen Kardanantrieb verwendete. 1913 gründete er die »Motorfahrzeugfabrik Franz«, die er allerdings bereits nach kurzer Zeit mit ihren leichten Lastwagen an den Mitbewerber Berna aus Olten veräußerte. 1916 übernahm Brozincovic die seit 1897 bestehende und mittlerweile Pleite gegangene Motorenfabrik Wetzikon in der gleichnamigen Ortschaft. Während des Ersten Weltkrieges musste er hier zwar kriegsbedingt Traktoren und Werkzeugmaschinen herstellen, dennoch fand er Muße, an der Entwicklung seiner Laster weiterzubasteln. 1918 war es dann soweit: Mit der Umbenennung des Betriebes in »Franz Brozincovic & Cie. Wetzikon« (FBW) einher ging die Umstellung der Produktion auf Lastwagen und Autobusse. FBW erwies sich von Anfang an als eine technisch innovative und qualitativ herausragende Firma. Zudem setzte das Unternehmen nicht auf Massenproduktion, sondern ging auf jeden Kunden individuell ein, schneiderte ihm sein Fahrzeug quasi auf den Leib. Die meisten Teile kamen aus eigener Produktion, die Lkw und Busse galten als sehr zuverlässig und langlebig. Das verursachte natürlich hohe Kosten, weshalb nur wenige hundert Stück im Jahr hergestellt werden konnten und auch ein Export sich kaum lohnte. Die Fahrzeugproduktion belief sich denn insgesamt auch auf weniger als 7000 Exemplare während der gesamten Existenz von FBW.

Der Lizenznachbau der Schweizer Lastwagen und Omnibusse bildete 1925 den Einstieg von Henschel & Sohn in die Nutzfahrzeugherstellung. Zu den technischen Neuerungen in den ersten Jahrzehnten gehörten 1922 der erste obengesteuerte FBW-Vierzylinder-Benzinmotor, 1926 der erste Lkw mit Luftbereifung, der erste kettengetriebene Dreiachser mit patentierter Auspuffbremse, ein Sechszylinder-Benzinmotor mit obengesteuerten Ventilen, der erste eigene Sechszylinder-Dieselmotor 1934 und 1949 der erste Unterflurmotor von FBW für Lastwagen.

Während des Zweiten Weltkrieges belieferte FBW die Schweizer Armee mit Militärfahrzeugen. Danach bediente man die hohe Nachfrage der Bauindustrie nach Schwerlastern, stellte erneut Autobusse her und 1950 den ersten Reisecar mit Unterflurmotor. Wurden in den 50er- und 60er-Jahren das Fahrzeugprogramm noch ausgeweitet und neue Werke gegründet, z. B. in Lausanne und Zürich, führte die Ölkrise in den Siebzigern zu einem ersten Absatzrückgang, zumindest bei den FBW-Lastern; die Autobusse blieben erfolgreicher. Seit 1972 arbeiteten die Schweizer mit Mitsubishi zusammen und verkauften deren Fahrzeuge in der Schweiz. Zwei leichte Lkw der Japaner wurden zur Abrundung der eigenen Modellpalette ins FBW-Programm mit aufgenommen.

Ende der 70er-Jahre besaß FBW ein großes Sortiment an schweren Lastern. Zu Haubenfahrzeugen wie dem 70N 4x2 gesellten sich Frontlenker wie der 28-Tonner 85V 8x4, dazu kamen für den Kommunalbereich Modelle mit Unterflurmotoren wie der 26-Tonner 80U.

Der fortwährende Absatzrückgang führte 1978 zuerst zur Übernahme durch Oerlikon-Bührle und 1982 dann zur Fusion zwischen FBW und Saurer; es entstand die NAW (Nutzfahrzeuge Arbon Wetzikon AG), an der Daimler-Benz mit bis zu 40 % beteiligt war. Bis 1985 entstanden noch FBW-Laster, dann war Schluss. NAW stellte noch bis 1995 für Daimler-Benz Nutzfahrzeuge in Wetzikon her, dann wurde die Produktion nach Arbon verlagert und die Werktore in Wetzikon endgültig geschlossen. Seit 2008 existiert auch diese Firma nicht mehr.

Links ein FBW-Haubenlaster mit Kranaufbau, rechts ein Frontlenker mit für diese Fahrzeugart typischer, im Laufe der Jahre variierter Kühlergestaltung. (Foto: © Richard Bleichmann)

5-Tonner-Frontlenker von FBW mit geteilter Frontscheibe. (Foto: © Richard Bleichmann)

FBW-Militärlaster mit Anhänger aus den 70er-Jahren. (Foto: © Richard Bleichmann)

FBW setzte auf hohe Qualität seiner Lastwagen. Die meisten Teile stammten aus eigener Produktion. Deshalb sind während der ganzen Existenz der Schweizer Firma nicht mehr als ca. 7000 Lkw gebaut worden.

(Foto: © Richard Bleichmann)

Ab 1926 baute Saurer die B-Typen, die erstmals serienmäßig mit Dieselmotor angeboten wurden.

(Foto: © NobbiP, CC-BY-SA-3.0)

Saurer-Diesel mit markanter Haube aus dem Jahr 1962. Zu diesem Zeitpunkt gab es in Europa den Trend zu Frontlenkern. Bereits 1959 hatte Saurer die neue C-Reihe vorgestellt.

(Foto: © Schnäggli, CC-BY-SA-3.0)

Saurer-D330B-Kipplaster in der Frontlenkerversion in 8x4-Allrad-Ausführung und mit 315 PS. Produziert wurde er von 1976 bis 1982. Diesen Lastwagen gab es auch als Hauber.

(Foto: © Roger Dircks, CC-BY-SA-3.0)

Saurer-6DM-Militärlaster der Schweizer Armee. Dieser Sechstonner mit Vierradantrieb und Sechszylinder-Saurermotor vom Typ D4 KT-M hatte eine Leistung von 280 PS.

SAURER

Franz Saurer kam in den 1820er-Jahren aus der Hohenzollernstadt Sigmaringen nach St. Georgen bei St. Gallen in der Schweiz. Fast 25 Jahre später machte er sich mit einer Eisengießerei selbstständig, verlegte diese nach Arbon am Bodensee und begann 1869 mit der Herstellung von Stickmaschinen. Unter Franz Saurers Sohn Adolph entwickelte sich der Betrieb zum größten Einzelhandelsunternehmen der Schweiz. 1888 baute Adolph Saurer seinen ersten Petrolmotor für stationäre Anwendungen. Doch bereits 1896 lieferte Saurer einen solchen für die Automobile des Pariser Herstellers Koch. 1903 wagte sich Saurer an seinen ersten Lastwagen mit 5 Tonnen Nutzlast. Er wurde von einem 27 PS starken Vierzylinder-Benzinmotor angetrieben. Die Lastwagen wurden Saurers Hauptgeschäft. Bald schon galten diese als unverwüstlich und technisch immer auf der Höhe der Zeit.

Saurer-Lastwagen waren bald auch außerhalb der Schweiz begehrt und so kam es zu Lizenzfertigungen in anderen Teilen der Welt, darunter in den USA, Österreich und Frankreich. Gerade Letzteres wurde allerdings während des Ersten Weltkrieges in Deutschland mit Argusaugen beobachtet. Mithilfe der eigens gegründeten Firma »MAN-Saurer Lastwagenwerke GmbH« war es eine Zeit lang möglich, auch den deutschen Markt zu beliefern. Dann jedoch verbot die deutsche Heeresleitung dies. Saurer begann, unsubventionierte Laster an die Schweizer Armee zu liefern.

Nach dem Krieg setzte Saurer die Produktion seiner A-Typen-Lkw vor 1915 fort. Es entstand eine Lastwagenserie mit Nutzlastklassen zwischen 2 und 5 Tonnen. Sie war mit Vollgummireifen und Motoren von 40 bis 60 PS Leistung ausgestattet. Die Laster der A-Typen stellte Saurer bis in die 30er-Jahre hinein her. Ihnen folgten 1926 die B-Typen. Saurer gehörte zu den Pionieren in der Dieselmotorenentwicklung, deshalb entstanden nun mit den B-Typen die ersten serienmäßigen Diesel-Laster mit bis zu 85 PS aus Arbon. 1932 präsentierte Saurer das sogenannte Kreuzstromsystem, das 1934 in den patentierten, wirtschaftlich arbeitenden Saurer-Diesel mit Direkteinspritzung und Doppelwirbelung mündete. Dieser Motor stellte für die nächsten fünf Jahrzehnte das Maß aller Dinge beim Dieselantrieb dar. Im Jahr 1933 erschien die nächste Saurer-Lkw-Generation, die C-Typen mit 11 Tonnen Nutzlast und 4- bis 8-Zylinder-Dieselmotoren. Saurer produzierte vor allem mittlere und schwere Fahrzeuge, für die Schweizer Armee auch geländegängige Typen.

Der Verkauf von Saurer-Lastwagen ins Ausland ging nach dem Krieg zurück. Die Firma glich dies durch ihre Dieselmotoren aus und konzentrierte sich von nun an auf den Schweizer Inlandsmarkt, wo sie zum Marktführer wurde. Am Haubenlaster hielt man allerdings noch fest, als dieser bei anderen Herstellern längst das Zeitliche gesegnet hatte. Auch technisch blieb Saurer nach wie vor innovativ: 1952 wurde ein mechanisches Schraubenradgebläse zur Aufladung vorgestellt, zwei Jahre später ein Anti-Lärm-Paket und in den 70er-Jahren entstand noch ein schadstoffarmer Unterflurmotor. Ende der 50er-Jahre lösten die D-Typen die C-Modelle ab. Sie wurden immer mit neuesten technischen Entwicklungen versehen wie z. B. Luftfederung, Kippkabinen oder Turbomotoren. Eine neue Modellreihe brachte Saurer hingegen nicht mehr auf den Markt.

Gegen den zunehmenden Konkurrenz- und Konzentrationsdruck in der Branche hatten die technisch nach wie vor vorbildlichen Lastwagen von Saurer auf die Dauer keine Chance. 1980 erschien mit einer 4x2-Sattelzugmaschine der letzte neue Saurer-Lkw. Zwei Jahre später übernahm Mercedes-Benz den Nutzfahrzeugbereich von Saurer. Saurer war mit der von Mercedes-Benz aufgekauften Firma »Franz Brozincovic & Cie Wetzikon« (FBW) zur »Nutzfahrzeuggesellschaft Arbon & Wetzikon« (NAW) zusammengeschlossen worden. Bis zum Jahr 1983 wurden nun leichte Mercedes-Lastwagen unter dem Saurer-Emblem verkauft, doch die Nachfrage blieb rückläufig, deshalb fand die Lkw-Produktion bei Saurer in diesem Jahr ihr Ende. Lediglich die Schweizer Armee wurde noch einige Jahre lang mit Lastern beliefert.

SPANIEN

BARREIROS

Als Eduardo Barreiros 1945 mit dem Kauf einer Autobuslinie im spanischen Ourense den Grundstein für seine späteren Unternehmen legte, war das nicht irgendeine Buslinie. Nein, sie hatte vor dem spanischen Bürgerkrieg bereits seinem Vater gehört, hatte kriegsbedingt verkauft werden müssen und kam nun durch den Sohn zurück in den Familienbesitz. Eduardo Barreiros weitete seine Geschäftsfelder schnell aus, bot Ersatzteile für den Straßenbau an und – was besonders einträglich war – baute Benzinmotoren zu Dieselmotoren um.

Neun Jahre später gründete Eduardo in Madrid die »Barreiros Diesel SA«, die nun selber Motoren konstruierte, und zwar vor allem für 5- und 7-Tonner-Laster. Dies war jedoch nur der Anfang, weitere Betriebsgründungen in der spanischen Hauptstadt folgten nach, Barreiros fertigte in diesen u. a. Einspritzpumpen, Dynamos, Anlasser, Generatoren und weitere elektronische Ausrüstungen. In Lizenz baute er Fahrzeuge anderer Firmen nach, allerdings ausgestattet mit seinen eigenen Motoren, so zum Beispiel Traktoren von Hanomag oder Lieferwagen und leichte Laster der Vidal & Sohn Tempo Werke.

Der Einstieg in den eigenständigen Lkw-Bau erfolgte 1957 über den Gewinn einer Ausschreibung, die Barreiros den Auftrag zur Lieferung von 300 5-Tonner-Lastern an das portugiesische Heer einbrachte. Für den zivilen Bereich folgte ein Jahr später der 6-Tonner TT90 mit 85 PS, der bis 1962 produziert wurde. Die weiteren Modelle, die bis Mitte der 60er-Jahre erschienen, hörten auf Namen wie Star, Puma, Panter, Condor, Halcón, Saeta oder Azor. Vom Letzteren erschien 1963 eine leistungsstärkere 10-Tonnen-Version mit 115 PS, fünf Gängen und B-24-Motor, der dazu gedacht war, dem Konkurrenten Pegaso Comet Paroli zu bieten.

Mit der Übernahme von NAZAR in Saragossa engagierte sich Barreiros zudem künftig stärker im Bereich von Straßenbau, Traktoren und Autobussen. All diese Unternehmungen machten aus Eduardo Barreiros mit der Zeit einen der wichtigsten Industriellen Spaniens.

Zu Beginn der 60er-Jahre fädelte er eine Kooperation mit dem amerikanischen Unternehmen Chrysler im Bereich Personenwagen ein. Was nun folgte, dürfte sich Eduardo Barreiros allerdings anders vorgestellt haben, denn Chrysler kaufte sich stückweise immer mehr in die spanische Firma ein und erwarb schließlich 1967 die Aktienmehrheit. Es gab zwangsläufig Streit zwischen beiden Partnern, zumal zu dieser Zeit die Umsätze zurückgingen, und die Vorstellungen, wie dieses Problem zu beheben sei, weit divergierten. Noch durfte die Barreiros-Familie die Leitung ausüben, aber bereits ein Jahr später, nach der vollständigen Übernahme durch Chrysler, war damit Schluss, Barreiros wurde ausgebootet. Umgetauft in »Chrysler España SA«, firmierten die Lastwagen aus Madrid nun nur noch innerhalb Spaniens unter dem Markennamen »Barreiros«, außerhalb trugen sie das »Dodge«-Logo. Ab Mitte der Siebziger firmierten die spanischen Barreiros-Lkw-Modelle nun ebenfalls unter Dodge. Statt den eingängigen Namen von früher trugen die Lastwagen mittlerweile Bezeichnungen wie 4220 A oder 4216.

Während der 60er- und 70er-Jahre war die von Barreiros und nunmehr Chrysler angebotene Palette an Lastkraftwagen immer breiter geworden. Sie deckte praktisch alle Klassen von leicht bis schwer ab, mit einem zunehmenden Schwerpunkt auf sehr schweren Sattelzugmaschinen.

Als Chrysler 1978 in ernsthafte wirtschaftliche Schwierigkeiten geriet, wollte es seine europäischen Liegschaften loswerden und verkaufte sie in der Folge an Peugeot. Weil die französische Regierung jedoch eine innerfranzösische Konkurrenz auf dem Gebiet von Lastfahrzeugen zu Renault nicht tolerierte, wurde die Lkw-Fertigung mitsamt den Dodge-Werken in Spanien und England an Renault Véhicules Industriels (RVI) weitergereicht. Unter dem Renault-Logo wurden die Barreiros/Dodge-Laster nur noch eine kurze Zeit lang weitergebaut, bevor Renault-eigene Modelle ihren Platz einnahmen.

Barreiros Super Azor aus dem Jahr 1967. Der Super Azor erschien 1963 und besaß einen 6,8-Liter-Motor mit 115 PS und eine Nutzlast von 10 Tonnen.
(Foto: © Spanish Coches, CC-BY-2.0)

Barreiros Saeta von 1979. Die Saeta-Reihe gab es in drei Chassislängen. Die möglichen Zuladungen beliefen sich je nach Modell zwischen 1,8 und 7,5 Tonnen.

(Foto: © Spanish Coches, CC-BY-2.0)

Barreiros kam zum Lastwagenbau über eine Ausschreibung zur Herstellung eines Militärfahrzeuges für die portugiesische Armee. Bis 1967 lenkte die Besitzerfamilie die Geschicke des Unternehmens, anschließend übernahm Chrysler.

(Foto: © Michael Haeder)

Ein Barreiros Panter III 6x6 der spanischen Armee, bestückt mit einem Raketenwerfer der Marke L-21/E-3.

(Foto: © Outisrn, CC-BY-SA-3.0)

In Zusammenarbeit mit Leyland entstand in den 60er-Jahren der Pegaso Comet. Das abgebildete Fahrzeug stammt von 1974. (Foto: © Spanish Coches, CC-BY-2.0)

Der Pegaso 1065 hatte eine etwas größere Kabine als der Comet und einen 10,7-Liter-Sechszylinder-Motor mit 170 PS. (Foto: © Spanisch Choches, CC-BY-2.0)

Pegaso 1080 mit 19 Tonnen Gesamtgewicht in der Ausführung als Tankwagen. Dieses Modell kam 1972 auf den Markt und führte die kantiçen Fahrerhäuser ein. Seine Motorleistung lag zwischen 230 und 250 PS, später mit Bosch-Einspritzpumpe sogar bis 310 PS. (Foto: © Free Photo World, CC-BY-2.0)

Pegaso-Getränkelastwagen aus den 80er-Jahren, mutmaßlich der Typ 1234. Seit den Siebzigern waren auch die Laster von Pegaso mit kantigen Fahrerkabinen versehen.

SPANIEN

PEGASO

Die spanische Lastwagen-Marke Pegaso gehörte zum 1946 von Diktator Franco ins Leben gerufenen Staatskonzern ENASA. Dieser war aus dem spanisch-schweizerischen Automobilunternehmen Hispano-Suiza hervorgegangen, der während des Spanischen Bürgerkrieges seine Fahrzeugproduktion zugunsten von Rüstungserzeugnissen teilweise hatte einstellen müssen. Es ist nicht verwunderlich, dass die ersten neuen Lastwagenmodelle nach dem Zweiten Weltkrieg auf einem bewährten Laster von Hispano Suiza basierten, nämlich auf dem Typ 66G. Dies betraf zunächst den 1946 vorgestellten Pegaso I, einen 7-Tonner mit Benzinmotor, von dem nur wenige Stückzahlen gebaut wurden. Ebenso galt dies für die verbesserte Nachfolgereihe Pegaso II, von der ab 1947 mehrere Ausführungen erschienen: der Benziner Z-203 mit 110 PS und 32 Tonnen Nutzlast, der mit einem 125-PS-Dieselmotor ausgerüstete 18-Tonner Z-202 sowie der 22,7-Tonner Z-701. Erst 1957 wurde ihre Produktion eingestellt. Die ersten vollständig selbst konstruierten Pegaso-Laster entstanden ab Mitte der 50er-Jahre nach dem Bezug des neuen Werks Barajas in Madrid. Den Anfang machte das Modell Z-207 mit 7 Tonnen Nutzlast, das sich auch äußerlich von den Vorgängern unterschied, und mit einem 120-PS-V6-Dieselmotor aufwartete. Daraufhin folgten der Z-206 mit einer Leistung von 165 PS und einem Gesamtgewicht von 17 Tonnen sowie der 12-Tonner Z-210, ein 3-Achser mit liegendem 165-PS-Dieselmotor. Mit dem wirtschaftlichen Aufschwung Spaniens in den 60er-Jahren erklommen auch die Absatzzahlen von Pegaso ungeahnte Höhen. Den Versuch, zusätzlich zwar wunderschöne, aber viel zu teure Sportwagen herzustellen, hatte das Unternehmen zu diesem Zeitpunkt längst hinter sich gelassen. In den 60er-Jahren kam es zur Kooperation mit Leyland Motors in deren Folge künftig häufig Motoren der Briten in den spanischen Lastern zu finden waren, so z. B. in den Modellen Z-211 und Z-212 sowie im 1964 auf den Markt gebrachten 8-Tonner Pegaso Comet, der von Leyland einen 125 PS starken 6-Zylinder-Diesel spendiert bekam. In der seit 1963 produzierten 1000er-Reihe verbaute Pegaso allerdings seine eigenen 200-PS-Motoren, so etwa im 1063A oder im 1066. Mit der Übernahme des Mitbewerbers SAVA im Jahr 1968 ergänzte Pegaso seine Modellpalette um dessen leichte Lastfahrzeuge. Zu Beginn der 70er-Jahre erschien eine auch äußerlich neue Reihe von schweren Lastern mit kantigen Fahrerkabinen und 6-Zylinder-Dieselaggregaten, bis zu 35,5 Tonnen Nutzlast und PS-Leistungen von 170 bis zu 310/352 PS. Pegaso belieferte seit den 50er-Jahren zudem die spanische Armee mit Militärlastern. Den Anfang hatte 1953 der M-3 gemacht, in den Sechzigern folgten u. a. die Typen Pegaso 3020, 3050 sowie der 170 PS starke 3046, mit dem sogar die ägyptische Armee versorgt wurde. In den 70er-Jahren stellten die Spanier die allradgetriebenen Militärfahrzeuge 3545 BLR, 3550 VAP mit 170 PS sowie den sehr erfolgreichen Truppentransporter 3560 BMR mit 306 PS her. Der Erfolg von Pegaso hatte zu hohen Exportzahlen geführt, Hauptabnehmer waren die Beneluxstaaten, Venezuela und Kuba gewesen. Doch in den späten 70er-Jahren hatte das Unternehmen wegen Marktsättigung mit nachlassenden Verkaufszahlen zu kämpfen und geriet letztlich in die Verlustzone. 1981 übernahm dann International Harvester einen hohen Firmenanteil an ENASA, musste sein Engagement jedoch wieder kündigen, weil es in den folgenden zwei, drei Jahren selber in wirtschaftliche Kalamitäten geriet. IH überließ Pegaso den 1974 übernommenen britischen Lkw-Bauer Seddon Atkinson. Schon seit einigen Jahren bestand eine Kooperation mit der niederländischen Firma DAF. 1984 fand diese Zusammenarbeit Ausdruck in einer gemeinsamen Kabinenentwicklung, die 1987 im letzten echten Pegaso-Lkw, dem Modell Pegaso Troner, einem 44-Tonner mit 12-Liter-Diesel und einer Leistung von 360 PS, zum Einbau kam. Nachdem weder MAN noch Daimler-Benz ihre Übernahmepläne von ENASA verwirklichten, griff 1990 IVECO zu. Zunächst führten die Italiener Pegaso als Marke weiter und bauten den Troner noch bis 1993. Die Trendwende gelang jedoch nicht. Seit 1994 wird der Name Pegaso (außer bei einer Reihe von Militärfahrzeugen für Spaniens Armee) nicht mehr verwendet.

TSCHECHIEN

PRAGA

Die Przska Automobilova Tovarna (Prager Automobil-Fabrik) war 1907 als Teil der Böhmisch-Mährischen Maschinenfabrik gegründet worden und baute zunächst Autos unter dem Markennamen »Pat-Paf«. Das Verkaufsprogramm kam allerdings nicht gut an, erst nachdem 1910 der Markenname in »Praga« geändert worden war und 1911 mit Frantisek Kec, der zuvor Konstrukteur bei Laurin & Klement gewesen war, ein erfahrener Auto-Konstrukteur verpflichtet werden konnte. Der neue Praga-Cheftechniker entwickelte diverse Pkw-Modelle wie den Mignon und Grand mit 1,8-Liter und 3,8-Liter-Vierzylindermotor, die nicht nur mit keineswegs klassenüblichen Extras wie Elektrostarter, Öl- und Benzinpumpe ausgerüstet waren, sondern auch die Grundlage bildeten für ein Lastwagenprogramm, das zu den vor allem für das Militär gebauten Viertonnern der Baureihe V und Dreitonnern der Baureihe L, letzterer der Standard-Lastwagen des österreichischen Heeres und mit einem 6,8-Liter-Vierzylinder und 35, später 45 PS ausgestattet. Der Weltkrieg brachte Praga Großaufträge für Lastwagen und Artillerie-Zugmaschinen. Nach schwierigen Jahren in der neugegründeten Tschechoslowakei erschloss sich Praga 1923 mit seinen neuen Pkw-Modellen neue Käuferschichten und löste Škoda als größter nationaler Automobilproduzent ab. Auf Basis der Personenwagen entstanden dann Transporter und Lieferwagen wie die Typen AN (1924–1940) oder MN (1926–1928). Meistgebauter schwerer Lastwagen war der Typ L mit einer Nutzlast von fünf Tonnen, der, nur leicht modifiziert, zwischen 1915 und 1938 gebaut wurde. Der seitengesteuerte 7,5-Liter-Vierzylinder leistete 50 PS. Der erfolgreichste Praga-Lkw der Dreißiger war der Typ RN mit 3,5 Tonnen Nutzlast und 54 PS starkem 3,5-Liter-Vierzylinder. Die Tschechen bauten rund 24.000 Einheiten in verschiedensten Konfigurationen, die doppelte Stückzahl entstand auf den Bändern des jugoslawischen Herstellers TAM, der eine Lizenz gekauft hatte und den Truck als RN-TP verkaufte. Praga baute ihn zwischen 1933 und 1953 nahezu unverändert. Die aufgelastete RN-Variante hieß RND, hatte 4,5 Tonnen Nutzlast, einen stärkeren 4,2-Liter-Motor und lief sogar bis 1955; der Praga RV von 1935 war ein Allrad-Dreiachser für die tschechische Armee mit 3,5-Liter-Sechszylinder-Ottomotor. Die schwere Klasse deckten der Fünftonner SND (6,8 Liter, Sechszylinder, 95 PS) und der TN/TO als Bus und Lastwagen (11,5-Liter-Sechszylinder) ab. Das Nachkriegschaos führte zur Einstellung des Pkw-Baus, Lastwagen und Omnibusse genossen absolute Priorität. Die bekannten RN- und RV-Typen wurden wieder aufgelegt, neu hinzu kam der Praga A150, der seine Karriere als »Škoda 150« begonnen hatte. Der in insgesamt 15 Konfigurationen lieferbaren Praga wurde in rund 3500 Stück gebaut, der Vierzylinder mit 2,1 Litern Hubraum war Standard.

Das Nachkriegsprogramm der Tschechen wurde getragen von den schweren Allrad-Typen V3S und der davon abgeleiteten Frontlenker-Baureihe S5T. Die Haubenausführung war nicht nur beim Militär zu sehen, sondern war auch als Kipper, Kran-, Feuerwehr- und Tankwagen sowie mit vielen weiteren Aufbauten zu haben. Die Motoren kamen von Tatra. Zwischen 1953 und 1990 wurde der in 72 Ländern exportierte V3S insgesamt etwa 131.000 Mal gebaut, zumeist auf den Bändern von Avia, denn Praga war ab 1964 im Rahmen der Planwirtschaft nun für den Getriebebau zuständig, baute aber Mitte der Achtziger Prototypen eines Unimog-Fahrzeug »UV«. Nach der Wende brachten die Tschechen den Entwurf für das Kommunalfahrzeug zur Serienreife und boten es als UV 80 zwischen 1992 und 2001 an. Beim Busproduzenten Oasa in Caslav war ein ähnlicher Entwurf namens VIZA entstanden, wobei der Bus-Hersteller bereits mit westlichen Busproduzenten zusammenarbeitete. Die neue Modellreihe von leichten bis mittelschweren Lastwagen für den Kommunalbereich mit den Traditionsbezeichnungen Praga Alfa UN, Alfa TN, Golden (NTS) und Grand (STNA), mit Deutz-Motoren und Praga-Getriebe, liefen in kleiner Stückzahl von 2001 bis 2008 bei Praga-Calav vom Band; das Unternehmen befindet sich in Liquidation. Praga selbst existiert noch, baut erfolgreich Rennkarts und hat einen Supersportwagen namens R1R bei Sportwagenrennen zum Einsatz gebracht, der auch in Kleinserie gebaut werden soll, außerdem gibt es eine Luftfahrt-Abteilung.

BD kennzeichnet eigentlich Motorräder. Dieser Sprengwagen von 1929 heißt BD-K und hat ein Führerhaus im Stile der ersten RN. (Foto: © RomanM82, CC-BY-SA-3.0)

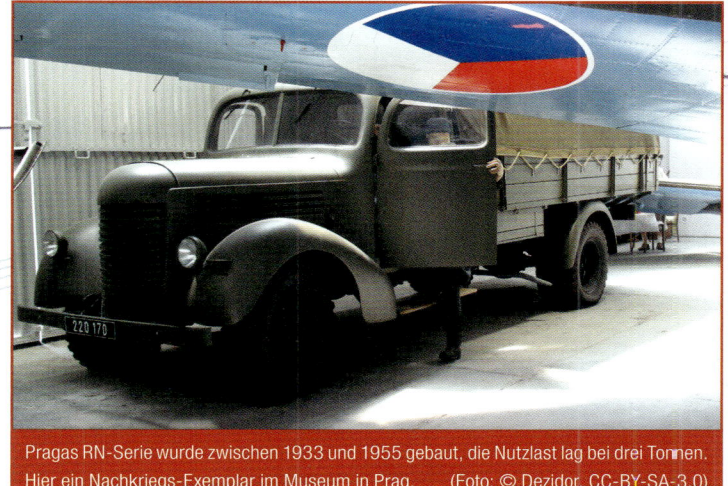

Pragas RN-Serie wurde zwischen 1933 und 1955 gebaut, die Nutzlast lag bei drei Tonnen. Hier ein Nachkriegs-Exemplar im Museum in Prag. (Foto: © Dezidor, CC-BY-SA-3.0)

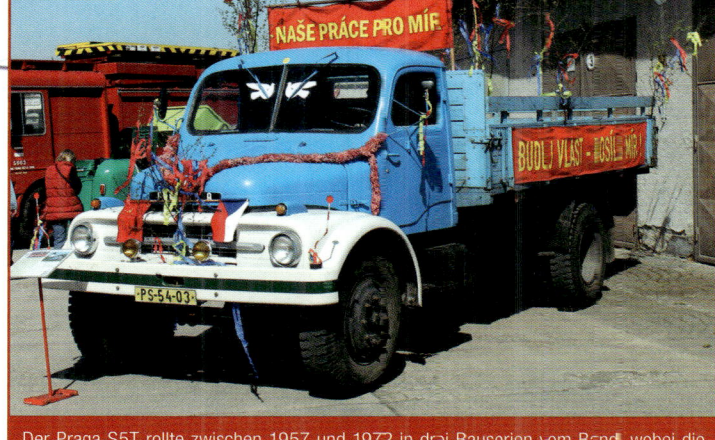

Der Praga S5T rollte zwischen 1957 und 1972 in drei Bauserien vom Band, wobei die Motorausstattung den Unterschied ausmachte. (Foto: © Harold, CC-BY-SA-3.0)

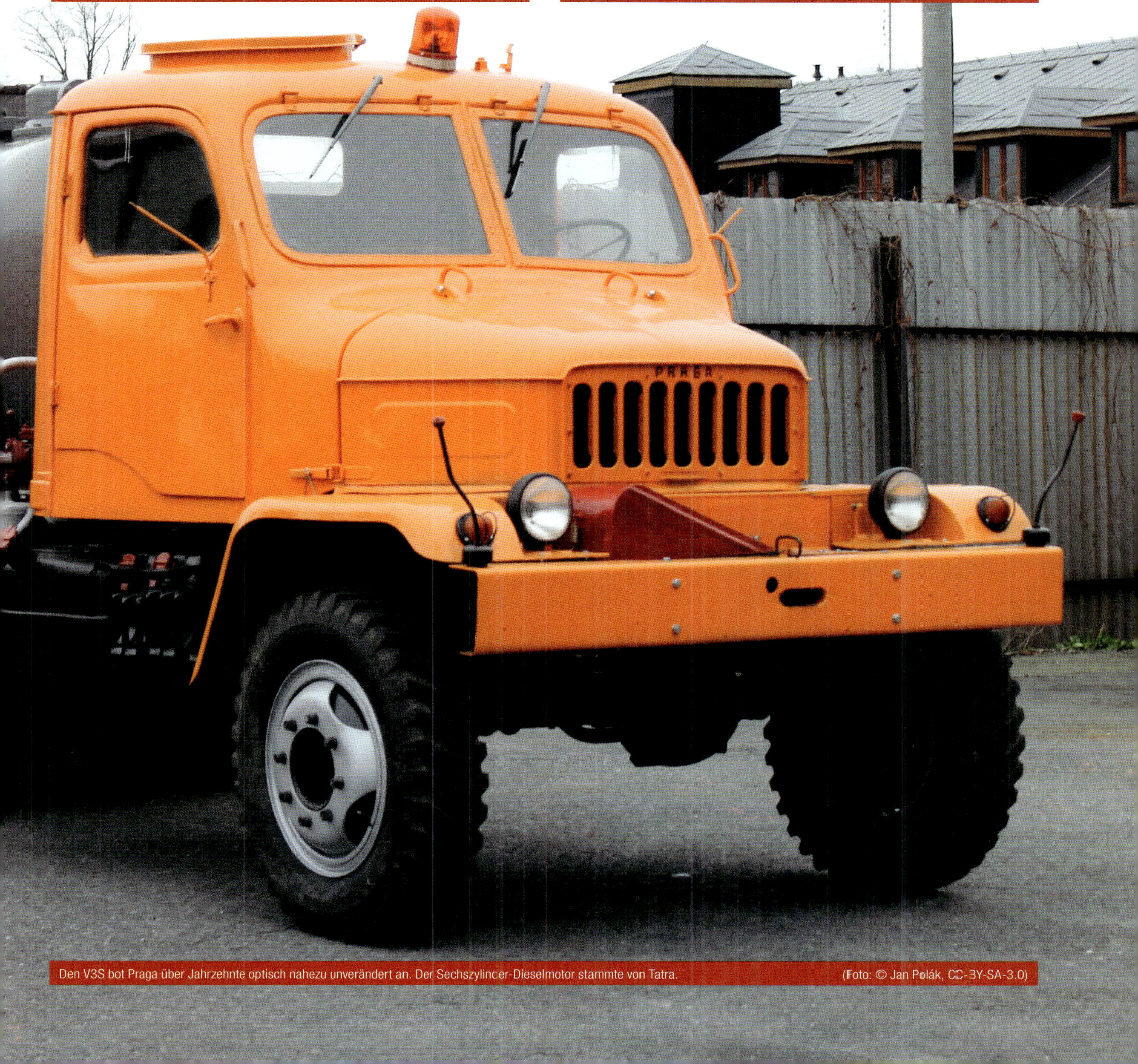

Den V3S bot Praga über Jahrzehnte optisch nahezu unverändert an. Der Sechszylinder-Dieselmotor stammte von Tatra. (Foto: © Jan Polák, CC-BY-SA-3.0)

Obgleich bei Liaz gebaut, war dieser Kipper eigentlich ein Škoda 706 RT. In Lizenz bauten ihn auch die Chinesen bei Sinotruk als JN. (Foto: © Dezidor, CC-BY-SA-3.0)

Langstreckenrallyes sind wie gemacht für Osteuropas Lkw-Hersteller. Diesen Liaz Race 2 brachte das tschechische KM-Team 2013 und 2014 bei der Dakar an den Start. Der Motor ist ein Sechszylinder Liaz/Tedom M1.2 mit 770 PS. (Foto: © Mmacik, CC-BY-SA-3.0)

Für den Fern- und den schweren Schüttgutverkehr führte die DDR zahlreiche Lastwagen der Marke Škoda ein, die beim Libererec Automobilwerk (LIAZ) gebaut worden waren. Dieser Kipper der M-Reihe MTS 24 besitzt einen Anhänger aus DDR-Produktion, damals eine übliche Kombination. (Foto: © Ralf Weinreich)

Bei der 400er-Serie nutzte Liaz wieder den Škoda-Markennamen, diese Zugmaschine wurde als Škoda Xena 19.47 TBV verkauft. 2003 stellte Liaz den Lastwagenbau ein.
(Foto: © Jiří Erben, CC-BY-SA-?.0)

ŠKODA/LIAZ

Laurin & Klement in Mlada Boleslav als Autobauer wie auch der Stahl- und Rüstungskonzern Škoda in Pilsen (der auch einige Fahrzeuge im Programm hatte) gehörten zu den größten Industriekonzernen der Österreich-Ungarischen Doppelmonarchie. Nach dem Untergang des Habsburger Reiches 1918 bildeten beide das industrielle Herzstück der neu entstandenen Tschechoslowakei. Und beide hatten mit ähnlichen Problemen zu kämpfen: L&K, weil mit Österreich-Ungarn der wichtigste Exportmarkt zusammengebrochen war, und Škoda als ehemalige Rüstungsschmiede musste sich ebenfalls neu aufstellen. 1925 folgte die Fusion. Personenwagen kamen nun aus dem Werksteil in Mlada Boleslav, Lastwagen und Busse aus Pilsen. 1928 erschien die erste neue Fahrzeuggeneration von Škoda, zu haben mit Vier- oder Sechszylinder-Ottomotoren und 32 bzw. 50 PS Leistung. Außerdem wurden Panzerkampfwagen und Geschütze gebaut. 1938, nach der Einnahme der Tschechoslowakei durch Hitler-Deutschland, avancierte der Škoda-Konzern zu einem der wichtigsten Rüstungsbetriebe der Nazis, der neben Panzerkampfwagen auch schwere Dreiachser wie den Typ H (Nutzlast vier Tonnen, 6-Zylinder-Ottomotor, 8,2 Liter Hubraum, 100 PS) baute, was dazu führte, dass die Werke in der Tschechoslowakei gegen Kriegende nahezu vollständig zerstört worden waren, so auch das Werk in Pilsen. Die Regierung in Prag – bis 1948 frei gewählt, also nicht von den Sowjets eingesetzt – sah keine andere Möglichkeit als die der Verstaatlichung; die für den Wiederaufbau benötigten Lastwagen entstanden, nach Škoda-Vorlage, bei den Avia-Flugzeugwerken in Prag. Natürlich entstanden zunächst, wie überall auch, in erster Linie bewährte Kriegs- und Vorkriegstypen. Wichtigste Baureihe war die Škoda-706-Familie, die mit nachgestelltem »R« bis 1958 vom Band lief. Es gab Ausführungen mit 6,5-, 7,3-, 8,0- und 9,0 Tonnen Nutzlast; unter der mächtigen Haube saßen der bei Škoda in Mlada Boleslav entwickelte Wirbelkammer-Diesel mit 11,8 Litern Hubraum und 135 bis 145 PS. Zu dem Zeitpunkt kamen die Lastwagen und Omnibusse nicht mehr aus Prag, sondern einem 1953 in Betrieb genommenen Werk in Liberec: Die Wege der Nutzfahrzeugsparte und des Pkw-Bereichs trennten sich. Ende der Fünfziger schickten die Lkw-Bauer ihre Hauber allmählich in Rente, der 706 RT hatte ein Frontlenker-Fahrerhaus und einen Diesel-Direkteinspritzer mit 11,8 Liter und 160 PS. Nach einer erneuten Überarbeitung 1969, die eine neue Hinterachse, einen leicht vergrößerten und auf 200 PS erstarkten Motor (mit Praga-Schaltgruppe) und die Zusatzbezeichnung MT brachte, endete die Produktion dieser in unzähligen Varianten gebauten Familie erst 1985. Zehn Jahre zuvor, 1975, hatten die Tschechen eine komplett neue Modellreihe auf Kiel gelegt und diese unter Verzicht auf die Bezeichnung Škoda als Liaz (Liberecké automobilové závody) verkauft. Die Grundmuster der Serie 100 waren der Zweiachser mit Pritsche und die Sattelzugmaschine, jeweils mit neuer, moderner Kabine mit durchgehender Frontscheibe und eckigen, in die Stoßstange integrierten Scheinwerfern. Da diese Lastwagen im Fernverkehr liefen, gab es Platz für eine Liege. Je nach Ausführung gab es Turbo-Motoren mit 270 oder 305 PS. Mitte der Achtziger kam die Baureihe 110, die sich im Wesentlichen durch die überarbeitete Hütte vom Vorgänger unterschied. Außerdem war die Kabine jetzt kippbar, was die Wartung ungemein erleichterte. Der Einbau von Ladeluftkühlern hob die Motorleistung auf ein konkurrenzfähiges Niveau. Die Ausführungen mit der kurzen Kabine für den Nahverkehr trugen die Grundbezeichnung 150. Im Grunde genommen waren das die letzten Neuerscheinungen der Lkw-Bauer. Der Zerfall des Ostblocks und die Öffnung hin zum Westen brachte LIAZ 1992 die Umwandlung in eine Aktiengesellschaft und jede Menge Schwierigkeiten. Anders als die Pkw-Sparte, die 1994 bei Volkswagen unterkam, fand sich für Liaz kein Retter: Verhandlungen mit Iveco, Deutz und Detroit Diesel scheiterten, und die neue 400er-Serie von 1996 hatte keine Chancen auf dem nun geänderten Markt, drei Jahre später war die Jahresproduktion auf 138 Einheiten gesunken – nachdem 1990 noch rund 16.000 vom Band gelaufen waren. Nach diversen Eigentümerwechseln verließ am 1. September 2003 der letzte LIAZ-Lkw die Werkshalle, nur die Busproduktion – Markenname »Tedom« – hat überlebt.

217

TSCHECHIEN

TATRA

Die Fahrzeugproduktion von Tatra geht zurück auf die »Nesselsdorfer Wagenbau-Fabriks-Gesellschaft«, die 1858 im damals zur Habsburgermonarchie gehörenden Nesselsdorf gegründet wurde und ursprünglich Pferdekutschen, ab 1882 auch Eisenbahnwaggons herstellte. 16 Jahre später baute das Nesselsdorfer Unternehmen sein erstes mit Verbrennungsmotor betriebenes Automobil und seinen ersten 2,5-Tonnen-Laster. Unter der Markenbezeichnung NW brachte der Betrieb in den kommenden Jahren weitere Fahrzeuge heraus, darunter in den Kriegsjahren 1915/16 den 2-Tonner NW TL2 und den 4-Tonner NW TL4. Als nach dem Ersten Weltkrieg die Landkarte Europas neu gezeichnet wurde, existierte die Donaumonarchie nicht mehr und Nesselsdorf gehörte nun, umbenannt in Kopřivnice, zur neugegründeten Tschechoslowakischen Republik. Die Firmenleitung zog von Wien nach Prag um. Die Bezeichnung der Fahrzeuge NW wurde 1921 durch »Tatra« (Name des höchsten tschechischen Gebirges) abgelöst, das Unternehmen selber nannte sich seit 1923 »Kopřivnická vozovka«. Ab 1925 begann die Serienfertigung von Lastern (T23, 4 Tonnen und T24, 6–10 Tonnen), Kleintransportern und Personenwagen. Zum Konstruktionskonzept der Lkw gehörten Einzelradfederung, Zentralrohrrahmen und ein luftgekühlter Motor. Nach der deutschen Besetzung und der Fusion mit der Ringhoffer AG firmierte der tschechische Fahrzeughersteller ab 1938 unter »Ringhoffer-Tatra Werke AG«. Den ersten Meilenstein konnte Tatra 1942 mit dem Typ 111 setzen. Dieser dreiachsige schwere Laster besaß einen luftgekühlten V12-Dieselmotor mit bis zu 210 PS und wurde ursprünglich für die Wehrmacht gebaut. Der unverwüstliche Laster bewährte sich unter allen klimatischen Bedingungen, geriet nach dem Krieg zu einem Exportschlager vor allem in die osteuropäischen Staaten und wurde erst 1962 eingestellt. 1959 brachte das nach dem Zweiten Weltkrieg zum Staatsbetrieb umgewandelte Unternehmen als Nachfolger des T111 den 12-Tonner T138 heraus, dessen luftgekühlter V8-Diesel 180 PS lieferte, über Allradantrieb verfügte und bis 1972 produziert wurde. 1967 erschien der Typ 813 »Koloss«, ein schwerer Frontlenker mit zwei bis vier Achsen, der sehr geländegängig war und deshalb vor allem auf das Militär als Kundschaft zielte, dennoch aber in vielfachen Varianten auch im zivilen Einsatz zu sehen war. Sein V12-Diesel lieferte 270 PS. Gebaut wurde er bis 1982. Nachdem der tschechische Staat Tatra bereits in den 60er-Jahren auf Lastwagen mit Nutzlasten über 10 Tonnen verpflichtet hatte, erhöhte er in den Siebzigern diese Zielvorgabe auf über 12 Tonnen. Dieser Verpflichtung entsprach der Typ 148 als Nachfolger des T138 mit seinen 15,2 Tonnen. In einer ersten Version bereits Ende der 60er-Jahre hergestellt worden, fand seine hauptsächliche Bauzeit in den Jahren zwischen 1972 und 1982 statt. Mit seiner Produktion ging eine Ausweitung der Herstellungskapazitäten bei Tatra einher, was zu seinem häufigen Antreffen im Straßenbild beitrug. Nachfolger des T138 wurde in den Achtzigern die 282 PS starke, im Baukastenprinzip konstruierte Baureihe T815, unter dessen Namen Laster, Zugmaschinen und Aufbauten auf den Markt kamen. Mehrfach konnte der T815 die Rallye Paris-Dakar gewinnen.

Mit dem Typ 816 8x8 mit wassergekühltem Deutzmotor wurde in den 90er-Jahren die Armee der Vereinigten Arabischen Emirate ausgestattet und half so mit, Tatra die schwierige Wendezeit seit 1990 überstehen zu lassen. Er wurde weiterentwickelt zu den Militärlastern »Armax« und »Force«, seine zivile Ausgabe nannte sich TATRA TERRNo1. Dieses Modell gehört zur aktuellen Modellpalette der Tschechen genauso wie der schwere Muldenkipper »Jamal«, der NATO-Lkw T815-7 oder der mit DAF entwickelte Tatra »Phoenix«.

Mehrere Besitzerwechsel hat der tschechische Lkw-Bauer seit 2002 hinter sich: Zuerst kam Tatra zu Terex, ab 2006 übernahm ihn dann die tschechische Blue River-Gruppe. Wegen Zahlungsunfähigkeit 2013 fand ein erneuter Eigentümerwechsel statt. Die Produktion der Laster indes lief bislang ohne Unterbrechung weiter. Seit 2015 stabilisierten sich die Absätze und brachten Tatra zurück in die schwarzen Zahlen.

Der hierzulande wahrscheinlich bekannteste Tatra ist die vom T 111 abgeleitete Schwerlast-Zugmaschine T 141 im Sächsischen Eisenbahnmuseum Hilbersdorf.

Der Tatra 148 entstand zwischen 1968 und 1982 in über 110.000 Stück. Erst 1999 stellte der Hersteller mit dem Typ 163 einen neuen Hauben-Lastwagen vor.

(Foto: © Ludek, GFDL)

Mobilkran AD20.2 auf Tatra 815-2 von 2008. Auch Liaz, KamAZ, AmAZ, Mercedes und andere 6x6-Chassis mit 3700 mm Radstand können verwendet werden.

(Foto: © CKD Mobilni Jeraby, GFDL)

Tatra liefert die mobile Abschussbasis für das BrahMos-Raketensystem. Die indische Armee hat zehn dieser 12x12-Systeme beschafft. Bestücken lassen sich diese Giganten mit Motoren von Deutz, Cummins und Caterpillar.

(Foto: © Hemantphoto79, CC-EY-SA-3.0)

UKRAINE

KRAZ

Das Werk in der Ukraine war 1948 in Betrieb gegangen zur Herstellung von mechanischen Teilen und Brückenelementen aus Stahl. Mitte der 1950er-Jahre wurde, im Zuge der oftmals verwirrenden sowjetischen Industriepolitik, die Produktion auf Nutzfahrzeuge umgestellt. Die Brückenbauer sattelten um und bauten zunächst Erntemaschinen, zwischen 1956 und 1958 entstanden rund 14.000 Mähdrescher. Dass daraus nicht mehr wurden, lag am Zentralkomitee, das den Bau schwerer Lastwagen anordnete. Dabei handelte es sich um eine Konstruktion der Jaroslawski Awtomobilny Sawod (JaAZ), die 1916 gegründet worden war und Personenwagen und Lastwagen für das Zarenreich und dann die Rote Armee gebaut hatte. Die ersten Konstruktionen waren nach italienischen und britischen Vorbildern entstanden, in den Dreißigern lieferte JaAZ Lastwagen in den Bereichen zwischen drei und sieben Tonnen Nutzlast. 1947 war die Produktion auf Vier- und Sechszylinder-Dieselmotoren hinzugekommen, und für jede sowjetische Lastwagenbaureihe, gleich welchen Fabrikats, gab es Motoren aus dem Motorenwerk Jaroslawl. Das ist übrigens heute noch aktiv und gehört zur GAZ-Gruppe. Die Lastwagenfertigung dagegen wurde abgegeben: Die des leichteren Typs YaAZ-200 ging an das Werk in Minsk (und führte zum MAZ-200), und die des schweren dreiachsigen Basistyps der JaAZ-210-Reihe nach Krementschug. Der Umzug war nach reichlich zehn Monaten abgeschlossen, die ersten KrAZ-222 »Dniepr« mit sieben Tonnen Nutzlast entstanden aber noch in reiner Handarbeit und entsprachen – mal abgesehen vom eckigeren Kühler und dem Emblem, das jetzt die ukrainische Flagge und keinen Bären mehr zeigte – dem JaAZ. Das 260 Meter lange Montageband lief im Mai 1959 an, vier Jahre später waren bereits 25.000 Lastwagen entstanden. Sofern mit Allrad ausgestattet, gingen diese Modelle ausnahmslos an die Armee. Für Vortrieb sorgte der auch bei den anderen russischen Herstellern verwendete Sechszylinder-Zweitakt-Diesel vom Typ JaAZ-M206. Als Zugmaschine bewältigte er ein Gesamtgewicht von bis zu 50 Tonnen, Kipper und Pritschenwagen wiesen, je nach Konfiguration, bis zu zwölf Tonnen Nutzlast auf.

Das Fahrerhaus dieser ersten Lastwagen-Generation wurde in Gemischtbauweise mit Holzrahmen und Blechverkleidung hergestellt.

Als Ablösung der ersten Fahrzeuggeneration ging 1967 die KrAZ-255-Baureihe ins Rennen. Wichtigste Unterschiede zu den bisherigen Typen waren der stärkere und dennoch sparsamere V8-Viertakt-Dieselmotor JaMZ-238, die höhere Trag- und Zugkraft sowie die modernisierte Kabine (Fahrersitz verstellbar, bequemere Sitze) samt hydraulischer Lenkhilfe. Wie üblich, entwickelte sich aus diesem Grundtyp eine breite Fahrzeugfamilie aus 6x4- und 6x6-Fahrzeugen für verschiedenste Aufgaben und Einsatzzwecke, so der Pritschen-Lkw KrAZ-257, der Hinterkipper 256B und die Sattelzugmaschine 258. Auch nach Produktionsbeginn der Serie 260 wurden manche Varianten noch bis in die Neunziger hinein gebaut. Die KrAZ-260 traten ihre Nachfolge an, um ihrerseits 1992/1994 durch eine neue Generation ersetzt zu werden, die mit dem Grundmodell KrAZ-6322 (6x6) ihren Anfang nahm und heute noch aktuell ist.

Die Bedingungen aber haben sich für den ukrainischen Hersteller dramatisch verändert. Wenn 1984 der 500.000ste LKW das Werk verließ und 1986 mit 30.655 Einheiten jeder andere europäische Hersteller von schweren Lastwagen übertroffen wurde, so ist der Schwerlastwagen-Spezialist heute mehr denn je von solchen Glanzzeiten entfernt: Im Jahr 2014 verzeichnete das Unternehmen, das heute als AutoKrAZ firmiert, mit 1388 Stück das bislang beste Jahr seiner Geschichte. Neben den schweren Haubern bieten die Ukrainer seit 2011 auch eine modernere Frontlenkerbaureihe an, wobei die Kabinen von Renault oder MAN kommen. Neben den bekannten Sechs- und Achtzylindern aus russischer Produktion kommen Sechszylinder-Diesel zum Einsatz, die von Steyr stammen und in China hergestellt werden. 2013 wurde die Produktion von geschützten Militärfahrzeugen aufgenommen.

Neben den Pritschenwagen und der Sattelzugmaschine, die die Basis bilden, entstehen auf den KrAZ-Fahrgestellen zahlreiche Spezialaufbauten für jegliche Zwecke.

KrAZ fertigte zunächst 6x6-Siebentonner, die den bisherigen YaAZ entsprachen. Dieser KrAZ-255B gehört zur zweiten, nach 1967 gebauten Generation, die, mit nur einem Facelift 1979, bis 1994 gebaut werden sollte. (Foto: © Lutz Bruno, CC-BY-SA-3.0)

KrAZ-Frontlenker gibt es seit 2011, nachdem Verträge mit Renault und MAN geschlossen werden konnten. Hier ein K12.2 mit MAN-Kabine.   (Foto: © KuRaG, CC-BY-SA-1.0)

Schwere Hauber baut KrAZ auch heute noch. Links die Sattelzugmaschine 6140 TE, rechts der Hinterkipper 65032.

KrAz-258 in der Ausführung TZ-22 als Flugfeld-Tanker auf einem russischen Luftwaffenstützpunkt. Bei den Maschinen im Hintergrund handelt es sich um zweisitzige Suchoi SU-34. Während der Jäger erst 2006 vorgestellt wurde, ist der KrAZ ein Veteran, der zwischen 1966 und 1989 gebaut wurde.   Foto: © Vitaly V. Kuzmin, CC-BY-SA-3.0)

WEISSRUSSLAND

MAZ

Im August 1944 ordnete das Staatliche Verteidigungskomitee der UdSSR den Aufbau einer Lastwagenfabrik im weißrussischen Minsk an. Gut drei Jahre später rollten die ersten fünf Versuchsfahrzeuge vom Band. Bei diesen handelte es sich um eine Konstruktion, die bei der Fabrik in Jaroslawl als YaZ-200 vom Band lief. Dieser Typ lief dann ab 1950 als MAZ-200 von den Bändern in Minsk. Doch ob als YaZ oder MaZ: Bei diesem ersten russischen Diesel-Lkw handelte es sich um den Nachbau eines US-Trucks, auch der Zweitakt-Vierzylinder mit 4,65 Litern Hubraum war die Kopie des Diesel-Typs 4-71 von GM-Tochter Detroit Diesel. Neben dem Pritschenwagen (Nutzlast sieben Tonnen) gab es auch noch den Kipper MAZ-205, die Zugmaschine MAZ-501 und die 4×4-Ausführung MAZ-502 mit Tiefbett und einer auf vier Tonnen reduzierten Traglast. Der MAZ-525 war ein gigantischer Muldenkipper mit 25 Tonnen Gesamtgewicht, der auch nach Polen ging. Er war der erste MAZ-Truck, der in den Export ging. Die Übergabe an MAZ bedeutete für die Lastwagenbauer aus Jaroslawl noch nicht das Aus, sie produzierten bis 1958 die Baureihe 206 mit hölzernem Fahrerhausgerüst samt Blechbeplankung weiter. Zum Einsatz kam ein 6,9-Liter-Diesel-Sechszylinder mit 165 PS. Das Unternehmen wurde danach zum reinen Motorenwerk umgewidmet, die Produktion der schweren Lastwagen ging an das Werk in Krementschug (KrAZ). Das Motorenwerk gehört heute zur GAZ-Gruppe und baut die bekannten Yamaz-Motoren.

Die Weißrussen selbst fertigten im November 1958 die ersten Prototypen der 500er-Reihe, die als Ablösung der MAZ-200-Familie vorgesehen waren. Die ersten Vorserienexemplare rollten 1963, doch dass der Serienanlauf nicht vor 1965 erfolgte, lag an den fehlenden Motoren. Im Vergleich zum MAZ-200 war der Motor nun unter der Kabine angeordnet, das neue Frontlenker-Fahrerhaus senkte das Gewicht leicht und erhöhte die Nutzlast um eine halbe Tonne. Außerdem war der MAZ mit einem V6-Diesel aus Jaroslawl mit 11,15 Liter und 180 PS ausgestattet. Der MAZ-514 war die 6×4-Ausführung und verschwand 1969, weil untermotorisiert, wieder aus dem Angebot. Im Jahr 1970 wurde die Modellfamilie erneut überarbeitet und erhielt den Zusatz »A«. Die Diesel arbeiteten nach dem Viertaktprinzip, neue Spitzenmotorisierung war der 14,8-Liter-V8 mit 240 PS. Die 500er-Reihe selbst stand bis 1977 in den Lieferlisten. Zwei Jahre zuvor hatte der 500.000ste MAZ das Minsker Werk verlassen. Wie in jedem russischen Lastwagenwerk entstanden auch in Minsk, unter Nutzung der bekannten Technik, Fahrzeuge für die Rote Armee. MAZ baute seit 1958 schwere Allrad-Vierachser, die unter anderem als Raketentransporter dienten.

Der Basistyp der Nachfolgereihe hieß MAZ-5335, hatte ein renoviertes Fahrerhaus und in die Stoßstange verlegte Scheinwerfer, ein Zweikreis-Bremssystem und eine komfortablere Fahrwerksabstimmung. Wie gehabt, gab es zahlreiche Ausführungen und Abwandlungen des Grundtyps. Wie üblich bildeten die Sattelzugmaschinen eine weitgehend eigenständige Reihe. Erster Vertreter der neuen Generation war der MAZ-6422 von 1978, eine dreiachsige Zugmaschine für den Güterfernverkehr mit aufgeladenem V8-Diesel und 320 PS. Das neue, eckigere Fahrerhaus war kippbar, die Frontscheibe ungeteilt. Im neuen Jahrzehnt fand sich diese Kabine bei allen Baureihen. Die Umwälzungen der Achtziger änderten an diesem Modellbaukasten zunächst wenig, im April 1989 rollte der millionste MAZ – eine Zugmaschine MAZ-64221 – vom Band. Ein Zugeständnis an den Zeitgeist war die Studie MAZ-2000 mit dem schönen Beinamen »Perestroika«.

Dem Untergang des Sowjetimperiums und dem damit verbundenen Wegfall der bisherigen Absatzmärkte versuchten die Minsker mit neuen Zwei-, Drei- und Vierachsern zu begegnen. Für den Bau der schweren Vierachser wurde 1991 mit der Firma MZKT ein eigenes Tochterunternehmen gegründet, die Markenbezeichnung lautet »Volat«. Im Dezember 1997 kam es zu einem Joint-Venture mit MAN, im Jahr darauf erschien der erste MAZ-MAN. Die Weißrussen konzentrieren sich nach wie vor auf die schweren Lkw-Klassen und verwenden Motoren von Yamz, Deutz und Mercedes.

Der MAZ-502 war die 4x4-Ausführung des MAZ-500.   (Foto: © Igorr, CC-BY-SA-3.0)

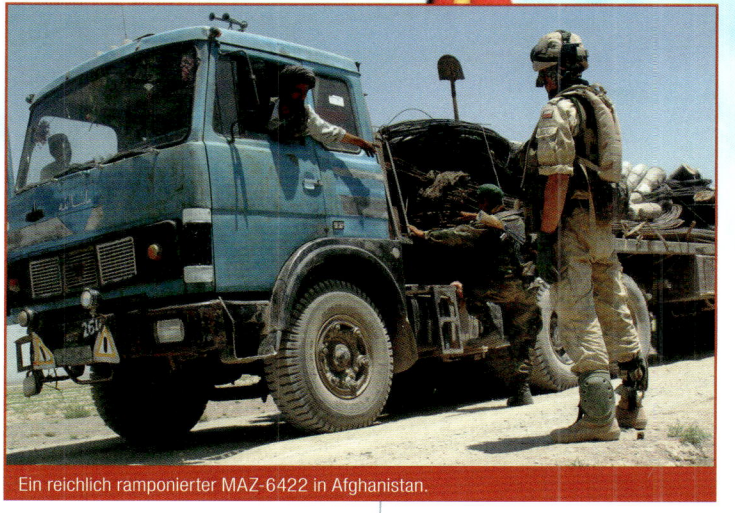

Ein reichlich ramponierter MAZ-6422 in Afghanistan.

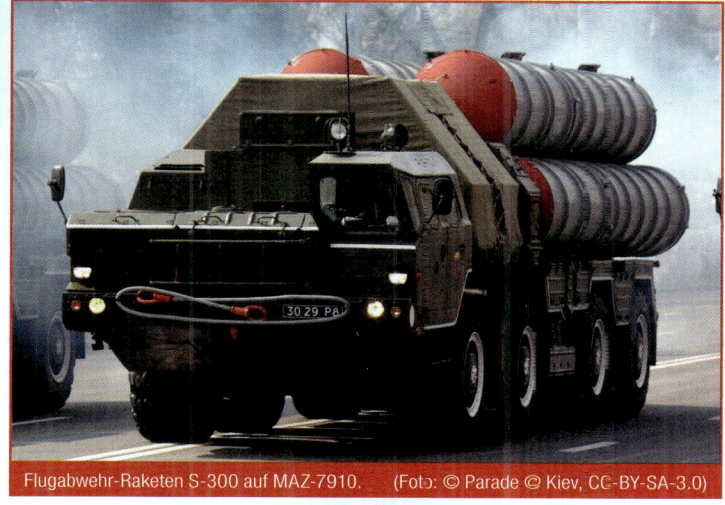

Flugabwehr-Raketen S-300 auf MAZ-7910. (Foto: © Parade © Kiev, CC-BY-SA-3.0)

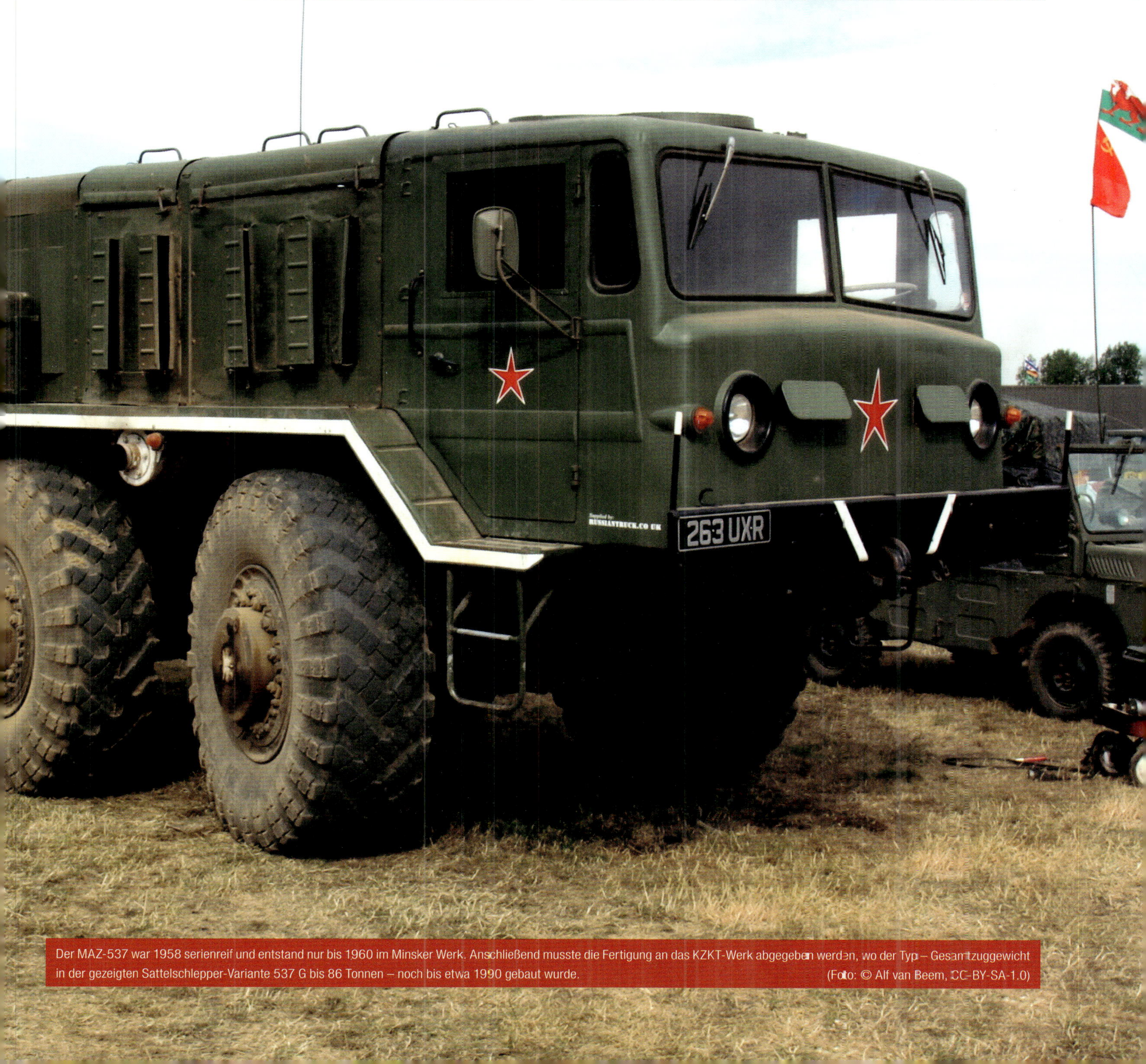

Der MAZ-537 war 1958 serienreif und entstand nur bis 1960 im Minsker Werk. Anschließend musste die Fertigung an das KZKT-Werk abgegeben werden, wo der Typ – Gesamtzuggewicht in der gezeigten Sattelschlepper-Variante 537 G bis 86 Tonnen – noch bis etwa 1990 gebaut wurde. (Foto: © Alf van Beem, CC-BY-SA-1.0)

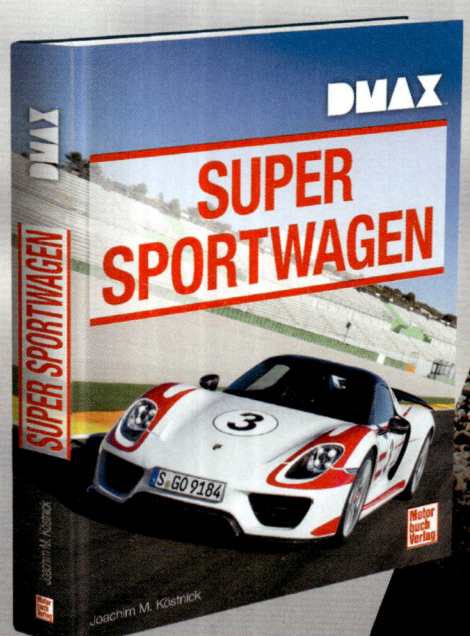
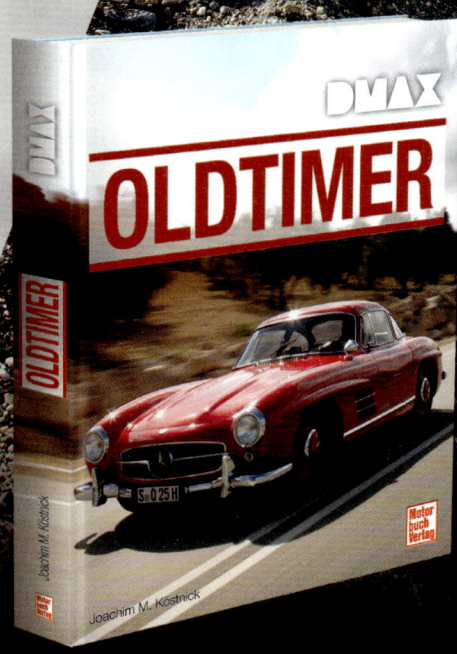